直接模态摄动法及其应用

楼梦麟　著

同濟大學出版社
TONGJI UNIVERSITY PRESS
·上海·

内 容 简 介

本书阐述了直接模态摄动法的基本思想、基本原理和计算方法，通过实际应用描述实施这一方法的计算过程，介绍其在建筑工程、桥梁工程、水工结构、土层场地、压杆稳定、随机结构等不同领域的应用情况，可供相关专业学生、研究人员和其他有关人员参考。

图书在版编目(CIP)数据

直接模态摄动法及其应用 / 楼梦麟著. --上海：同济大学出版社，2024.10

ISBN 978-7-5765-1144-4

Ⅰ. ①直… Ⅱ. ①楼… Ⅲ. ①摄动法—应用—建筑材料—研究 Ⅳ. ①TU501②O32

中国国家版本馆 CIP 数据核字(2024)第 090807 号

直接模态摄动法及其应用

楼梦麟 著

责任编辑 荆 华 金 言　　责任校对 徐春莲　　封面设计 张 微

出版发行 同济大学出版社　　www.tongjipress.com.cn

(地址：上海市四平路 1239 号　邮编：200092　电话：021-65985622)

经　　销 全国各地新华书店

印　　刷 苏州市古得堡数码印刷有限公司

开　　本 710mm×960mm 1/16

印　　张 15.5

字　　数 295 000

版　　次 2024 年 10 月第 1 版

印　　次 2024 年 10 月第 1 次印刷

书　　号 ISBN 978-7-5765-1144-4

定　　价 88.00 元

前　言

本书阐述了直接模态摄动法的基本思想、基本原理和计算方法，通过实际应用介绍实施这一方法的计算过程。全书共分九章，各章内容简述如下。

第一章为结构振动分析基本知识。简要介绍结构动力学中的基础内容，也是推演直接模态摄动法所需要的基本知识。熟悉结构动力学知识的读者可以不关注这一章。

第二章为直接模态摄动法基本原理。在介绍小参数模态摄动法的基础上，基于 Ritz 法原理进一步推演直接模态摄动法，阐述这一方法的基本思想和计算方法，通过简单算例验证方法的有效性。

第三章为直接模态摄动法在水工结构振动分析中的应用。以大坝动力分析和模型试验为例，介绍直接模态摄动法在多自由度系统振动特性分析和地震反应计算中的应用。

第四章为复杂连续系统二阶偏微分振动方程的求解。杆的轴向振动、圆轴的扭转振动、低矮小开口墙的剪切振动等大量实际工程中所遇到的连续系统振动分析问题一般可由二阶偏微分方程来描述，对于常见的边界条件下的一些简单问题往往可以建立精确的解析解。在这一章中基于这些经典的连续函数解，应用直接模态摄动法来建立那些难以获得解析解的复杂连续系统二阶偏微分振动方程的半解析解。

第五章为复杂 Bernoulli-Euler 梁振动方程的求解。梁是工程中最常见的结构或构件形式之一，Bernoulli-Euler 梁的振动分析也是结构动力学中的基本问题之一，对应的求解方程为四阶偏微分振动方程，往往只有针对一些简单的等截面直梁才能建立精确的解析解。本章介绍应用直接模态摄动法建立复杂 Bernoulli-Euler 梁振动方程半解析解的实施过程，通过算例验证计算结果的合理性，并推广到钢筋混凝土梁、风力发电塔、弯曲型剪切墙和炭纤维加固梁等模态分析问题中，进一步将这一方法应用到预应力桥梁和渡槽的模态特性，以及地震反应分析等工程实际问题中。

第六章为 Timoshenko 梁模态特性的求解。Timoshenko 梁的振动问题较

Bernoulli-Euler 梁的振动问题更为复杂，除等截面 Timoshenko 简支梁等极少数振动分析问题可建立解析的理论解外，即使等截面 Timoshenko 梁一般也难以获得解析解。在这一章中，基于简单 Bernoulli-Euler 梁的模态频率和模态函数，应用直接模态摄动法分别建立了等截面 Timoshenko 梁、变截面 Timoshenko 梁的半解析解，有助于深入认识深梁效应对梁的动力反应的影响规律，提升实际工程中深梁设计的合理性。

第七章为直接模态摄动法在工程场地力学分析中的应用。介绍直接模态摄动法在水平成层土层的剪切振动问题和一维固结问题中的应用，推导了获得相应近似解的计算过程。通过应用直接模态摄动法，不仅简化了复杂问题的求解过程，而且能够获得具有较高精度的半解析近似解。

第八章为直接模态摄动法在随机振动分析中的应用。针对有阻尼结构的自由振动问题，应用直接模态摄动法的基本原理，提出了复数领域内求解复特征值方程的实模态摄动法。进一步基于数论选点和蒙特卡洛选点方法，把随机系统转化为确定性均值系统和随机摄动系统的组合，从而开辟了应用直接模态摄动法求解随机结构系统随机反应的新的高效计算途径。

第九章为直接模态摄动法在其他方面的应用。介绍直接模态摄动法在复杂薄板、弹性中厚板模态特性计算和变截面压杆稳定分析中的应用。

"结构动力学"是防灾减灾工程专业的主干课程。在课程进行到中期或结束时作者安排了部分硕士研究生以及在硕士生阶段没有选修这门课程的博士生开展直接模态摄动法的相关研究工作，既强化结构动力学知识的学习，也有助于硕士研究生们在毕业前能够在学术刊物上发表论文，满足当时对硕士学位授予的要求。参与研究工作的有吴京宁、陈群丽、牛伟星、严国香、李建元、李守继、沈霞、辛宇翔、张艳娟、洪婷婷、黄明开、张月香、王文剑、朱玉星、李强、白建方、任志刚、石树中、段秋华、潘旦光、韩博宇等，所得研究成果全部刊登在国内外学术刊物上。少数研究生将直接模态摄动法引入学位论文研究中，如洪婷婷在应用直接模态摄动法进行一般预应力梁模态特性分析的基础上，进一步推广到预应力桥梁和渡槽等工程结构地震反应计算问题中，所形成的毕业论文被评为上海市优秀硕士学位论文；范幺清在有阻尼结构复模态特性分析与随机结构随机复模态特性和随机反应分析中应用了直接模态摄动法，为深入开展复杂随机结构的随机动力反应研究工作提供了快速有效的计算方法，所提交的学位论文被评为上海市优秀博士学位论文。本书是作者和研究生在国内外学术刊物上发表的研究成果的汇总。在本书出版之际，向上述研究生表示深深感谢，感谢他们对这些工作的兴趣和投入，留下了美好的记忆。书中没有纳入其他研究人员发表的相关研究成果，如潘旦光博士在直接模态摄动法方面开展了很有意义的研究工作，尤其在高校工作后继续和他的研究生开展了这方面的相关研究工作，进一步拓展了这一方法的应用领域，本书中只纳入了其中少部分研究成果，有兴趣的读者可查阅相关已发表的论文。书中难免有疏漏之处，敬请读者批评指正。

楼梦麟

2023 年 11 月 7 日于苏州

目　录

第一章　结构振动分析基本知识

本章主要介绍结构振动计算中的基本知识[1-4]。

一个结构系统的自由度是指能够完全确定系统在任何时刻的几何位置所必需的独立参数及其数量，连续结构系统又称为无限自由度系统。严格地讲，任何工程结构系统都是无限自由度系统。在实际应用中，为了便于分析各类结构的振动问题，在满足某些近似准则的基础上，可将连续系统离散化或简化，使连续分布的物理特性可以用有限数量的“集中”或“凝聚”参数描述。这种离散化或简化的各类结构系统又称为单自由度系统或多自由度系统。描述连续系统和离散系统的振动问题所用的数学工具是不同的，前者借助于偏微分方程，后者借助于常微分方程。

第一节　离散结构系统的运动微分方程

离散结构系统中最简单的情况是单自由度系统，研究单自由度系统的振动是非常有意义的。首先，工程中的许多振动问题可以简化为单自由度，所获动力分析结果能够满足工程实际应用的要求。其次，多自由度系统或者无限自由度系统的振动问题有时通过特殊的坐标变换可以转化为多个或无限多个单自由度系统振动的组合，使单自由度系统的振动分析成为离散系统或连续系统振动分析的基础。

一、动力荷载作用下的单自由度系统的振动方程

图 1-1(a) 所示质量 m、弹簧 k、黏滞阻尼器 c 组成了一个单自由度系统。在动荷载 $p(t)$ 作用下质量 m 将产生振动，应用达朗贝尔原理可以容易地建立相应的振动微分方程。

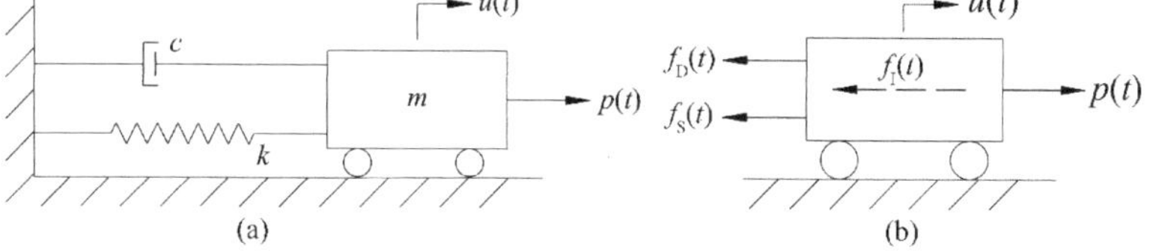

图 1-1　动力荷载作用下单自由度系统的水平振动

作用在质量 m 上的各种力如图 1-1(b) 所示，根据在质量 m 运动方向上的力的平衡条件可以得到：

$$f_{\mathrm{I}}(t)+f_{\mathrm{D}}(t)+f_{\mathrm{S}}(t)=p(t) \tag{1-1}$$

式中，$f_{\mathrm{S}}(t)$ 是弹簧变形引起的弹性恢复力，它的大小与弹簧变形成正比，弹簧变形等于质量 m 相对于支座的动位移 $u(t)$；$f_{\mathrm{D}}(t)$ 为阻尼器提供的阻尼力，它的大小与速度 $\dot{u}(t)$ 成正比；$f_{\mathrm{I}}(t)$ 为质心处的总惯性力，它的大小与质心处的加速度 $\ddot{u}(t)$ 成正比。它们分别为：

$$f_{\mathrm{S}}(t)=ku(t) \tag{1-2a}$$

$$f_{\mathrm{D}}(t)=c\dot{u}(t) \tag{1-2b}$$

$$f_{\mathrm{I}}(t)=m\ddot{u}(t) \tag{1-2c}$$

将上述三式代入式(1-1) 后就可建立单自由度系统的运动微分方程：

$$m\ddot{u}(t)+c\dot{u}(t)+ku(t)=p(t) \tag{1-3}$$

考察图 1-2 所示的单自由度系统，由于在质量 m 运动方向上还作用有重力 W，这样该系统的力平衡方程应为：

$$f_{\mathrm{I}}(t)+f_{\mathrm{D}}(t)+f_{\mathrm{S}}(t)=p(t)+W \tag{1-4}$$

利用式(1-2) 则有：

$$m\ddot{u}(t)+c\dot{u}(t)+ku(t)=p(t)+W \tag{1-5}$$

应该指出，式(1-5) 中质量 m 的位移 $u(t)$ 应该包括两部分：无动荷载 $p(t)$ 作用时由重力引起的静力变形 Δ_{st} 和由动荷载产生的附加动变形 $\bar{u}(t)$，即：

$$u(t)=\Delta_{\mathrm{st}}+\bar{u}(t) \tag{1-6}$$

其中，Δ_{st} 为不随时间变化的常量：

$$\Delta_{\mathrm{st}}=\frac{W}{k} \tag{1-7}$$

把式(1-6) 和式(1-7) 代入式(1-5)，并注意到 $\ddot{u}(t)=\ddot{\bar{u}}(t)$ 和 $\dot{u}(t)=\dot{\bar{u}}(t)$，则图 1-2 所示单自由度系统的运动方程为：

$$m\ddot{\bar{u}}(t)+c\dot{\bar{u}}(t)+k\bar{u}(t)=p(t) \tag{1-8}$$

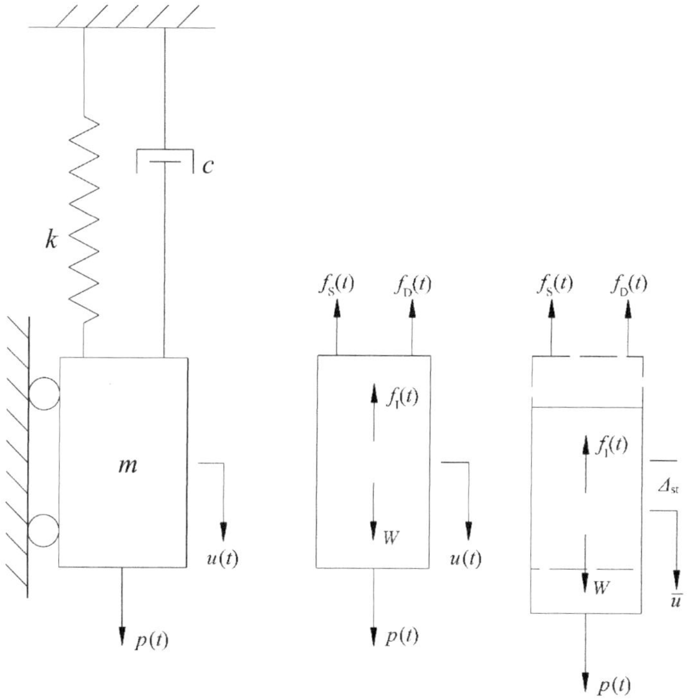

图 1-2　动力荷载作用下单自由度系统的竖向振动

二、支撑运动引起的单自由度系统的振动方程

可以引起结构振动的另一原因是支撑运动，如图 1-3(a) 所示。在实际工程中这类支撑运动中最具代表性的情况是地震引起的地面运动。

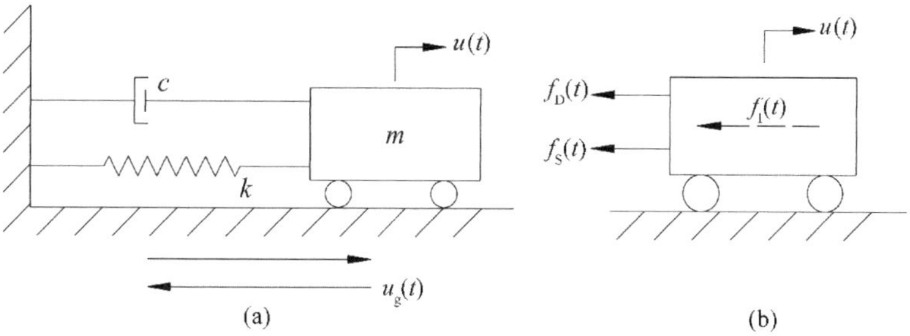

图 1-3　支撑运动激励下单自由度系统的水平振动

质量 m 的受力分析如图 1-3(b) 所示，力的平衡方程为：

$$f_I(t)+f_D(t)+f_S(t)=0 \tag{1-9}$$

与前一类单自由度系统不同的是惯性力 $f_I(t)$ 的大小与总加速度成正比。设质量

m 的总位移为：

$$u^{t}(t)=u(t)+u_{g}(t) \tag{1-10}$$

这样

$$f_{S}(t)=ku(t) \tag{1-11a}$$

$$f_{D}(t)=c\dot{u}(t) \tag{1-11b}$$

$$f_{I}(t)=m\ddot{u}^{t}(t)=m\ddot{u}(t)+m\ddot{u}_{g}(t) \tag{1-11c}$$

代入式(1-9)后有：

$$m\ddot{u}(t)+m\ddot{u}_{g}(t)+c\dot{u}(t)+ku(t)=0 \tag{1-12}$$

如果支撑运动状态是已知的，则将上式左端中的已知项 $m\ddot{u}_{g}(t)$ 作为等效动荷载 $p_{eff}(t)$ 移至方程右端，得到支撑运动激励下单自由度系统的运动微分方程有：

$$m\ddot{u}(t)+c\dot{u}(t)+ku(t)=p_{eff}(t) \tag{1-13}$$

式中：

$$p_{eff}(t)=-m\ddot{u}_{g}(t) \tag{1-14}$$

如果以质量 m 的总位移 $u^{t}(t)$ 来建立运动微分方程，则应为式(1-15)：

$$m\ddot{u}^{t}(t)+c\dot{u}^{t}(t)+ku^{t}(t)=p_{eff}(t) \tag{1-15}$$

式中：

$$p_{eff}(t)=c\dot{u}_{g}(t)+ku_{g}(t) \tag{1-16}$$

式(1-13) 和式(1-15) 说明，支撑运动引起的单自由度系统的运动微分方程也具有与式(1-3) 相同的形式。

下面讨论图 1-4(a) 所示单自由度系统在支撑运动作用下的振动问题。

显然作用在质量 m 上力的平衡方程为：

$$f_{I}(t)+f_{D}(t)+f_{S}(t)=W \tag{1-17}$$

而质量 m 的总位移为：

$$u^{t}(t)=\Delta_{st}+\bar{u}(t)+u_{g}(t) \tag{1-18}$$

这时

$$f_{S}(t)=k\left[\Delta_{st}+\bar{u}(t)\right] \tag{1-19a}$$

$$f_{D}(t)=c\dot{\bar{u}}(t) \tag{1-19b}$$

$$f_{I}(t)=m\left[\ddot{\bar{u}}(t)+\ddot{u}_{g}(t)\right] \tag{1-19c}$$

代入式(1-17) 并利用式(1-7) 则得：

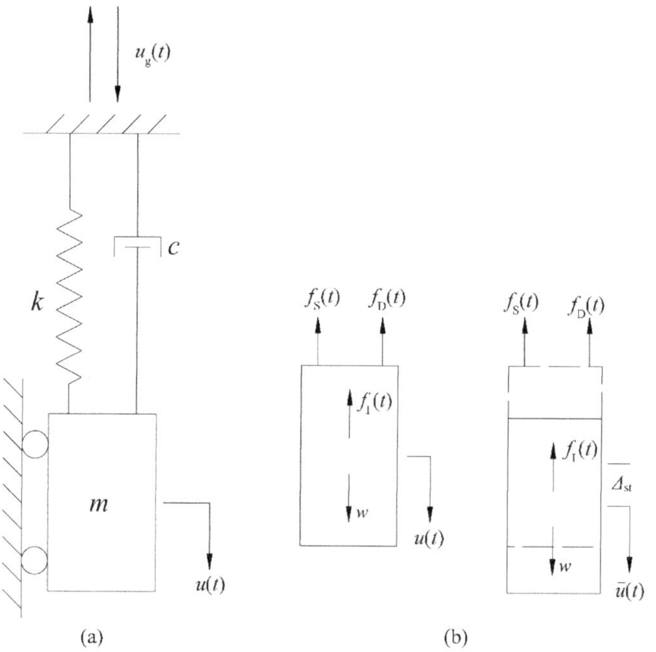

图 1-4　支撑运动激励下单自由度系统的竖向振动

$$m\ddot{\bar{u}}(t)+c\dot{\bar{u}}(t)+k\bar{u}(t)=p_{\text{eff}}(t) \tag{1-20}$$

式中，$p_{\text{eff}}(t)$ 仍如式(1-14) 所示。

若令 $\bar{u}^{t}(t)=\bar{u}(t)+u_g(t)$，则有：

$$m\ddot{\bar{u}}^{t}(t)+c\dot{\bar{u}}^{t}(t)+k\bar{u}^{t}(t)=p_{\text{eff}}(t) \tag{1-21}$$

式中，$p_{\text{eff}}(t)$ 仍如式(1-16) 所示。

比较式(1-8) 和式(1-3)、式(1-20) 和式(1-13) 可以看出：这些方程都有相同的形式，但是描述质量 m 运动状态的物理量有所不同。式(1-8) 和式(1-20) 中采用的是基于质量 m 静力平衡位置的相对位移，这表示以静力平衡位置建立的运动微分方程可以不涉及重力的影响，方程中的位移变量是相对于静力平衡位置的动位移。在多自由度系统和连续系统中这一结论也是适用的。为叙述方便，在后文的运动微分方程中将相对位移 $\bar{u}(t)$ 也表述为 $u(t)$。

三、多自由度系统的振动方程

建立单自由度系统运动微分方程的过程不难推广到具有 n 个自由度的离散结构系统。对系统的每个自由度建立类似于式(1-1) 的力平衡方程：

$$f_{I1}(t)+f_{D1}(t)+f_{S1}(t)=p_1(t) \tag{1-22a}$$

$$f_{I2}(t)+f_{D2}(t)+f_{S2}(t)=p_2(t) \tag{1-22b}$$

$$\cdots$$

$$f_{In}(t)+f_{Dn}(t)+f_{Sn}(t)=p_n(t) \tag{1-22c}$$

写成向量形式为：

$$\{f_I(t)\}+\{f_D(t)\}+\{f_S(t)\}=\{p(t)\} \tag{1-23}$$

对于每一自由度，有：

$$f_{Ii}(t)=\sum_{j=1}^{n}m_{ij}\ddot{u}_j(t) \qquad (i=1,2,\cdots,n) \tag{1-24a}$$

$$f_{Di}(t)=\sum_{j=1}^{n}c_{ij}\dot{u}_j(t) \qquad (i=1,2,\cdots,n) \tag{1-24b}$$

$$f_{Si}(t)=\sum_{j=1}^{n}k_{ij}u_j(t) \qquad (i=1,2,\cdots,n) \tag{1-24c}$$

式中，$\ddot{u}_j(t)$、$\dot{u}_j(t)$ 和 $u_j(t)$ 分别为系统第 j 个自由度处的加速度、速度和位移；m_{ij} 定义为质量影响系数，其含义为在 j 自由度发生单位加速度时在 i 自由度处产生的惯性力；c_{ij} 定义为阻尼影响系数，其含义为在 j 自由度发生单位速度时在 i 自由度处产生的阻尼力；k_{ij} 定义为刚度影响系数，其含义为在 j 自由度发生单位位移时在 i 自由度处产生的弹性恢复力。对于系统的所有自由度，从式(1-24) 可得到：

$$\{f_I(t)\}=\begin{bmatrix} m_{11} & m_{12} & \cdots & m_{1i} & \cdots & m_{1n} \\ m_{21} & m_{22} & \cdots & m_{2i} & \cdots & m_{2n} \\ \cdots & \cdots & \cdots & \cdots & \cdots & \cdots \\ m_{i1} & m_{i2} & \cdots & m_{ii} & \cdots & m_{in} \\ \cdots & \cdots & \cdots & \cdots & \cdots & \cdots \\ m_{n1} & m_{n2} & \cdots & m_{ni} & \cdots & m_{nn} \end{bmatrix}\begin{Bmatrix} \ddot{u}_1(t) \\ \ddot{u}_2(t) \\ \cdots \\ \ddot{u}_i(t) \\ \cdots \\ \ddot{u}_n(t) \end{Bmatrix} \tag{1-25a}$$

$$\{f_D(t)\}=\begin{bmatrix} c_{11} & c_{12} & \cdots & c_{1i} & \cdots & c_{1n} \\ c_{21} & c_{22} & \cdots & c_{2i} & \cdots & c_{2n} \\ \cdots & \cdots & \cdots & \cdots & \cdots & \cdots \\ c_{i1} & c_{i2} & \cdots & c_{ii} & \cdots & c_{in} \\ \cdots & \cdots & \cdots & \cdots & \cdots & \cdots \\ c_{n1} & c_{n2} & \cdots & c_{ni} & \cdots & c_{nn} \end{bmatrix}\begin{Bmatrix} \dot{u}_1(t) \\ \dot{u}_2(t) \\ \cdots \\ \dot{u}_i(t) \\ \cdots \\ \dot{u}_n(t) \end{Bmatrix} \tag{1-25b}$$

$$\{f_S(t)\}=\begin{bmatrix} k_{11} & k_{12} & \cdots & k_{1i} & \cdots & k_{1n} \\ k_{21} & k_{22} & \cdots & k_{2i} & \cdots & k_{2n} \\ \cdots & \cdots & \cdots & \cdots & \cdots & \cdots \\ k_{i1} & k_{i2} & \cdots & k_{ii} & \cdots & k_{in} \\ \cdots & \cdots & \cdots & \cdots & \cdots & \cdots \\ k_{n1} & k_{n2} & \cdots & k_{ni} & \cdots & k_{nn} \end{bmatrix}\begin{Bmatrix} u_1(t) \\ u_2(t) \\ \cdots \\ u_i(t) \\ \cdots \\ u_n(t) \end{Bmatrix} \tag{1-25c}$$

写成矩阵形式，分别为：

$$\begin{aligned} \{f_I(t)\} &= [M]\{\ddot{u}(t)\} \\ \{f_D(t)\} &= [C]\{\dot{u}(t)\} \\ \{f_S(t)\} &= [K]\{u(t)\} \end{aligned} \tag{1-26}$$

把式(1-26)代入式(1-23)就可以得到多自由度系统的运动微分方程：

$$[M]\{\ddot{u}(t)\}+[C]\{\dot{u}(t)\}+[K]\{u(t)\}=\{p(t)\} \tag{1-27}$$

式中，$[M]$、$[C]$和$[K]$矩阵分别称为多自由度系统的质量矩阵、阻尼矩阵和刚度矩阵，是离散结构系统的物理特性矩阵，为$(n\times n)$阶方阵，一般情况下为对称矩阵。形成这些物理特性矩阵有不同的方法，对复杂结构来说，目前普遍采用有限单元方法进行离散，如何应用有限单元法形成刚度矩阵和质量矩阵可参考有关专著[5]。为简化起见，多采用集中质量矩阵，即：

$$[M]=\mathrm{diag}\{m_1,m_2,\cdots,m_i,\cdots,m_n\} \tag{1-28}$$

如何合理地形成结构振动阻尼矩阵是一个很复杂的问题，在很多情况下，常采用比例阻尼的假定，其中 Rayleigh 阻尼矩阵形式的应用最为普遍：

$$[C]=\alpha[M]+\beta[K] \tag{1-29}$$

式中，α 和 β 是比例参数，通常由指定的系统中 2 阶自振频率及对应的振型阻尼比确定。上式是在振动系统整体层面上建立的比例阻尼矩阵，也可在单元或局部子系统层面建立比例阻尼矩阵：

$$[C_r]=\alpha_r[M_r]+\beta_r[K_r] \tag{1-30}$$

其中，下标“r”表示第 r 个单元或子系统，系统的整体阻尼矩阵由各个单元或子系统的阻尼矩阵组装而成：

$$[C]=\sum_{r=1}^{m}[e_r][C_r][e_r]^{\mathrm{T}} \tag{1-31}$$

式中，m 为系统所划分的单元或子系统的数量；$[e_r]$ 为局部坐标自由度与系统整体坐标自由度之间转换矩阵,是($n\times m_r$)阶高矩阵,其元素值为1或0;m_r为第r单元或子系统的自由度数。

第二节　离散结构系统的自由振动

一、单自由度系统的自由振动

当无外部激励(包括动力荷载和支撑运动)时,单自由度系统处于自由振动状态。由式(1-3)可得:

$$m\ddot{u}(t)+c\dot{u}(t)+ku(t)=0 \tag{1-32}$$

式中,描述的是单自由度系统有阻尼自由振动。当系统的阻尼为0(即阻尼系数$c=0$)时,单自由度系统处于无阻尼自由振动状态:

$$m\ddot{u}(t)+ku(t)=0 \tag{1-33}$$

令$u(t)=u_0\cos\omega_0 t$且$u_0\neq 0$,代入式(1-33)后得到:

$$(k-\omega_0^2 m)u_0\cos\omega_0 t=0 \tag{1-34}$$

要使式(1-33)成立,必须有:

$$k-\omega_0^2 m=0 \tag{1-35}$$

从中可得:

$$\lambda=\omega_0^2=\frac{k}{m} \tag{1-36}$$

式中,λ和ω_0分别称为单自由度系统无阻尼自由振动的特征值和自振圆频率(单位为s^{-1}),令:

$$f_0=\frac{\omega_0}{2\pi} \tag{1-37}$$

其中,f_0称为单自由度系统无阻尼自由振动的自振频率,表示在单位时间内振动次数,单位为Hz。设:

$$T_0=\frac{1}{f_0} \tag{1-38}$$

T_0称为单自由度系统无阻尼自由振动的自振周期,表示振动一次所需的时间,单位为秒(s)。

把黏滞阻尼系数c表示为:

$$c = 2\xi\omega_0 m \tag{1-39}$$

称 ξ 为阻尼比，表述黏滞阻尼系数与临界阻尼之比，其值可由试验确定。这时利用式(1-32)，单自由度系统有阻尼自由振动方程可表示为：

$$\ddot{u}(t) + 2\xi\omega_0\dot{u}(t) + \omega_0^2 u(t) = 0 \tag{1-40}$$

代入 $u(t) = u_0 e^{st}(u_0 \neq 0)$，从式(1-40) 得到：

$$s^2 + 2\xi\omega_0 s + \omega_0^2 = 0 \tag{1-41}$$

其解为：

$$s_{1,2} = -\xi\omega_0 \pm \omega_0\sqrt{\xi^2 - 1} \tag{1-42}$$

在弱阻尼($\xi < 1$) 的情况下从式(1-42) 可得：

$$s_{1,2} = -\xi\omega_0 \pm \mathrm{j}\omega_d \tag{1-43}$$

式中，$\mathrm{j} = \sqrt{-1}$，ω_d 称为阻尼圆频率，其值为：

$$\omega_d = \omega_0\sqrt{1 - \xi^2} \tag{1-44}$$

从式(1-44) 可知，ω_d 的数值小于 ω_0，例如 $\xi = 0.05$ 和 0.10 时，$\omega_d \simeq 0.99875\omega_0$ 和 $0.99499\omega_0$。在工程中，一般结构材料的阻尼比都很小，ω_d 和 ω_0 相差不大，通常不再区分，以无阻尼振动的自振特性来表征系统的自振特性。

二、多自由度系统的自由振动

当多自由度系统处于无阻尼自由振动状态时，由式(1-27) 可得：

$$[M]\{\ddot{u}(t)\} + [K]\{u(t)\} = 0 \tag{1-45}$$

设 $\{u(t)\} = \{\varphi\}\cos\omega t$ 并代入式(1-45)，得到：

$$(-\omega^2[M] + [K])\{\varphi\} = 0 \tag{1-46}$$

式(1-46) 称为多自由度系统自由振动的特征值方程。

令：

$$\lambda = \omega^2 \tag{1-47}$$

如果式(1-46) 所表示的齐次代数方程组有解，必须满足方程组系数行列式的数值等于 0 的条件：

$$|[K] - \lambda[M]| = 0 \tag{1-48}$$

对于 n 阶自由度系统，式(1-48) 表示的是以特征值 λ 为未知变量的 n 阶代数方程，从中可求得 n 个特征值$\lambda_1,\lambda_2,\cdots,\lambda_i,\cdots,\lambda_n$。把求得的第 i 阶特征值λ_i 代入式(1-46) 得到 n 阶齐次代数方程组：

$$([K]-\lambda_i[M])\{\varphi_i\}=0 \qquad (i=1,2,\cdots,n) \tag{1-49}$$

从中可得到对应于特征值 λ_i 的特征向量$\{\varphi_i\}$。

由式(1-47) 可得：

$$\omega_i=\sqrt{\lambda_i} \qquad (i=1,2,\cdots,n) \tag{1-50}$$

由此计算出：

$$f_i=\frac{\omega_i}{2\pi} \tag{1-51}$$

$$T_i=\frac{1}{f_i} \tag{1-52}$$

f_i 和 T_i 分别称为振动系统的第 i 阶模态的自振频率和自振周期，也称第 i 阶模态频率和模态周期，与 λ_i 和$\{\varphi_i\}$ 构成系统的主要模态特性参数，$\{\varphi_i\}$ 称为第 i 阶模态向量，也称为振型向量。在结构振动中上述参数多被称为结构系统的振动特性参数。由各阶模态向量$\{\varphi_i\}$ 组成模态矩阵 $[\Phi]$（也称为振型矩阵）：

$$[\Phi]=[\boldsymbol{\varphi}_1 \quad \boldsymbol{\varphi}_2 \quad \cdots \quad \boldsymbol{\varphi}_i \quad \cdots \quad \boldsymbol{\varphi}_n] \tag{1-53}$$

三、振动模态的正交性

由线性代数理论可知，特征值方程(1-46) 的解具有如下的正交性：

$$\{\varphi_i\}^{\mathrm{T}}[M]\{\varphi_j\}=m_i^*\delta_{ij} \tag{1-54a}$$

$$\{\varphi_i\}^{\mathrm{T}}[K]\{\varphi_j\}=k_i^*\delta_{ij} \tag{1-54b}$$

式中，m_i^*、k_i^* 为 i 阶模态的模态质量和模态刚度，也称为广义质量和广义刚度。

$$\delta_{ij}=\begin{cases}1, & i=j\\0, & i\neq j\end{cases} \tag{1-55}$$

$$\lambda_i=\omega_i^2=\frac{k_i^*}{m_i^*} \tag{1-56}$$

若系统的阻尼矩阵为 Rayleigh 阻尼矩阵，则有：

$$\{\varphi_i\}^{\mathrm{T}}[C]\{\varphi_j\}=c_i^*\delta_{ij} \tag{1-57}$$

其中：

$$c_i^*=2\xi_i\omega_i m_i^* \tag{1-58}$$

若令 $m_i^*=1$，即：

$$\{\varphi_i\}^{\mathrm{T}}[M]\{\varphi_i\}=1 \tag{1-59}$$

则称 $\{\varphi_i\}$ 为正则化模态向量，此时相应有：

$$\{\varphi_i\}^{\mathrm{T}}[K]\{\varphi_i\}=\lambda_i=\omega_i^2 \tag{1-60}$$

$$\{\varphi_i\}^{\mathrm{T}}[C]\{\varphi_i\}=2\xi_i\omega_i \tag{1-61}$$

四、模态叠加法

多自由度系统振动方程(1-27)的求解有多种方法，下文介绍模态叠加法，工程应用中多称为振型叠加法。

设振动系统的动力位移向量由系统的各阶模态位移向量的线性组合而得：

$$\{u(t)\}=\sum_{i=1}^{m}\{\varphi_i\}\zeta_i(t)=[\Phi]\{\zeta(t)\} \tag{1-62}$$

式中，$\zeta_i(t)$ 为第 i 阶模态的组合系数，也称为模态坐标或广义位移和广义坐标；m 为参与组合的低阶模态数量，当 $m=n$ 时，表明全部模态参与组合，所得系统的位移解为正确解，当 $m<n$ 时，表明只有部分模态参与组合，所得系统的位移解为近似解。

把式(1-62)代入式(1-27)并在方程两端同时左乘 $[\Phi]^{\mathrm{T}}$，得到：

$$[\Phi]^{\mathrm{T}}[M][\Phi]\{\ddot{\zeta}(t)\}+[\Phi]^{\mathrm{T}}[C][\Phi]\{\dot{\zeta}(t)\}+[\Phi]^{\mathrm{T}}[K][\Phi]\{\zeta(t)\}=[\Phi]^{\mathrm{T}}\{p(t)\} \tag{1-63}$$

可写为：

$$[M^*]\{\ddot{\zeta}(t)\}+[C^*]\{\dot{\zeta}(t)\}+[K^*]\{\zeta(t)\}=\{p^*(t)\} \tag{1-64}$$

式中，$[M^*]$、$[C^*]$ 和 $[K^*]$ 分别称为广义质量矩阵、广义阻尼矩阵和广义刚度矩阵，$\{p^*(t)\}$ 为广义动力荷载向量。由模态矩阵的正交性可知 $[M^*]$ 和 $[K^*]$ 为 $(m\times m)$ 的对角阵，一般情况下 $[C^*]$ 不具有对角性，当系统的阻尼矩阵采用 Rayleigh 阻尼矩阵等比例阻尼矩阵形式时，$[C^*]$ 也为对角阵。这时式(1-64)则解耦为 m 个独立的单自由度运动方程：

$$m_i^*\ddot{\zeta}_i(t)+c_i^*\dot{\zeta}_i(t)+k_i^*\zeta_i(t)=p_i^*(t)\qquad(i=1,2,\cdots,m) \tag{1-65}$$

其中：

$$m_i^*=\{\varphi_i\}^{\mathrm{T}}[M]\{\varphi_i\} \tag{1-66a}$$

$$k_i^* = \{\varphi_i\}^{\mathrm{T}}[K]\{\varphi_i\} = \omega_i^2 m_i^* \tag{1-66b}$$

$$c_i^* = \{\varphi_i\}^{\mathrm{T}}[C]\{\varphi_i\} = 2\omega_i \xi_i m_i^* \tag{1-66c}$$

$$p_i^*(t) = \{\varphi_i\}^{\mathrm{T}}\{p(t)\} \tag{1-66d}$$

式中，m_i^*、k_i^* 和 c_i^* 分别称为第 i 阶模态的广义质量、广义刚度和广义阻尼系数，$p_i^*(t)$ 为对应于第 i 阶模态的广义动荷载，简称第 i 阶模态质量、模态刚度、模态阻尼和模态荷载，工程应用中也分别称为振型质量、振型刚度、振型阻尼和振型荷载。

式(1-65) 的两端同除以 m_i^* 可得：

$$\ddot{\zeta}_i(t) + 2\omega_i \xi_i^* \dot{\zeta}_i(t) + \omega_i^2 \zeta_i(t) = \frac{1}{m_i^*} p_i^*(t) \qquad (i = 1, 2, \cdots, m) \tag{1-67}$$

应用模态叠加法后，结构系统的振动反应计算简化为针对 m 个保留模态的单自由度系统的振动反应计算。由式(1-65) 或式(1-67) 求得各阶广义坐标 $\zeta_i(t)$ 后代入式(1-62) 可获得系统的动力位移 $u(t)$。

在地震激励下，结构系统的等效动力荷载为：

$$\{p(t)\} = -[M]\{e_{\mathrm{d}}\}\ddot{u}_{\mathrm{d}}(t) \tag{1-68}$$

式中，$\ddot{u}_{\mathrm{d}}(t)$ 为 d 方向地震激励的加速度时程，$\{e_{\mathrm{d}}\}$ 为 d 方向地震激励的指示向量，其元素为 1 或 0。这时：

$$\frac{p_i^*(t)}{m_i^*} = -\frac{\{\varphi_i\}^{\mathrm{T}}[M]\{e_{\mathrm{d}}\}}{m_i^*}\ddot{u}_{\mathrm{d}}(t) = -\eta_i^{\mathrm{d}}\ddot{u}_{\mathrm{d}}(t) \tag{1-69}$$

式中：

$$\eta_i^d = \frac{\{\varphi_i\}^{\mathrm{T}}[M]\{e_d\}}{m_i^*} \tag{1-70}$$

式中，η_i^d 称为在 d 方向激振时第 i 阶模态的参与系数，也称为 d 方向激振时第 i 阶振型参与系数。代入式(1-67) 后为：

$$\ddot{\zeta}_i(t) + 2\omega_i \xi_i^* \dot{\zeta}_i(t) + \omega_i^2 \zeta_i(t) = -\eta_i^d \ddot{u}_d(t) \qquad (i = 1, 2, \cdots, m) \tag{1-71}$$

当 $\{\varphi_i\}$ 不是正则化模态向量($m_i^* \neq 1$) 时，则定义第 i 阶模态向量的模为：

$$\rho_i = |\{\varphi_i\}| = \sqrt{\{\varphi_i\}^{\mathrm{T}}[M]\{\varphi_i\}} = \sqrt{m_i^*} \tag{1-72}$$

从式(1-70) 和式(1-72) 可以看出：振型参与系数 η_i^d 和模态向量的模 ρ_i 也是表征模态向量 $\{\varphi_i\}$ 振动特性的两个动力参数。

第三节　连续系统的振动模态

一般情况下，单自由度和多自由度系统的振动方程为常微分方程，而连续系统的振动方程为偏微分方程，不同类型的连续系统的振动方程有的是二阶的，有的是更高阶的；有的是一维的，有的是二维和三维的。本节不一一推导不同类型连续系统的振动方程，而是介绍相关振动方程的基本解。

一、一维二阶偏微分方程

最简单的连续系统的无阻尼自由振动方程为一维二阶变系数偏微分方程：

$$B(x)\frac{\partial^2 u(x,t)}{\partial t^2}-\frac{\partial}{\partial x}\left[D(x)\frac{\partial u(x,t)}{\partial x}\right]=0 \tag{1-73}$$

在土木工程领域，变截面直杆的轴向振动、变截面圆杆的扭转振动、水平土层的剪切振动等问题的无阻尼自由振动方程由式(1-73)描述。对应于轴向振动，式中 $B(x)=\rho A(x)$，$D(x)=EA(x)$，其中 ρ、E、$A(x)$ 分别为杆的质量密度、弹性模量和坐标 x 处的横截面面积，$u(x,t)$ 为沿 x 方向的轴向振动位移。若为等截面杆的轴向振动，则式(1-73)为一维二阶常系数偏微分方程：

$$B_0\frac{\partial^2 u(x,t)}{\partial t^2}=D_0\frac{\partial^2 u(x,t)}{\partial x^2} \tag{1-74}$$

式中，$B_0=\rho A_0$，$D_0=EA_0$，A_0 为杆的横截面面积。

采用分离变量方法求解方程(1-74)，设：

$$u(x,t)=\varphi(x)(C_1\cos\omega t+C_2\sin\omega t) \tag{1-75}$$

把式(1-75)代入式(1-74)得到：

$$\frac{\mathrm{d}^2\varphi(x)}{\mathrm{d}x^2}+\frac{\omega^2}{a^2}\varphi(x)=0 \tag{1-76}$$

其中：

$$a^2=\frac{E}{\rho} \tag{1-77}$$

式(1-76)的解为：

$$\varphi(x)=A_1\cos\frac{\omega x}{a}+A_2\sin\frac{\omega x}{a} \tag{1-78}$$

式中，$\varphi(x)$ 称为模态函数，也称振型函数，系数 A_1 和 A_2 借满足直杆两端处的边界条件来确定。例如对于两端自由、杆长 l 的直杆，由两端末处的轴向力必定为 0 的边界条件可得：

$$\left.\frac{\mathrm{d}\varphi(x)}{\mathrm{d}x}\right|_{x=0}=0 \tag{1-79a}$$

$$\left.\frac{\mathrm{d}\varphi(x)}{\mathrm{d}x}\right|_{x=l}=0 \tag{1-79b}$$

由第 1 个边界条件式(1-79a) 得到 $A_2=0$，在 $A_1\neq 0$ 的情况下(非平凡解)，要满足第 2 个边界条件必须有：

$$\sin\frac{\omega l}{a}=0 \tag{1-80}$$

式(1-80) 为两端自由的直杆轴向振动的频率方程，其解为：

$$\frac{\omega_i l}{a}=i\pi \quad (i=0,1,2,\cdots,\infty) \tag{1-81}$$

从中可得到两端自由的直杆轴向振动的自振频率：

$$\omega_i=\frac{i\pi}{l}\sqrt{\frac{E}{\rho}} \quad (i=0,1,2,\cdots,\infty) \tag{1-82}$$

式(1-82) 中，当 $i=0$ 时得到零频率，它意味着直杆顺 x 方向刚体平动。系统的第 1 至第 3 阶弹性振动的自振频率和模态函数分别为：

$$\omega_1=\frac{\pi}{l}\sqrt{\frac{E}{\rho}} \qquad \varphi_1(x)=A_1\cos\frac{\omega_1 x}{l}=A_1\cos\frac{\pi x}{l} \tag{1-83a}$$

$$\omega_2=\frac{2\pi}{l}\sqrt{\frac{E}{\rho}} \qquad \varphi_2(x)=A_1\cos\frac{\omega_2 x}{l}=A_1\cos\frac{2\pi x}{l} \tag{1-83b}$$

$$\omega_3=\frac{3\pi}{l}\sqrt{\frac{E}{\rho}} \qquad \varphi_3(x)=A_1\cos\frac{\omega_3 x}{l}=A_1\cos\frac{3\pi x}{l} \tag{1-83c}$$

由于模态位移表示在系统在振动过程中各处动力位移的比例关系，所以模态函数中的系数 A_1 可以为任意值，一般取值为 1。模态函数的正交性表示为：

$$\int_0^l \varphi_i(x)\varphi_j(x)\mathrm{d}x=a_i\delta_{ij} \tag{1-84a}$$

$$\int_0^l \varphi''_i(x)\varphi_j(x)\mathrm{d}x=-\left(\frac{\omega_i}{l}\right)^2 a_i\delta_{ij} \tag{1-84b}$$

$$\int_0^l \varphi'_i(x)\varphi'_j(x)\mathrm{d}x = \left(\frac{\omega_i}{l}\right)^2 a_i\delta_{ij} \tag{1-84c}$$

式中，若 $m\int_0^l \varphi_i(x)\varphi_i(x)\mathrm{d}x = 1$，则称 $\varphi_i(x)$ 为正则化模态函数，其中 $m = \rho A_0$ 为直杆单位长度的质量。

一般来说，式(1-74) 所示一维二阶常系数偏微分方程在常见的自由、固端等边界条件下能够获得解析解，但是式(1-73) 所示一维二阶变系数偏微分方程很难获得解析解。

二、一维四阶偏微分方程

变截面直梁弯曲振动时无阻尼自由振动方程为一维四阶变系数偏微分方程：

$$\frac{\partial^2}{\partial x^2}\left[EI(x)\frac{\partial^2 v(x,t)}{\partial x^2}\right] + \rho A(x)\frac{\partial^2 v(x,t)}{\partial t^2} = 0 \tag{1-85}$$

式中，ρ、E、$A(x)$ 分别为梁的质量密度、弹性模量和轴向坐标 x 处的横截面面积，$EI(x)$ 为坐标 x 处梁的抗弯刚度，$v(x,t)$ 为沿梁轴线方向 x 处的横向振动位移。若为等截面均匀直梁，则式(1-85) 为一维四阶常系数偏微分方程：

$$EI_0\frac{\partial^4 v(x,t)}{\partial x^4} + \rho A_0\frac{\partial^2 v(x,t)}{\partial t^2} = 0 \tag{1-86}$$

式中，EI_0、A_0 为常量。此方程也可以写为：

$$\frac{\partial^4 v(x,t)}{\partial x^4} = -\frac{1}{a^2}\frac{\partial^2 v(x,t)}{\partial t^2} \tag{1-87}$$

式中：

$$a^2 = \frac{EI_0}{\rho A_0} \tag{1-88}$$

同样，采用分离变量方法求解方程(1-87)，设：

$$v(x,t) = \varphi(x)(C_1\cos\omega t + C_2\sin\omega t) \tag{1-89}$$

代入式(1-87)，得到：

$$\frac{\mathrm{d}^4\varphi(x)}{\mathrm{d}x^4} - \frac{\omega^2}{a^2}\varphi(x) = 0 \tag{1-90}$$

引入符号：

$$k^4 = \frac{\omega^2}{a^2} \tag{1-91}$$

式(1-90)的解的一般形式为：

$$\varphi(x)=Ce^{kx}+De^{-kx}+Ee^{jkx}+Fe^{-jkx} \tag{1-92}$$

式中 $j=\sqrt{-1}$，该式也可写成如下等效形式：

$$\varphi(x)=C_1\sin kx+C_2\cos kx+C_3\sinh kx+C_4\cosh kx \tag{1-93}$$

式(1-93)也可写成下列等效形式：

$$\begin{aligned}\varphi(x)=&C_1(\cos kx+\cosh kx)+C_2(\cos kx-\cosh kx)\\&+C_3(\sin kx+\sinh kx)+C_4(\sin kx-\sinh kx)\end{aligned} \tag{1-94}$$

式中，4 个系数由梁的两端边界条件确定。对于梁的两端总会有 4 个端点条件可以求出常数系数 C_1、C_2、C_3 和 C_4，从中确定梁自由振动的各阶自振频率 ω_i 和模态函数 $\varphi_i(x)$。

容易证明模态函数 $\varphi_i(x)$ 具有如下正交性。

$$\int_0^l \varphi_i(x)\varphi_j(x)\mathrm{d}x=a_i\delta_{ij} \tag{1-95a}$$

$$\int_0^l \varphi''_i(x)\varphi''_j(x)\mathrm{d}x=\left(\frac{\omega_i}{a}\right)^2 a_i\delta_{ij} \tag{1-95b}$$

$$\int_0^l \varphi''''_i(x)\varphi_j(x)\mathrm{d}x=\left(\frac{\omega_i}{a}\right)^2 a_i\delta_{ij} \tag{1-95c}$$

若 $\rho A_0\int_0^l \varphi_i(x)\varphi_i(x)\mathrm{d}x=1$，则 $\varphi_i(x)$ 称为正则化模态函数。

下面以简支梁为例讨论梁的横向弯曲振动。简支梁的 4 个边界条件为：

$$v(x,t)_{x=0}=0,\quad \left(\frac{\mathrm{d}^2 v(x,t)}{\mathrm{d}x^2}\right)_{x=0}=0 \tag{1-96a}$$

$$v(x,t)_{x=l}=0,\quad \left(\frac{\mathrm{d}^2 v(x,t)}{\mathrm{d}x^2}\right)_{x=l}=0 \tag{1-96b}$$

式(1-96)表示简支梁的两端处的位移和弯矩均为 0。应用这些边界条件可知式(1-94)中的系数 $C_1=C_2=0$，$C_3=C_4$，因而可得简支梁弯曲振动的频率方程：

$$\sin kl=0 \tag{1-97}$$

此方程的非零的相邻正根为 $k_il=i\pi(i=1,2,\cdots,\infty)$，由此得到：

$$k_i=\frac{i\pi}{l}\qquad(i=1,2,\cdots,\infty) \tag{1-98}$$

相应于这些 k_i 值的自振角频率为：

$$\omega_i = k_i^2 a = \frac{i^2\pi^2}{l^2}\sqrt{\frac{EI_0}{\rho A_0}} \tag{1-99}$$

对应的正则化模态函数为：

$$\varphi_i(x) = \sqrt{\frac{2}{l}}\sin\frac{i\pi x}{l} \quad (i = 1, 2, \cdots, \infty) \tag{1-100}$$

三、二维四阶偏微分方程

根据 Kirchholf 理论，平板横向无阻尼自由振动方程为二维四阶偏微分方程：

$$D\,\nabla^4 w(x, y, t) + \rho h w_{tt}(x, y, t) = 0 \tag{1-101}$$

式中，$w(x, y, t)$ 为点$(x, y, z=0)$处的横向位移，下标表示偏微分，h 为板的厚度，D 代表平板的横向抗弯刚度：

$$D = \frac{Eh^3}{12(1-\mu^2)} \tag{1-102}$$

∇^4 为双调和算子：

$$\nabla^4(\cdot) = (\cdot)_{xxxx} + (\cdot)_{xxyy} + (\cdot)_{yyyy} \tag{1-103}$$

即使常系数方程，式(1-101) 也只有两对边简支的矩形平板的自由振动才可能有解析解。四边简支矩形板的边界条件为：

$$w(0, y) = w(a, y) = w(x, 0) = w(x, b) = 0 \tag{1-104a}$$

$$w_{xx}(0, y) = w_{xx}(a, y) = w_{yy}(x, 0) = w_{yy}(x, b) = 0 \tag{1-104b}$$

设无阻尼自由振动的解为：

$$w(x, y, t) = \varphi(x, y)\cos(\omega t - \alpha) \tag{1-105}$$

代入式(1-101) 得到：

$$D\,\nabla^4\varphi(x, y) - \lambda^4\varphi(x, y) = 0 \tag{1-106}$$

式中：

$$\lambda^4 = \frac{\omega^2\rho h}{D} \tag{1-107}$$

设模态函数为：

$$\varphi_{(m,n)}(x, y) = C\sin\left(\frac{m\pi x}{a}\right)\sin\left(\frac{n\pi y}{b}\right) \tag{1-108}$$

式中，a、b 分别为矩形简支平板沿 x、y 方向的边长，m 和 n 为自然数。上式要满足所有边界条件并代入式(1-106) 得到：

$$\lambda_{(m,n)}^{2}=\left(\frac{m\pi}{a}\right)^{2}+\left(\frac{n\pi}{b}\right)^{2} \tag{1-109}$$

由式(1-107) 可得到简支矩形平板的自振频率：

$$\omega_{(m,n)}=\left(\frac{\pi^{4}D}{\rho ha^{4}}\right)^{\frac{1}{2}}\left[m^{2}+n^{2}\left(\frac{a}{b}\right)^{2}\right] \tag{1-110a}$$

或

$$\omega_{(m,n)}=\left(\frac{\pi^{4}D}{\rho hb^{4}}\right)^{\frac{1}{2}}\left[m^{2}\left(\frac{b}{a}\right)^{2}+n^{2}\right] \tag{1-110b}$$

第二章　直接模态摄动法基本原理

本章主要介绍基于 Ritz 法的直接模态摄动法的基本原理。

第一节　结构系统修改后的摄动方程

在工程实际中常常需对已建工程结构进行加固改造，使原有结构的力学特性发生改变，然而局部改造加固使结构特性改变有限，因而结构振动特性的变化也有限。加固改造后结构的振动特性可在原有结构振动特性的基础上近似求解，其中摄动法是应用较为普遍的方法之一。

一、原结构系统的特征值方程和模态特性

修改前原结构系统的质量矩阵和刚度矩阵分别为 $[M_0]$ 和 $[K_0]$，其无阻尼自由振动的特征值方程如式(2-1) 所示：

$$(-\lambda_0 [M_0] + [K_0])\{\varphi_0\} = 0 \tag{2-1}$$

式中，下标“0”表示系统修改前的状态，λ_0 为原系统自由振动的特征值，$\{\varphi_0\}$ 为振动模态向量。λ_0 可表示为：

$$\lambda_0 = \omega_0^2 \tag{2-2}$$

从式(2-1) 可解出原系统的各阶特征值 $\lambda_{0,i}$ 和对应的模态向量 $\{\varphi_{0,i}\}$。

二、系统修改后的特征值方程和模态特性

原系统修改后新的质量矩阵和刚度矩阵分别为 $[M]$ 和 $[K]$，其无阻尼自由振动的特征值方程如式(2-3) 所示：

$$(-\lambda [M] + [K])\{\varphi\} = 0 \tag{2-3}$$

式中：

$$\lambda = \omega^2 \tag{2-4}$$

显然，方程(2-3) 可采用特征值方程的一般求解方法得到系统无阻尼自由振动的解，即自由振动的各阶模态频率 λ_i 和对应的振动模态 $\{\varphi_i\}$。

如果修改后系统的刚度矩阵和质量矩阵的变化分别表示为 $[\Delta K]$ 和 $[\Delta M]$，则有：

$$[K]=[K_0]+[\Delta K] \tag{2-5a}$$

$$[M]=[M_0]+[\Delta M] \tag{2-5b}$$

式中，$[\Delta K]$ 和 $[\Delta M]$ 分别称为原系统刚度矩阵 $[K_0]$ 和质量矩阵 $[M_0]$ 的摄动，将式(2-5)代入式(2-3)得到：

$$[-\lambda([M_0]+[\Delta M])+([K_0]+[\Delta K])]\{\varphi\}=0 \tag{2-6}$$

式(2-6)称为系统修改后的无阻尼自由振动的摄动方程。当摄动 $[\Delta K]$ 和 $[\Delta M]$ 引起的系统振动特性变化有限时，可在系统原有振动特性的基础上直接利用 $[\Delta K]$ 和 $[\Delta M]$ 进行近似求解，以简化求解过程。

第二节　小参数模态摄动法

小参数摄动法是求解弱非线性微分方程的有效方法。其也被应用于结构修改后模态分析的近似求解，称为小参数模态摄动法。若原有系统的各阶特征值各不相同且特征值间相互间距不小，此时原有系统的特征值 $\lambda_{0,i}$ 称为孤立特征值。下面讨论当原系统具有孤立特征值特点时的小参数模态摄动方法[6]。

一、基本方程

可把修改后结构系统的刚度矩阵和质量矩阵写为：

$$[K]=[K_0]+\varepsilon[\Delta\bar{K}] \tag{2-7a}$$

$$[M]=[M_0]+\varepsilon[\Delta\bar{M}] \tag{2-7b}$$

式中，ε 为小参数，当 $\varepsilon=0$ 时对应的是未修改的原有结构系统。

$$[\Delta\bar{K}]=\varepsilon^{-1}[\Delta K] \tag{2-8a}$$

$$[\Delta\bar{M}]=\varepsilon^{-1}[\Delta M] \tag{2-8b}$$

修改后的新系统(也称摄动系统)的特征值方程式(2-6)可写为：

$$[-\lambda([M_0]+\varepsilon[\Delta\bar{M}])+([K_0]+\varepsilon[\Delta\bar{K}])]\{\varphi\}=0 \tag{2-9}$$

当 $\varepsilon[\Delta\bar{K}]$ 和 $\varepsilon[\Delta\bar{M}]$（也即 $[\Delta K]$ 和 $[\Delta M]$）很小时，新系统的特征值 λ_i 和对应的模态向量 $\{\varphi_i\}$ 都只有小的变化。根据摄动理论，可将 λ_i 和 $\{\varphi_i\}$ 表示为小参数 ε 的幂级数：

$$\lambda_i = \lambda_{0,i} + \varepsilon \Delta\bar{\lambda}_{1,i} + \varepsilon^2 \Delta\bar{\lambda}_{2,i} + 0(\varepsilon^3) \tag{2-10a}$$

$$\{\varphi_i\} = \{\varphi_{0,i}\} + \varepsilon \{\Delta\bar{\varphi}_{1,i}\} + \varepsilon^2 \{\Delta\bar{\varphi}_{2,i}\} + 0(\varepsilon^3) \tag{2-10b}$$

式中，$\lambda_{0,i}$ 和 $\{\varphi_{0,i}\}$ 分别为原系统的第 i 阶特征值和对应的模态向量，令：

$$\Delta\bar{\lambda}_{1,i} = \varepsilon^{-1} \Delta\lambda_{1,i} \tag{2-11a}$$

$$\{\Delta\bar{\varphi}_{1,i}\} = \varepsilon^{-1} \{\Delta\varphi_{1,i}\} \tag{2-11b}$$

$$\Delta\bar{\lambda}_{2,i} = \varepsilon^{-2} \Delta\lambda_{2,i} \tag{2-12a}$$

$$\{\Delta\bar{\varphi}_{2,i}\} = \varepsilon^{-2} \{\Delta\varphi_{2,i}\} \tag{2-12b}$$

其中，$\Delta\lambda_{1,i}$ 和 $\{\Delta\varphi_{1,i}\}$ 分别为新系统的第 i 阶特征值和对应的模态向量的一阶摄动量，$\Delta\lambda_{2,i}$ 和 $\{\Delta\varphi_{2,i}\}$ 分别为新系统的第 i 阶特征值和对应的模态向量的二阶摄动量。显然，求得 $\Delta\bar{\lambda}_{1,i}$ 和 $\{\Delta\bar{\varphi}_{1,i}\}$ 以及 $\Delta\bar{\lambda}_{2,i}$ 和 $\{\Delta\bar{\varphi}_{2,i}\}$ 就可以方便地获取一阶摄动量 $\Delta\lambda_{1,i}$ 和 $\{\Delta\varphi_{1,i}\}$ 以及 $\Delta\lambda_{2,i}$ 和 $\{\Delta\varphi_{2,i}\}$，进而由式(2-4)得到新系统的特征值 λ_i 和模态向量 $\{\varphi_i\}$。

为求得 $\Delta\bar{\lambda}_{1,i}$ 和 $\Delta\bar{\lambda}_{2,i}$、$\{\Delta\bar{\varphi}_{1,i}\}$ 及 $\{\Delta\bar{\varphi}_{2,i}\}$，把式(2-10)代入式(2-9)并略去 $0(\varepsilon^3)$ 得到：

$$\begin{aligned}&(\lambda_{0,i} + \varepsilon\Delta\bar{\lambda}_{1,i} + \varepsilon^2\Delta\bar{\lambda}_{2,i})([M_0] + \varepsilon[\Delta\bar{M}])(\{\varphi_{0,i}\} + \varepsilon\{\Delta\bar{\varphi}_{1,i}\} + \varepsilon^2\{\Delta\bar{\varphi}_{2,i}\})\\ &= ([K_0] + \varepsilon[\Delta\bar{K}])(\{\varphi_{0,i}\} + \varepsilon\{\Delta\bar{\varphi}_{1,i}\} + \varepsilon^2\{\Delta\bar{\varphi}_{2,i}\})\end{aligned} \tag{2-13}$$

展开式(2-13)并比较 ε 的同次幂的系数得到：

$$\varepsilon^0：[K_0]\{\varphi_{0,i}\} = \lambda_{0,i}[M_0]\{\varphi_{0,i}\} \tag{2-14}$$

$$\begin{aligned}&\varepsilon^1：[K_0]\{\Delta\bar{\varphi}_{1,i}\} + [\Delta\bar{K}]\{\varphi_{0,i}\}\\ &= \lambda_{0,i}[M_0]\{\Delta\bar{\varphi}_{1,i}\} + \lambda_{0,i}[\Delta\bar{M}]\{\varphi_{0,i}\} + \Delta\bar{\lambda}_{1,i}[M_0]\{\varphi_{0,i}\}\end{aligned} \tag{2-15}$$

$$\begin{aligned}&\varepsilon^2：[K_0]\{\Delta\bar{\varphi}_{2,i}\} + [\Delta\bar{K}]\{\Delta\bar{\varphi}_{1,i}\} = \lambda_{0,i}[M_0]\{\Delta\bar{\varphi}_{2,i}\} + \lambda_{0,i}[\Delta\bar{M}]\{\Delta\bar{\varphi}_{1,i}\}\\ &+ \Delta\bar{\lambda}_{1,i}[M_0]\{\Delta\bar{\varphi}_{1,i}\} + \Delta\bar{\lambda}_{1,i}[\Delta\bar{M}]\{\varphi_{0,i}\} + \Delta\bar{\lambda}_{2,i}[M_0]\{\varphi_{0,i}\}\end{aligned} \tag{2-16}$$

由新系统模态向量关于质量矩阵的正交性条件可得：

$$\begin{aligned}&(\{\varphi_{0,j}\} + \varepsilon\{\Delta\bar{\varphi}_{1,j}\} + \varepsilon^2\{\Delta\bar{\varphi}_{2,j}\})^{\mathrm{T}}([M_0] + \varepsilon[\Delta\bar{M}])\\ &(\{\varphi_{0,i}\} + \varepsilon\{\Delta\bar{\varphi}_{1,i}\} + \varepsilon^2\{\Delta\bar{\varphi}_{2,i}\}) = \delta_{ij}\end{aligned} \tag{2-17}$$

取 $j = i$，展开式(2-17)并比较 ε 的同次幂的系数得到：

$$\varepsilon^0：\{\varphi_{0,i}\}^{\mathrm{T}}[M_0]\{\varphi_{0,i}\} = 1 \tag{2-18}$$

$$\varepsilon^1:\{\varphi_{0,i}\}^{\mathrm{T}}[M_0]\{\Delta\bar{\varphi}_{1,i}\}+\{\Delta\bar{\varphi}_{1,i}\}^{\mathrm{T}}[M_0]\{\varphi_{0,i}\}+\{\varphi_{0,i}\}^{\mathrm{T}}[\Delta\bar{M}]\{\varphi_{0,i}\}=0 \tag{2-19}$$

$$\varepsilon^2:\{\varphi_{0,i}\}^{\mathrm{T}}[M_0]\{\Delta\bar{\varphi}_{2,i}\}+\{\varphi_{0,i}\}^{\mathrm{T}}[\Delta\bar{M}]\{\Delta\bar{\varphi}_{1,i}\}+\{\Delta\bar{\varphi}_{1,i}\}^{\mathrm{T}}[\Delta\bar{M}]\{\varphi_{0,i}\}$$
$$+\{\Delta\bar{\varphi}_{1,i}\}^{\mathrm{T}}[M_0]\{\Delta\bar{\varphi}_{1,i}\}+\{\Delta\bar{\varphi}_{2,i}\}^{\mathrm{T}}[M_0]\{\varphi_{0,i}\}=0 \tag{2-20}$$

显然，式(2-14)和式(2-18)是原系统特征值和模态向量所具有的基本特性，已经得到满足。利用式(2-15)、式(2-16)和式(2-19)、式(2-20)可分别在原系统模态特性的基础上求解一阶摄动 $\Delta\bar{\lambda}_{1,i}$、$\{\Delta\bar{\varphi}_{1,i}\}$ 和二阶摄动 $\Delta\bar{\lambda}_{2,i}$、$\{\Delta\bar{\varphi}_{2,i}\}$。

二、一阶摄动公式

摄动系统的第 i 阶模态向量的一阶摄动 $\{\Delta\bar{\varphi}_{1,i}\}$ 可表示为原系统模态向量的线性组合：

$$\{\Delta\bar{\varphi}_{1,i}\}=\sum_{j=1}^{n}\bar{\alpha}_{1,j}\{\varphi_{0,j}\} \tag{2-21}$$

式中，$\bar{\alpha}_{1,j}$ 为在一阶摄动中原系统第 j 阶模态向量 $\{\varphi_{0,j}\}$ 的待定组合系数，共有 n 个。

把式(2-21)代入式(2-15)并在该式两端左乘 $\{\varphi_{0,k}\}^{\mathrm{T}}$ 得到：

$$\{\varphi_{0,k}\}^{\mathrm{T}}[K_0]\sum_{j=1}^{n}\bar{\alpha}_{1,j}\{\varphi_{0,j}\}+\{\varphi_{0,k}\}^{\mathrm{T}}[\Delta\bar{K}]\{\varphi_{0,i}\}=\lambda_{0,i}\{\varphi_{0,k}\}^{\mathrm{T}}[M_0]\sum_{j=1}^{n}\bar{\alpha}_{1,j}\{\varphi_{0,j}\}$$
$$+\lambda_{0,i}\{\varphi_{0,k}\}^{\mathrm{T}}[\Delta\bar{M}]\{\varphi_{0,i}\}+\Delta\bar{\lambda}_{1,i}\{\varphi_{0,k}\}^{\mathrm{T}}[M_0]\{\varphi_{0,i}\} \tag{2-22}$$

利用原系统模态向量的正交性式(1-59)和式(1-60)，上式可简化为：

$$\bar{\alpha}_{1,k}\lambda_{0,k}+\{\varphi_{0,k}\}^{\mathrm{T}}[\Delta\bar{K}]\{\varphi_{0,i}\}$$
$$=\bar{\alpha}_{1,k}\lambda_{0,i}+\lambda_{0,i}\{\varphi_{0,k}\}^{\mathrm{T}}[\Delta\bar{M}]\{\varphi_{0,i}\}+\Delta\bar{\lambda}_{1,i}\{\varphi_{0,k}\}^{\mathrm{T}}[M_0]\{\varphi_{0,i}\} \tag{2-23}$$

当 $k=i$ 时，式(2-23)中 $\lambda_{0,k}=\lambda_{0,i}$、$\{\varphi_{0,k}\}^{\mathrm{T}}[M_0]\{\varphi_{0,i}\}=1$，由此得到新系统第 i 阶特征值的一阶摄动为：

$$\Delta\bar{\lambda}_{1,i}=\{\varphi_{0,i}\}^{\mathrm{T}}([\Delta\bar{K}]-\lambda_{0,i}[\Delta\bar{M}])\{\varphi_{0,i}\}$$
$$=\varepsilon^{-1}\{\varphi_{0,i}\}^{\mathrm{T}}([\Delta K]-\lambda_{0,i}[\Delta M])\{\varphi_{0,i}\} \tag{2-24}$$

由式(2-11)可知：

$$\Delta\lambda_{1,i}=\{\varphi_{0,i}\}^{\mathrm{T}}([\Delta K]-\lambda_{0,i}[\Delta M])\{\varphi_{0,i}\} \tag{2-25}$$

当 $k\neq i$ 时，式(2-23)中 $\{\varphi_{0,k}\}^{\mathrm{T}}[M_0]\{\varphi_{0,i}\}=0$，由此得到：

$$\bar{\alpha}_{1,k}=\frac{\{\varphi_{0,k}\}^{\mathrm{T}}([\Delta\bar{K}]-\lambda_{0,i}[\Delta\bar{M}])\{\varphi_{0,i}\}}{\lambda_{0,i}-\lambda_{0,k}}$$

$$=\varepsilon^{-1}\frac{\{\varphi_{0,k}\}^{\mathrm{T}}([\Delta K]-\lambda_{0,i}[\Delta M])\{\varphi_{0,i}\}}{\lambda_{0,i}-\lambda_{0,k}}\quad(k\neq i)\tag{2-26}$$

$$=\varepsilon^{-1}\alpha_{1,k}$$

式中：

$$\alpha_{1,k}=\frac{\{\varphi_{0,k}\}^{\mathrm{T}}([\Delta K]-\lambda_{0,i}[\Delta M])\{\varphi_{0,i}\}}{\lambda_{0,i}-\lambda_{0,k}}\quad(k\neq i)\tag{2-27}$$

至此，在式(2-21)中 n 个待定的组合系数中，只有 $\bar{\alpha}_{1,i}$ 还没有确定。下面推导 $\bar{\alpha}_{1,i}$ 的计算公式。

式(2-21)两端左乘 $\{\varphi_{0,i}\}^{\mathrm{T}}[M_0]$ 得到：

$$\{\varphi_{0,i}\}^{\mathrm{T}}[M_0]\{\Delta\bar{\varphi}_{1,i}\}=\{\varphi_{0,i}\}^{\mathrm{T}}[M_0]\sum_{j=1}^{n}\bar{\alpha}_{1,j}\{\varphi_{0,j}\}=\bar{\alpha}_{1,i}\tag{2-28}$$

把式(2-28)转置，由于 $[M_0]$ 为对称矩阵且 $\alpha_{1,i}$ 为常数，所以有：

$$\{\Delta\varphi_{1,i}\}^{\mathrm{T}}[M_0]\{\varphi_{0,i}\}=\bar{\alpha}_{1,i}\tag{2-29}$$

把式(2-28)和式(2-29)代入式(2-19)，得到：

$$\bar{\alpha}_{1,i}=-\frac{1}{2}\{\varphi_{0,i}\}^{\mathrm{T}}[\Delta\bar{M}]\{\varphi_{0,i}\}=\varepsilon^{-1}\alpha_{1,i}\tag{2-30}$$

式中：

$$\alpha_{1,i}=-\frac{1}{2}\{\varphi_{0,i}\}^{\mathrm{T}}[\Delta M]\{\varphi_{0,i}\}\tag{2-31}$$

把式(2-26)和式(2-30)代入式(2-21)得到：

$$\{\Delta\bar{\varphi}_{1,i}\}=\sum_{\substack{j=1\\j\neq i}}^{n}\left[\frac{\{\varphi_{0,j}\}^{\mathrm{T}}([\Delta\bar{K}]-\lambda_{0,i}[\Delta\bar{M}])\{\varphi_{0,i}\}}{\lambda_{0,i}-\lambda_{0,j}}\right]\{\varphi_{0,j}\}$$

$$-\frac{1}{2}(\{\varphi_{0,i}\}^{\mathrm{T}}[\Delta\bar{M}]\{\varphi_{0,i}\})\{\varphi_{0,i}\}$$

$$=\varepsilon^{-1}\left(\sum_{\substack{j=1\\j\neq i}}^{n}\left[\frac{\{\varphi_{0,j}\}^{\mathrm{T}}([\Delta K]-\lambda_{0,i}[\Delta M])\{\varphi_{0,i}\}}{\lambda_{0,i}-\lambda_{0,j}}\right]\{\varphi_{0,j}\}\right.$$

$$\left.-\frac{1}{2}(\{\varphi_{0,i}\}^{\mathrm{T}}[\Delta M]\{\varphi_{0,i}\})\{\varphi_{0,i}\}\right)\tag{2-32}$$

由式(2-11)可知，模态向量的一阶摄动的计算公式为：

$$\{\Delta\varphi_{1,i}\}=\sum_{\substack{j=1\\j\neq i}}^{n}\left[\frac{\{\varphi_{0,j}\}^{\mathrm{T}}([\Delta K]-\lambda_{0,i}[\Delta M])\{\varphi_{0,i}\}}{\lambda_{0,i}-\lambda_{0,j}}\right]\{\varphi_{0,j}\}-\frac{1}{2}(\{\varphi_{0,i}\}^{\mathrm{T}}[\Delta M]\{\varphi_{0,i}\})\{\varphi_{0,i}\}\tag{2-33}$$

式(2-25)和式(2-33)组成了新系统的一阶摄动的计算公式。由式(2-10)和式(2-11)可得一阶摄动下的新系统模态特性计算公式，表示为：

$$\lambda_i=\lambda_{0,i}+\Delta\lambda_{1,i}\tag{2-34a}$$

$$\{\varphi_i\}=\{\varphi_{0,i}\}+\{\Delta\varphi_{1,i}\}\tag{2-34b}$$

式中，一阶摄动 $\Delta\lambda_{1,i}$ 和 $\{\Delta\varphi_{1,i}\}$ 由式(2-25)、式(2-33)计算。

三、二阶摄动公式

为了得到更为精确的摄动解，需要求解二阶摄动。如同求解一阶摄动，二阶摄动 $\{\Delta\bar{\varphi}_{2,i}\}$ 也表示为原系统模态向量的线性组合：

$$\{\Delta\bar{\varphi}_{2,i}\}=\sum_{j=1}^{n}\bar{\alpha}_{2,j}\{\varphi_{0,j}\}\tag{2-35}$$

式中，$\bar{\alpha}_{2,j}$ 为在二阶摄动中原系统第 j 阶模态向量 $\{\varphi_{0,j}\}$ 的待定组合系数，共有 n 个。

把式(2-35)代入式(2-16)并在等式两端左乘 $\{\varphi_{0,k}\}^{\mathrm{T}}$ 得到：

$$\begin{aligned}&\{\varphi_{0,k}\}^{\mathrm{T}}[K_0]\sum_{j=1}^{n}\bar{\alpha}_{2,j}\{\varphi_{0,j}\}+\{\varphi_{0,k}\}^{\mathrm{T}}[\Delta\bar{K}]\{\Delta\bar{\varphi}_{1,i}\}\\&=\lambda_{0,i}\{\varphi_{0,k}\}^{\mathrm{T}}[M_0]\sum_{j=1}^{n}\bar{\alpha}_{2,j}\{\varphi_{0,j}\}+\{\varphi_{0,k}\}^{\mathrm{T}}(\lambda_{0,i}[\Delta\bar{M}]\{\Delta\bar{\varphi}_{1,i}\}\\&\quad+\Delta\bar{\lambda}_{1,i}[M_0]\{\Delta\bar{\varphi}_{1,i}\}+\Delta\bar{\lambda}_{1,i}[\Delta\bar{M}]\{\varphi_{0,i}\})\\&\quad+\Delta\bar{\lambda}_{2,i}\{\varphi_{0,k}\}^{\mathrm{T}}[M_0]\{\varphi_{0,i}\}\end{aligned}\tag{2-36}$$

利用原系统模态向量的正交性式(1-59)和式(1-60)，式(2-36)可简化为：

$$\begin{aligned}&\bar{\alpha}_{2,k}\lambda_{0,k}+\{\varphi_{0,k}\}^{\mathrm{T}}[\Delta\bar{K}]\{\Delta\bar{\varphi}_{1,i}\}\\&=\bar{\alpha}_{2,k}\lambda_{0,i}+\{\varphi_{0,k}\}^{\mathrm{T}}(\lambda_{0,i}[\Delta\bar{M}]\{\Delta\bar{\varphi}_{1,i}\}+\Delta\bar{\lambda}_{1,i}[M_0]\{\Delta\bar{\varphi}_{1,i}\}\\&\quad+\Delta\bar{\lambda}_{1,i}[\Delta\bar{M}]\{\varphi_{0,i}\})+\Delta\bar{\lambda}_{2,i}\{\varphi_{0,k}\}^{T}[M_0]\{\varphi_{0,i}\}\end{aligned}\tag{2-37}$$

当 $k=i$ 时，式(2-37) 中 $\lambda_{0,k}=\lambda_{0,i}$，$\{\varphi_{0,k}\}^{\mathrm{T}}[M_0]\{\varphi_{0,i}\}=1$。由此得到第 i 阶特征值的二阶摄动为：

$$\begin{aligned}\Delta\bar{\lambda}_{2,i}&=\{\varphi_{0,i}\}^{\mathrm{T}}([\Delta\bar{K}]\{\Delta\bar{\varphi}_{1,i}\}-\lambda_{0,i}[\Delta\bar{M}]\{\Delta\bar{\varphi}_{1,i}\}\\&\quad-\Delta\bar{\lambda}_{1,i}[M_0]\{\Delta\bar{\varphi}_{1,i}\}-\Delta\bar{\lambda}_{1,i}[\Delta\bar{M}]\{\varphi_{0,i}\})\\&=\varepsilon^{-2}[\{\varphi_{0,i}\}^{\mathrm{T}}([\Delta K]\{\Delta\varphi_{1,i}\}-\lambda_{0,i}[\Delta M]\{\Delta\varphi_{1,i}\}\\&\quad-\Delta\lambda_{1,i}[M_0]\{\Delta\varphi_{1,i}\}-\Delta\lambda_{1,i}[\Delta M]\{\varphi_{0,i}\})]\end{aligned}$$

可写为：

$$\Delta\bar{\lambda}_{2,i}=\varepsilon^{-2}\Delta\lambda_{2,i} \tag{2-38}$$

式中：

$$\begin{aligned}\Delta\lambda_{2,i}=&\{\varphi_{0,i}\}^{\mathrm{T}}([\Delta K]\{\Delta\varphi_{1,i}\}-\lambda_{0,i}[\Delta M]\{\Delta\varphi_{1,i}\}\\&-\Delta\lambda_{1,i}[M_0]\{\Delta\varphi_{1,i}\}-\Delta\lambda_{1,i}[\Delta M]\{\varphi_{0,i}\})\end{aligned} \tag{2-39}$$

当 $k\neq i$ 时，式(2-37) 中 $\{\varphi_{0,k}\}^{\mathrm{T}}[M_0]\{\varphi_{0,i}\}=0$，由此得到：

$$\begin{aligned}\bar{\alpha}_{2,k}&=[\{\varphi_{0,k}\}^{\mathrm{T}}([\Delta\bar{K}]\{\Delta\bar{\varphi}_{1,i}\}-\lambda_{0,i}[\Delta\bar{M}]\{\Delta\bar{\varphi}_{1,i}\}\\&\quad-\Delta\bar{\lambda}_{1,i}[M_0]\{\Delta\bar{\varphi}_{1,i}\}-\Delta\bar{\lambda}_{1,i}[\Delta\bar{M}]\{\varphi_{0,i}\})]/(\lambda_{0,i}-\lambda_{0,k})\\&=\varepsilon^{-2}[\{\varphi_{0,k}\}^{\mathrm{T}}([\Delta K]\{\Delta\varphi_{1,i}\}-\lambda_{0,i}[\Delta M]\{\Delta\varphi_{1,i}\}\\&\quad-\Delta\lambda_{1,i}[M_0]\{\Delta\varphi_{1,i}\}-\Delta\lambda_{1,i}[\Delta M]\{\varphi_{0,i}\})]/(\lambda_{0,i}-\lambda_{0,k})\\&=\varepsilon^{-2}\alpha_{2,k}\qquad(k\neq i)\end{aligned} \tag{2-40}$$

式中：

$$\begin{aligned}\alpha_{2,k}=&[\{\varphi_{0,k}\}^{\mathrm{T}}([\Delta K]\{\Delta\varphi_{1,i}\}-\lambda_{0,i}[\Delta M]\{\Delta\varphi_{1,i}\}-\Delta\lambda_{1,i}[M_0]\{\Delta\varphi_{1,i}\}\\&-\Delta\lambda_{1,i}[\Delta M]\{\varphi_{0,i}\})]/(\lambda_{0,i}-\lambda_{0,k})\qquad(k\neq i)\end{aligned} \tag{2-41}$$

下面确定 $\alpha_{2,i}$。式(2-35) 两端左乘 $\{\varphi_{0,i}\}^{\mathrm{T}}[M_0]$ 得到：

$$\{\varphi_{0,i}\}^{\mathrm{T}}[M_0]\{\Delta\bar{\varphi}_{2,i}\}=\{\varphi_{0,i}\}^{\mathrm{T}}[M_0]\sum_{j=1}^{n}\bar{\alpha}_{2,j}\{\varphi_{0,j}\}=\bar{\alpha}_{2,i} \tag{2-42}$$

转置式(2-42)，由于 $[M_0]$ 为对称矩阵且 $\bar{\alpha}_{2,i}$ 为常数，所以有：

$$\{\Delta\bar{\varphi}_{2,i}\}^{\mathrm{T}}[M_0]\{\varphi_{0,i}\}=\bar{\alpha}_{2,i} \tag{2-43}$$

把式(2-42) 和式(2-43) 代入式(2-20)，得到：

$$\bar{\alpha}_{2,i}=-\frac{1}{2}\Big(\{\varphi_{0,i}\}^{\mathrm{T}}[\Delta\bar{M}]\{\Delta\bar{\varphi}_{1,i}\}+\{\Delta\bar{\varphi}_{1,i}\}^{\mathrm{T}}[\Delta\bar{M}]\{\varphi_{0,i}\}$$

$$+\{\Delta\bar{\varphi}_{1,i}\}^{\mathrm{T}}[M_0]\{\Delta\bar{\varphi}_{1,i}\}\Big)$$

$$=\varepsilon^{-2}\Big[-\frac{1}{2}\Big(\{\varphi_{0,i}\}^{\mathrm{T}}[\Delta M]\{\Delta\varphi_{1,i}\}+\{\Delta\varphi_{1,i}\}^{\mathrm{T}}[\Delta M]\{\varphi_{0,i}\}$$

$$+\{\Delta\varphi_{1,i}\}^{\mathrm{T}}[M_0]\{\Delta\varphi_{1,i}\}\Big)\Big]$$

$$=\varepsilon^{-2}\alpha_{2,i} \tag{2-44}$$

式中：

$$\alpha_{2,i}=-\frac{1}{2}\Big(\{\varphi_{0,i}\}^{\mathrm{T}}[\Delta M]\{\Delta\varphi_{1,i}\}+\{\Delta\varphi_{1,i}\}^{\mathrm{T}}[\Delta M]\{\varphi_{0,i}\}$$

$$+\{\Delta\varphi_{1,i}\}^{\mathrm{T}}[M_0]\{\Delta\varphi_{1,i}\}\Big) \tag{2-45}$$

把式(2-40)和式(2-44)代入式(2-35)，二阶摄动的计算公式为：

$$\{\Delta\bar{\varphi}_{2,i}\}=\sum_{\substack{j=1\\j\neq i}}^{n}\frac{1}{\lambda_{0,i}-\lambda_{0,j}}[\{\varphi_{0,j}\}^{\mathrm{T}}([\Delta\bar{K}]\{\Delta\bar{\varphi}_{1,i}\}-\lambda_{0,i}[\Delta\bar{M}]\{\Delta\bar{\varphi}_{1,i}\}$$

$$-\Delta\bar{\lambda}_{1,i}[M_0]\{\Delta\bar{\varphi}_{1,i}\}-\Delta\bar{\lambda}_{1,i}[\Delta\bar{M}]\{\varphi_{0,i}\})]\{\varphi_{0,j}\}$$

$$-\frac{1}{2}\Big(\{\varphi_{0,i}\}[\Delta\bar{M}]\{\Delta\bar{\varphi}_{1,i}\}+\{\Delta\bar{\varphi}_{1,i}\}^{\mathrm{T}}[\Delta\bar{M}]\{\varphi_{0,i}\}$$

$$+\{\Delta\bar{\varphi}_{1,i}\}^{\mathrm{T}}[M_0]\{\Delta\bar{\varphi}_{1,i}\}\Big)\{\varphi_{0,i}\}$$

$$=\varepsilon^{-2}\Big(\sum_{\substack{j=1\\j\neq i}}^{n}\frac{1}{\lambda_{0,i}-\lambda_{0,j}}\Big[\{\varphi_{0,j}\}^{\mathrm{T}}\Big([\Delta K]\{\Delta\varphi_{1,i}\}-\lambda_{0,i}[\Delta M]\{\Delta\varphi_{1,i}\}$$

$$-\Delta\lambda_{1,i}[M_0]\{\Delta\varphi_{1,i}\}-\Delta\lambda_{1,i}[\Delta M]\{\varphi_{0,i}\}\Big)\Big]\{\varphi_{0,j}\}$$

$$-\frac{1}{2}\Big(\{\varphi_{0,i}\}[\Delta M]\{\Delta\varphi_{1,i}\}+\{\Delta\varphi_{1,i}\}^{\mathrm{T}}[\Delta M]\{\varphi_{0,i}\}$$

$$+\{\Delta\varphi_{1,i}\}^{\mathrm{T}}[M_0]\{\Delta\varphi_{1,i}\}\Big)\{\varphi_{0,i}\}\Big)$$

$$=\varepsilon^{-2}\{\Delta\varphi_{2,i}\} \tag{2-46}$$

式中：

$$\{\Delta\varphi_{2,i}\}=\sum_{\substack{j=1\\j\neq i}}^{n}\frac{1}{\lambda_{0,j}-\lambda_{0,k}}[\{\varphi_{0,j}\}^{\mathrm{T}}([\Delta K]\{\Delta\varphi_{1,i}\}-\lambda_{0,i}[\Delta M]\{\Delta\varphi_{1,i}\}$$

$$-\Delta\lambda_{1,i}[M_0]\{\Delta\varphi_{1,i}\}-\Delta\lambda_{1,i}[\Delta M]\{\varphi_{0,i}\})]\{\varphi_{0,j}\}$$

$$-\frac{1}{2}\Big(\{\varphi_{0,i}\}[\Delta M]\{\Delta\varphi_{1,i}\}+\{\Delta\varphi_{1,i}\}^{\mathrm{T}}[\Delta M]\{\varphi_{0,i}\}$$

$$+\{\Delta\varphi_{1,i}\}^{\mathrm{T}}[M_0]\{\Delta\varphi_{1,i}\})\{\varphi_{0,i}\}\Big) \tag{2-47}$$

由式(2-10)至式(2-12)可得二阶摄动下的新系统模态特性计算公式，表示为：

$$\lambda_i=\lambda_{0,i}+\Delta\lambda_{1,i}+\Delta\lambda_{2,i} \tag{2-48a}$$

$$\{\varphi_i\}=\{\varphi_{0,i}\}+\{\Delta\varphi_{1,i}\}+\{\Delta\varphi_{2,i}\} \tag{2-48b}$$

式中一阶摄动$\Delta\lambda_{1,i}$和$\{\Delta\varphi_{1,i}\}$与二阶摄动$\Delta\lambda_{2,i}$和$\{\Delta\varphi_{2,i}\}$分别由式(2-25)、式(2-33)和式(2-39)、式(2-47)计算。

第三节　离散系统的直接模态摄动法

在复杂工程结构动力分析计算中，通常采用多自由度离散系统进行数值模拟，对应的动力分析方程为矩阵常微分方程。本节以离散系统为背景，介绍直接模态摄动法的基本假定、力学原理、求解过程和计算方法。

一、Rayleigh-Ritz 法

Rayleigh 商是结构动力学中的一个重要概念。对于 n 自由度的结构系统，Rayleigh 商定义为：

$$\omega_{\mathrm{R}}^2=R(\{\psi\})=\frac{\{\psi\}^{\mathrm{T}}[K]\{\psi\}}{\{\psi\}^{\mathrm{T}}[M]\{\psi\}} \tag{2-49}$$

式中，$\{\psi\}$是假设的满足结构系统边界约束条件的位移模态向量，分子和分母分别称为对应于$\{\psi\}$的广义刚度和广义质量：

$$\widetilde{k}=\{\psi\}^{\mathrm{T}}[K]\{\psi\} \tag{2-50a}$$

$$\widetilde{m}=\{\psi\}^{\mathrm{T}}[M]\{\psi\} \tag{2-50b}$$

由式(2-49)求得的频率ω_{R}为系统自振频率的近似值。

假设模态向量$\{\psi\}$不仅可以是一个根据经验直接选取的n阶向量，也可以由一组m个($m \leqslant n$)线性无关的n阶向量组成：

$$\begin{aligned}\{\psi\} &= c_1\{\tilde{\varphi}_1\} + c_2\{\tilde{\varphi}_2\} + \cdots + c_m\{\tilde{\varphi}_m\} \\ &= [\tilde{\Phi}]\{q\}\end{aligned} \tag{2-51}$$

式中，$\{\tilde{\varphi}_1\}$，$\{\tilde{\varphi}_2\}$，…，$\{\tilde{\varphi}_m\}$为与系统自由度相同的n阶向量，称为m维求解空间的基向量，比例系数$c_1, c_2, \cdots, c_m$称为对应的广义坐标，广义坐标向量$\{q\} = \{c_1, c_2, \cdots, c_m\}^{\mathrm{T}}$。

式(2-51)称为Ritz展开式，也称为Ritz变换。Ritz展开式与Rayleigh商相结合构成Rayleigh-Ritz法，成为结构动力分析中近似求解的常用方法。此时，要使Rayleigh商$R(\{\psi\})$成为稳态，广义坐标应满足如下方程：

$$(-\tilde{\lambda}[\tilde{M}] + [\tilde{K}])\{q\} = 0 \tag{2-52}$$

式中，$[\tilde{K}]$、$[\tilde{M}]$为系统在m维近似求解空间中的广义刚度矩阵和广义质量矩阵，矩阵的元素分别为：

$$\tilde{k}_{ij} = \{\tilde{\varphi}_i\}^{\mathrm{T}}[K]\{\tilde{\varphi}_j\} \tag{2-53a}$$

$$\tilde{m}_{ij} = \{\tilde{\varphi}_i\}^{\mathrm{T}}[M]\{\tilde{\varphi}_j\} \tag{2-53b}$$

式(2-52)为经过Ritz变换后系统在m维求解空间中的特征值方程，从中可求得系统的m阶特征值$\tilde{\lambda}_i$和广义振动模态向量$\{q_i\}$($i = 1, 2, \cdots, m$)，系统的实际振动模态向量为：

$$\{\psi_i\} = c_{1i}\{\tilde{\varphi}_1\} + c_{2i}\{\tilde{\varphi}_2\} + \cdots + c_{mi}\{\tilde{\varphi}_m\} \tag{2-54}$$

式中，c_{ki}($k = 1, 2, \cdots, m$)为$\{q_i\}$中第k个元素，表示在组成系统第i阶振动模态向量$\{\psi_i\}$中Ritz基向量$\{\tilde{\varphi}_k\}$的组合系数。

如果Ritz基向量$\{\tilde{\varphi}_1\}$，$\{\tilde{\varphi}_2\}$，…，$\{\tilde{\varphi}_n\}$取为结构系统的全部模态向量$\{\varphi_1\}$，$\{\varphi_2\}$，…，$\{\varphi_n\}$，则可以证明Rayleigh商与多自由度系统的基频ω_1和最大自振频率ω_n有如下关系[1]：

$$\omega_{\mathrm{R}}^2 \geqslant \omega_1^2 \tag{2-55a}$$

$$\omega_{\mathrm{R}}^2 \leqslant \omega_n^2 \tag{2-55b}$$

显然，从式(2-52)可以看出：当$m < n$时，应用Rayleigh-Ritz法后结构系统的模态分析可以得到降维简化。除此之外，Ritz变换还在其他动力分析问题中得到广泛应用。从式(2-21)和式(2-35)可以看出，Ritz变换是小参数模态摄动法求解

过程中的重要步骤之一，该方法同时应用了结构模态特征的正交性，并通过小参数不同幂次项的系数比较建立对应的一阶、二阶摄动计算公式。

二、振动模态的特点

特征值（或自振频率）和振动模态是振动系统自由振动的特征参数，是系统的固有特性。当系统处于某一阶自由振动状态时，振动模态表示系统各处振动位移间的相对比例关系，在振动过程中这一比例关系保持不变，即不随振动时间变化。对于多自由度结构系统，若$\{\varphi_i\}$是系统的第i阶振动模态向量，则$\alpha\{\varphi_i\}$（α为任意实数）同样也是系统的第i阶振动模态向量，即振动模态向量不具唯一性，只要满足相同比例关系即可。在实际振动分析中，常用模态质量为1或最大模态振动位移为1这两种表示方式，前者应用更为广泛，称为正则化模态向量。

由小参数模态摄动法中的式(2-48b)及式(2-33)和式(2-47)可得修改后的系统第i阶振动模态向量为：

$$\begin{aligned}\{\varphi_i\} &= \{\varphi_{0,i}\} + \{\Delta\varphi_{1,i}\} + \{\Delta\varphi_{2,i}\} \\ &= (1 + a_{1,i} + a_{2,i})\{\varphi_{0,i}\} + \sum_{\substack{k=1 \\ k\neq i}}^{m}(a_{1,k} + a_{2,k})\{\varphi_{0,k}\}\end{aligned} \tag{2-56}$$

根据振动模态的特点，显然下式所示的振动向量也是修改后系统的第i阶振动模态向量：

$$\{\bar{\varphi}_i\} = \frac{1}{1 + a_{1,i} + a_{2,i}}\{\varphi_i\} = \{\varphi_{0,i}\} + \sum_{\substack{k=1 \\ k\neq i}}^{m} c_{ki}\{\varphi_{0,k}\} \tag{2-57}$$

式中：

$$c_{ki} = \frac{a_{1,k} + a_{2,k}}{1 + a_{1,i} + a_{2,i}} \tag{2-58}$$

三、直接模态摄动法的基本思想[7]

显然，应用 Rayleigh-Ritz 法可以利用已知的原结构系统模态特性求解修改后系统的模态特性，但除了已获得系统修改后的刚度和质量的增量矩阵外，还必须引入原系统的刚度矩阵和质量矩阵。和小参数模态摄动法一样，直接模态摄动法可不涉及原系统的刚度矩阵和质量矩阵而仅利用已知的原结构系统模态特性和修改后的刚度与质量增量矩阵获得修改后系统的模态特性。二者不同之处在于直接模态摄动法不通过引入小参数，而直接应用 Ritz 变换后建立修改系统特征值的摄动值$\Delta\lambda$和 Ritz 向量组合系数的求解方程。

设：

$$\lambda_i = \lambda_{0,i} + \Delta\lambda_i \tag{2-59a}$$

$$\{\varphi_i\} = \{\varphi_{0,i}\} + \{\Delta\varphi_i\} \tag{2-59b}$$

式中，$\lambda_{0,i}$ 和 $\{\varphi_{0,i}\}$ 分别为原系统的第 i 阶特征值和对应的模态向量，$\Delta\lambda_i$ 和 $\{\Delta\varphi_i\}$ 分别为修改后系统的第 i 阶特征值和对应的模态向量的增量，即摄动量。对比式(2-57)，在应用 Ritz 变换时，可令 $\{\Delta\varphi_i\}$ 为：

$$\{\Delta\varphi_i\} = \sum_{\substack{k=1\\k\neq i}}^{m} \{\varphi_{0,k}\} c_{ki} = [\tilde{\Phi}_0]\{q_i\} \tag{2-60}$$

式中，$\{q_i\} = \{c_{1i}, c_{2i}, \cdots, c_{mi}\}^{\mathrm{T}}$。

在式(2-60)的 Ritz 展开式中不包含 $\{\varphi_{0,i}\}$，$[\tilde{\Phi}_0]$ 为原系统前 m 阶模态矩阵 $[\Phi_0]$ 中剔去 $\{\varphi_{0,i}\}$ 后的子矩阵。这样在摄动求解式(2-59)中共包含 m 个参数：$\Delta\lambda_i$ 和(m-1)个组合系数 $c_{ki}(k=1,2,\cdots,m;k\neq i)$。把式(2-60)代入式(2-3)得：

$$\begin{aligned}&([K]+[\Delta K])(\{\varphi_{0,i}\}+[\tilde{\Phi}_0]\{q_i\})\\&=(\lambda_0+\Delta\lambda_i)([M]+[\Delta M])(\{\varphi_{0,i}\}+[\tilde{\Phi}_0]\{q_i\})\end{aligned} \tag{2-61}$$

在方程两端左乘 $\{\varphi_{0,j}\}^{\mathrm{T}}(j=1,2,\cdots,m)$ 并利用原系统模态向量的正交性，则有：

$$\sum_{\substack{k=1\\k\neq i}}^{m} e_{ik}c_{ki} + (1+\Delta b_{ii})\Delta\lambda_i = d_{ii} \quad (j=i) \tag{2-62a}$$

$$\sum_{\substack{k=1\\k\neq i}}^{m} e_{jk}c_{ki} + \Delta b_{ji}\Delta\lambda_i + (\lambda_{0,i}-\lambda_{0,j}+\Delta\lambda_i)c_{ji} = d_{ji} \quad (j\neq i) \tag{2-62b}$$

式中：

$$e_{jk} = (\lambda_{0,i}+\Delta\lambda_i)\Delta b_{jk} - \Delta a_{jk} \quad (j=1,2,\cdots,m) \tag{2-63a}$$

$$d_{ji} = \Delta a_{ji} - \lambda_{0,i}\Delta b_{ji} \quad (j=1,2,\cdots,m) \tag{2-63b}$$

其中：

$$\Delta a_{ji} = \{\varphi_{0,j}\}^{\mathrm{T}}[\Delta K]\{\varphi_{0,i}\} \tag{2-64a}$$

$$\Delta b_{ji} = \{\varphi_{0,j}\}^{\mathrm{T}}[\Delta M]\{\varphi_{0,i}\} \tag{2-64b}$$

不难看出式(2-62)表述的是 m 维的非线性代数方程组，未知数为 $\Delta\lambda_i$ 和(m-1)个组合系数 $c_{ki}(k=1,2,\cdots,m;k\neq i)$。关于非线性代数方程组有很多有效近似求解方法，可参考相关论著。下面介绍两种针对式(2-62)特点的近似求解方法，把非线性代数方程组转化为线性代数方程组，使计算简化。

1. 线性化近似法

舍去关于未知数乘积的二阶小量，则得 m 维的线性代数方程组：

$$\sum_{\substack{k=1 \\ k\neq i}}^{m} \widetilde{e}_{ik} c_{ki} + (1+\Delta b_{ii})\Delta\lambda_i = d_{ii} \quad (j=i) \tag{2-65a}$$

$$\sum_{\substack{k=1 \\ k\neq i}}^{m} \widetilde{e}_{jk} c_{ki} + \Delta b_{ji}\Delta\lambda_i + (\lambda_{0,i} - \lambda_{0,j}) c_{ji} = d_{ji} \quad (j\neq i) \tag{2-65b}$$

式中：

$$\widetilde{e}_{jk} = \lambda_{0,i}\Delta b_{jk} - \Delta a_{jk} \quad (j=1,2,\cdots,m) \tag{2-65c}$$

2. 简单迭代法

如果为了计入这些舍去的高阶小量的影响，可建立如下线性代数方程组求解的迭代计算格式：

$$\sum_{\substack{k=1 \\ k\neq i}}^{m} e_{ik}^{(l-1)} c_{ki}^{(l)} + (1+\Delta b_{ii})\Delta\lambda_i^{(l)} = d_{ii} \quad (j=i) \tag{2-66a}$$

$$\sum_{\substack{k=1 \\ k\neq i}}^{m} e_{jk}^{(l-1)} c_{ki}^{(l)} + \Delta b_{ji}\Delta\lambda_i^{(l)} + (\lambda_{0,i} - \lambda_{0,j} + \Delta\lambda_i^{(l-1)}) c_{ji}^{(l)} = d_{ji}$$
$$(j=1,2,\cdots,m; j\neq i) \tag{2-66b}$$

式中，$\Delta\lambda_i^{(l-1)}$ 为上一次迭代求得的第 i 阶特征值的摄动值，当开始迭代求解（$l=1$）时，$\Delta\lambda_i^{(0)}=0$。在迭代过程中 $e_{jk}^{(l-1)}$ 由下式计算：

$$e_{jk}^{(l-1)} = (\lambda_{0,i} + \Delta\lambda_i^{(l-1)})\Delta b_{jk} - \Delta a_{jk} \tag{2-67}$$

这样，把修改后系统的特征值问题的求解转换为线性代数方程组的求解。一般来说，在实际应用中取 $m \ll n$，以 m 次 m 维线性代数方程组的求解代替 n 维广义特征值方程的求解，无疑能有效地提高重分析的效率。迭代收敛准则可采用相邻两次迭代获得的特征值的相对误差小于设定的允许值：

$$\left|\frac{\Delta\lambda_i^{(l)} - \Delta\lambda_i^{(l-1)}}{\lambda_i + \Delta\lambda_i^{(l)}}\right| \leqslant \varepsilon \tag{2-68}$$

四、计算精度

考虑到 $\Delta\lambda_i$、c_{ki}、Δa_{ji} 和 Δb_{ji} 是小量，因此忽略式（2-62）中这些小量的二阶和三阶乘积项后有：

$$\Delta\lambda_i = d_{ii} = \Delta a_{ii} - \lambda_{0,i}\Delta b_{ii} \tag{2-69a}$$

$$c_{ki}=\frac{d_{ki}}{(\lambda_{0,i}-\lambda_{0,j})}=\frac{\Delta a_{ki}-\lambda_{0,i}\Delta b_{ki}}{(\lambda_{0,i}-\lambda_{0,j})}\quad (k=1,2,\cdots,m;k\neq i)\tag{2-69b}$$

现在用 $\Delta\lambda_i^{(1)}$ 和 $c_{ki}^{(1)}$ 表示上式所示的一阶摄动量，即：

$$\Delta\lambda_i^{(1)}=d_{ii}=\Delta a_{ii}-\lambda_{0,i}\Delta b_{ii}\tag{2-70a}$$

$$c_{ki}^{(1)}=\frac{d_{ki}}{(\lambda_{0,i}-\lambda_{0,j})}=\frac{\Delta a_{ki}-\lambda_{0,i}\Delta b_{ki}}{(\lambda_{0,i}-\lambda_{0,j})}\quad (k=1,2,\cdots,m;k\neq i)\tag{2-70b}$$

把式(2-70a) 与式(2-25) 相比较可看出二式是相同的；把式(2-70b) 与式(2-33) 相比较可看出：在 $k\neq i$ 时模态向量的组合系数也是相同的，只是 $c_{ii}^{(1)}$ 略有不同。在直接模态摄动法中 $c_{ii}^{(1)}=0$，而在小参数法中 $c_{ii}^{(1)}=-\frac{1}{2}\Delta b_{ii}$，相比于1而言这是一个小量，可以忽略。这就表明求解线性代数方程组式(2-65) 所获得的摄动解至少是一阶近似的。

如同小参数模态摄动法，进一步令 $\Delta\lambda_i=\Delta\lambda_i^{(1)}+\Delta\lambda_i^{(2)}$ 和 $c_{ki}=c_{ki}^{(1)}+c_{ki}^{(2)}(k=1,2,\cdots,m;k\neq i)$，下面继续讨论相应的二阶摄动量 $\Delta\lambda_i^{(2)}$ 和 $c_{ki}^{(2)}$。

当 $j=i$ 时，由式(2-62a) 有：

$$\sum_{\substack{k=1\\k\neq i}}^{m}\{(\lambda_{0,i}+\Delta\lambda_i)\Delta b_{jk}-\Delta a_{jk}\}(c_{ki}^{(1)}+c_{ki}^{(2)})+(1+\Delta b_{ii})(\Delta\lambda_i^{(1)}+\Delta\lambda_i^{(2)})=d_{ii}\tag{2-71}$$

由于 $\Delta\lambda_i$ 相比于 $\lambda_{0,i}$、$c_{ki}^{(2)}$ 相比于 $c_{ki}^{(1)}$、Δb_{ii} 相比于1而言为高阶小量，因此都取值为0，同时忽略式中小量的三阶乘积项，并利用式(2-70) 整理后得：

$$\Delta\lambda_i^{(2)}=\sum_{\substack{k=1\\k\neq i}}^{m}(\Delta a_{ik}-\lambda_{0,i}\Delta b_{ik})c_{ki}^{(1)}-\Delta b_{ii}\Delta\lambda_i^{(1)}\tag{2-72}$$

同样，当 $j\neq i$ 时，由式(2-62b) 有：

$$\begin{aligned}&\sum_{\substack{k=1\\k\neq i}}^{m}\{(\lambda_{0,i}+\Delta\lambda_i)\Delta b_{jk}-\Delta a_{jk}\}(c_{ki}^{(1)}+c_{ki}^{(2)})+\Delta b_{ji}(\Delta\lambda_i^{(1)}+\Delta\lambda_i^{(2)})\\&\quad+\{(\lambda_{0,i}-\lambda_{0,j})+(\Delta\lambda_i^{(1)}+\Delta\lambda_i^{(2)})\}(c_{ji}^{(1)}+c_{ji}^{(2)})=d_{ji}\end{aligned}\tag{2-73}$$

忽略式中相关小量及其高阶乘积项，经整理后得：

$$\begin{aligned}&\sum_{\substack{k=1\\k\neq i}}^{m}(\lambda_{0,i}\Delta b_{jk}-\Delta a_{jk})c_{ki}^{(1)}+\Delta b_{ji}\Delta\lambda_i^{(1)}+(\lambda_{0,i}-\lambda_{0,j})c_{ji}^{(1)}\\&\quad+\Delta\lambda_i^{(1)}c_{ji}^{(1)}+(\lambda_{0,i}-\lambda_{0,j})c_{ji}^{(2)}=d_{ji}\end{aligned}\tag{2-74}$$

应用式(2-70b)后，从上式得：

$$(\lambda_{0,i}-\lambda_{0,j})c_{ji}^{(2)}=\sum_{\substack{k=1\\k\neq i}}^{m}(\Delta a_{jk}-\lambda_{0,i}\Delta b_{jk})c_{ki}^{(1)}-\Delta\lambda_{i}^{(1)}(\Delta b_{ji}+c_{ji}^{(1)})\tag{2-75}$$

从而得 $c_{ji}^{(2)}$ 的计算公式：

$$c_{ji}^{(2)}=\frac{\sum\limits_{\substack{k=1\\k\neq i}}^{m}(\Delta a_{jk}-\lambda_{0,i}\Delta b_{jk})c_{ki}^{(1)}-\Delta\lambda_{i}^{(1)}(\Delta b_{ji}+c_{ji}^{(1)})}{\lambda_{0,i}-\lambda_{0,j}}\quad(j=1,2,\cdots,m;j\neq i)\tag{2-76}$$

式(2-72)与式(2-39)完全一致，式(2-76)与式(2-47)的第一项完全相同，如一阶摄动量比较中的讨论一样，只是 $c_{ii}^{(2)}$ 略有不同。在直接模态摄动法中 $c_{ii}^{(2)}=0$，而在小参数模态摄动法中的 $c_{ii}^{(2)}$ 相比于1而言是一个二阶小量，可以忽略。这就表明从式(2-66)迭代求解获得的摄动解至少是二阶近似的。

五、重特征值的摄动解

当原结构振动系统具有重特征值时，对应于重特征值的模态向量是不唯一的，因此式(2-59)和式(2-60)已不再适用，需进一步讨论。为叙述方便，把原振动系统的孤立特征值排序在前，s 重特征值排序在后，即 $\lambda_{0,1}$ 至 $\lambda_{0,m-s}$ 为孤立特征值，$\lambda_{0,m-s+1}$ 为 s 重特征值，其值为 λ_s。不难证明 λ_s 对应的 s 个模态向量的线性组合仍然是对应于 λ_s 的模态向量，即：

$$\{\varphi_{0,i}^{s}\}=\sum_{r=1}^{s}\{\varphi_{0,m-s+r}\}e_{sr}=[\Phi_s]\{e_s\}\tag{2-77}$$

显然，对前 m-s 个孤立特征值所对应的修改后系统的特征值和模态向量的计算仍可直接按式(2-59)和式(2-60)进行。而对于重特征值 λ_s，如将其视为“孤立”特征值，对应的替代模态向量为 $\{\varphi_{0,i}^{s}\}$，那么修正后体系对应的特征值 λ_i^s 和模态向量 $\{\varphi_i^s\}$ 仍按式(2-59)和式(2-60)计算，即令：

$$\lambda_i^s=\lambda_s+\Delta\lambda_s\tag{2-78a}$$

$$\{\varphi_i^s\}=\{\varphi_{0,i}^s\}+\{\Delta\varphi_s\}=\{\varphi_{0,i}^s\}+\sum_{r=1}^{m-s}\{\varphi_{0,r}\}c_{ri}\tag{2-78b}$$

现在的问题是如何确定式(2-77)中的替代模态向量 $\{\varphi_{0,i}^s\}$，也即要确定该式中的 s 个未知组合系数 e_{sr}，只要确定了这些未知组合系数，$\{\varphi_{0,i}^s\}$ 也就确定了。因为 $\{\varphi_i^s\}$ 是修改后系统的模态向量，它应满足相应的特征值方程。先假定 $\{\Delta\varphi_s\}=0$（实质是一阶近似假定），因此有：

$$([K_0]+[\Delta K])\{\varphi_{0,i}^s\}=(\lambda_s+\Delta\lambda_s)([M_0]+[\Delta M])\{\varphi_{0,i}^s\} \tag{2-79}$$

利用$\{\varphi_{0,i}^s\}$也是原振动系统的模态向量的前提条件并舍去$\Delta\lambda_s[\Delta M]$二阶小量，然后在式(2-79)两端左乘$[\Phi_s]^{\mathrm{T}}$后可得：

$$[\Delta D_s]\{e_s\}-\Delta\lambda_s[I_s]\{e_s\}=0 \tag{2-80}$$

式中，$[I_s]$为s阶单位阵，$[\Delta D_s]$由下式计算：

$$[D_s]=[\Phi_s]^{\mathrm{T}}[\Delta K][\Phi_s]-\lambda_s[\Phi_s]^{\mathrm{T}}[\Delta M][\Phi_s] \tag{2-81}$$

式(2-81)为一个s阶矩阵的标准特征值问题，可解得s组关于$\Delta\lambda_s$和$\{e_s\}$的特征值和模态向量，所得$\Delta\lambda_s$为对应于s重特征值λ_s的一阶摄动修正值，把每一组$\{e_s\}$值代入式(2-77)就可以得到s个对应于λ_s的替代模态向量。

综上所述，应用上述替代模态向量变换方法求解重特征值问题的模态摄动问题时，只需先求解式(2-81)所表示的s阶标准特征值方程，组成s个替代模态向量，然后可与孤立特征值一样由式(2-65)或式(2-66)求解。这时，此两式为$(m-s+1)$阶线性代数方程组，所不同的是式中的Δa_{sk}、Δb_{sk}、Δa_{ss}和Δb_{ss}要由$\Delta\tilde{a}_{sk}$、$\Delta\tilde{b}_{sk}$、$\Delta\tilde{a}_{ss}$和$\Delta\tilde{b}_{ss}$等替代，其中：

$$\Delta\tilde{a}_{sk}=\sum_{r=1}^{s}e_{sr}\Delta a_{(m-s+r)k} \tag{2-82a}$$

$$\Delta\tilde{b}_{sk}=\sum_{r=1}^{s}e_{sr}\Delta b_{(m-s+r)k} \tag{2-82b}$$

$$\Delta\tilde{a}_{ss}=\sum_{r=1}^{s}\sum_{t=1}^{s}e_{sr}e_{st}\Delta a_{(m-s+r)(m-s+t)} \tag{2-83a}$$

$$\Delta\tilde{b}_{ss}=\sum_{r=1}^{s}\sum_{t=1}^{s}e_{sr}e_{st}\Delta b_{(m-s+r)(m-s+t)} \tag{2-83b}$$

由式(2-81)不难看出：对于孤立特征值$\lambda_{0,i}$(此时$s=1$)，式(2-80)的解即为式(2-70a)，而$e_{s1}=1$表示替代模态向量$\{\varphi_{0,i}^s\}$就是$\{\varphi_{0,i}\}$。

六、算例

算例 2-1 图 2-1 为 18 层剪切框架的计算简图，图中标出了各层的质量和层间剪切刚度，框架最下 2 层埋入地下，基础底面假定为刚性约束，两侧为填土。振动时，两侧填土的动力作用以等效

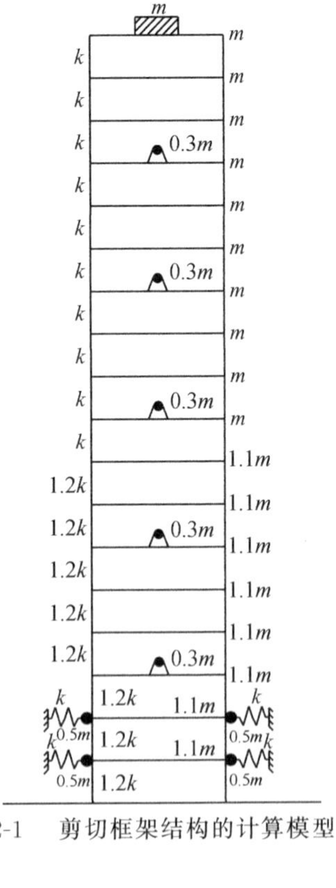

图 2-1 剪切框架结构的计算模型

弹簧和等效质量来近似模拟。此外,每隔 3 层安装有设备等附件质量,有关数值示于图中。若不考虑两侧填土和楼层上的附件质量,18 层框架结构的前 8 阶特征值和模态向量已经求得,现分别用式(2-65) 和式(2-66) 迭代 1 次和 2 次求出考虑填土和附加质量影响的框架结构前 8 阶自振频率和模态向量,表 2-1 中列出了这前 8 阶自振频率的相对误差。数值结果表明:即使不采用迭代计算仍可以获得较高精度的摄动解,在迭代解时增加迭代次数各阶自振频率的误差不再变化。通过计算分析,这一误差完全由于模态子空间不完备所致,迭代计算不可能克服这一误差,只能收敛于这一误差值,为消除舍去高阶小量的影响,迭代 1 ~ 2 次对于误差的收敛是必要的。

表 2-1　　剪切框架结构自振频率的相对误差

模态阶序	1	2	3	4	5	6	7	8
不迭代	0.3424%	0.5880%	0.2901%	1.3841%	0.6113%	−0.5192%	1.8882%	2.3732%
迭代 1 次	0.3486%	0.4772%	0.4546%	0.3927%	0.9940%	3.0109%	−0.4643%	2.2022%
迭代 2 次	0.3464%	0.4872%	0.4152%	0.9618%	0.6183%	0.8617%	1.2884%	2.2839%

算例 2-2　取 6 阶含有重特征值的问题,其中:

$$[K_0]=\mathrm{diag}\left(\begin{bmatrix}12 & -6\\ -6 & 12\end{bmatrix},10,\begin{bmatrix}8 & -4\\ -4 & 8\end{bmatrix},8\right)$$

$$[M_0]=\mathrm{diag}(3,3,5,6,6,12)$$

求得全部特征值为 $\{\lambda_0\}=\{0.666667,0.666667,2,2,2,6\}^{\mathrm{T}}$; $[\Delta K]$ 中 $\Delta k_{32}=\Delta k_{23}=-6.0$, $\Delta k_{43}=\Delta k_{34}=\Delta k_{65}=\Delta k_{56}=-4.0$,其余元素为 0, $[\Delta M]=0$。应用替代模态向量的方法,由式(2-65) 求得修改系统($[K_0]+\varepsilon[\Delta K]$, $[M_0]$)在 ε 取不同值时的全部特征值,如表 2-2 所示,表中也列出相应的精确解和小参数模态摄动法(SPMPM) 的计算结果以作比较。表中 DMPM 表示直接模态摄动法。

表 2-2　　重特征值问题的全部特征值的数值比较

ε	方法	λ_1	λ_2	λ_3	λ_4	λ_5	λ_6
0.2	精确解	0.594806	0.726787	1.757557	2.002725	2.239423	6.012008
	DMPM	0.594574	0.727074	1.756212	2.002734	2.240415	6.012014
	SPMPM	0.594334	0.727667	1.756090	2.002726	2.240451	6.011999
0.3	精确解	0.555258	0.750424	1.638388	2.006148	2.356017	6.027054
	DMPM	0.554460	0.751495	1.633292	2.006171	2.359181	6.027069
	SPMPM	0.553917	0.753917	1.632865	2.006136	2.359499	6.026999

第四节　连续系统的直接模态摄动法

连续系统的振动方程为偏微分方程，形式多样，只有一些简单的杆、梁、板的振动问题，可应用变量分量方法，结合特定的边界条件，通过求解常微分方程获得解析解[4]。摄动近似求解是针对较为复杂连续系统振动进行分析的有效方法之一。本节扼要介绍连续系统中直接模态摄动法的一般原理和基本方法[8]。

一、连续系统的振动方程和模态函数特性

应用摄动法的前提是必须存在已知的相关连续系统的振动特征值和模态函数，这种已知模态特性的连续系统称为相对于待求连续系统的基系统，基系统的边界条件必须与待求系统相同。由于只有在简单的理想情况下才能获得连续系统自由振动方程的解析解，因此基系统通常也称为理想系统。

不同于多自由度离散系统可用统一的矩阵方程来建立振动方程，不同类型的连续系统振动方程形式各不相同，下面用算子方程来描述不同类型连续系统的振动方程。

设对应存在与待分析系统具有相同边界的理想系统，其第 i 阶模态函数为 $\varphi_{0,i}(x)$，对应的特征值为 $\lambda_{0,i}$，它们满足下列方程：

$$L_0[x, b, e_0, s_0, h_0; \lambda_{0,i}, \varphi_{0,i}(x)] = 0 \tag{2-84}$$

式中，$L_0[\cdot]$ 为线性微分算子，变量 x 表示坐标系统，可以是一维、二维或三维问题，b 表示边界条件，e_0 和 s_0 表示表征理想连续系统的物理和几何特性，h_0 表示没有外界的附加影响。

同样，待分析的复杂连续系统的第 i 阶模态函数 $\varphi_i(x)$ 及对应的特征值 λ_i 应满足下列方程：

$$L[x, b, e, s, \Delta h; \lambda_i, \varphi_i(x)] = 0 \tag{2-85}$$

式中，$L[\cdot]$ 表示非线性微分算子，e 表示复杂系统的物理性质，s 表示复杂系统的几何特征，Δh 表示复杂系统所受外界的附加影响，如弹性支撑、附加质量等。λ_i 和 $\varphi_i(x)$ 为待求的未知量，一般不易得到解析解。

与离散系统的模态向量一样，模态函数 $\varphi_{0,i}(x)$ 和 $\varphi_i(x)$ 也具有正交性特征，所不同的是模态函数的正交性是用积分形式表示，而且形式更多样。由于连续系统的多样性，积分条件下的模态函数正交性表达形式各不相同，本节中不一一列出，将在后续章节中分别介绍。

二、直接模态摄动法的基本思想

待分析的复杂系统的物理、几何特性可表示为在理想化系统物理、几何特性的基础上增加一些修改，即：

$$e = e_0 + \Delta e, s = s_0 + \Delta s \tag{2-86}$$

如果修正量 Δe、Δs 分别相比于 e_0、s_0 来说是较小的变化，且外界附加影响 Δh 对系统的影响也有限，也就是说，$\varphi_i(x)$ 相比于 $\varphi_{0,i}(x)$、λ_i 相比于 $\lambda_{0,i}$ 仅有“不大”的变化，则可以把待求解的复杂系统看成是理想系统经过 Δe、Δs 和 Δh 的修正而得到的新系统，这时

$$\lambda_i = \lambda_{0,i} + \Delta\lambda_i \tag{2-87a}$$

$$\varphi_i(x) = \varphi_{0,i}(x) + \Delta\varphi_i(x) \tag{2-87b}$$

其中模态函数修正量 $\Delta\varphi_i(x)$ 表示为：

$$\Delta\varphi_i(x) = \sum_{\substack{k=1 \\ k\neq i}}^{\infty} \varphi_{0,k}(x) c_{ki} \tag{2-88}$$

式(2-88) 所描述的 Ritz 展开式的形式和离散系统是相同的，区别仅在于模态函数对应于连续系统(或称无限多自由度系统)，而模态向量对应于多自由度系统。

按照常用的方法，对 Ritz 展开进行截断，只保留有限个低阶 Ritz 函数，形成近似 Ritz 展开，即：

$$\varphi_i(x) = \varphi_{0,i}(x) + \sum_{\substack{k=1 \\ k\neq i}}^{m} \varphi_{0,k}(x) c_{ki} \tag{2-89}$$

显然只要求得 $\Delta\lambda_i, c_{1i}, c_{2i}, \cdots, c_{i-1,i}, c_{i+1,i}, \cdots, c_{mi}$ 这 m 个未知数，就可以获得待分析的复杂系统第 i 阶模态函数 $\varphi_i(x)$ 和对应的特征值 λ_i 的近似解。

模态坐标 $c_{1i}, \cdots, c_{mi}$ 须在由 $\varphi_{0,1}(x), \cdots, \varphi_{0,m}(x)$ 形成的 m 维模态子空间内求解，为此需要进行数学变换。把式(2-87) 和式(2-88) 代入式(2-85)，并在方程两端前乘 $\varphi_{0,j}(x)$ 后进行定积分：

$$\int_{\Omega} \varphi_{0,j}(x) L\left[x, b, e_0 + \Delta e, s_0 + \Delta s, \lambda_i + \Delta\lambda_i, \Delta h; \varphi_{0,i}(x) + \sum_{\substack{k=1 \\ k\neq i}}^{m} \varphi_{0,k}(x) c_{ki}\right] \mathrm{d}x = 0 \tag{2-90}$$

利用式(2-85) 及模态函数 $\varphi_{0,i}(x)$ 的正交性，可以得非线性代数方程：

$$f_j(\boldsymbol{q})=0 \tag{2-91}$$

依次令 $j=1,2,\cdots,m$，最终得一非线性代数方程组：

$$\boldsymbol{f}(\boldsymbol{q})=(f_1(\boldsymbol{q}),f_2(\boldsymbol{q}),\cdots,f_i(\boldsymbol{q}),\cdots,f_m(\boldsymbol{q}))^{\mathrm{T}}=0 \tag{2-92}$$

式中：

$$\boldsymbol{q}=\{q_1,q_2,\cdots,q_{i-1},q_i,q_{i+1},\cdots,q_m\}^{\mathrm{T}}=\left\{c_{1i},c_{2i},\cdots,c_{i-1,i},\frac{\Delta\lambda_i}{\lambda_{0,i}},c_{i+1,i},\cdots,c_{mi}\right\}^{\mathrm{T}},$$

左端 $\boldsymbol{f}(\boldsymbol{q})=(f_1(\boldsymbol{q}),f_2(\boldsymbol{q}),\cdots,f_m(\boldsymbol{q}))^{\mathrm{T}}$ 为一个 m 阶的矩阵算子，式(2-92) 表示以 $\boldsymbol{q}$ 为未知向量的 m 阶代数方程组。

由于式(2-92) 为非线性代数方程组，一般情况下其形式如同式(2-62)，方程组的系数由定积分确定，不同的连续系统计算公式各不相同，将在第四章至第六章中详细介绍。上述非线性代数方程组除可用前面介绍的 2 种简化求解方法外，当不忽略二阶小量时，也可采用牛顿迭代法。式(2-92) 求解的第 $l+1$ 次迭代公式为：

$$\boldsymbol{q}^{l+1}=\boldsymbol{q}^{l}-[\boldsymbol{f}'(\boldsymbol{q}^{l})]^{\mathrm{T}}\boldsymbol{f}(\boldsymbol{q}^{l}) \tag{2-93}$$

式中：

$$\boldsymbol{f}'(\boldsymbol{q}^{l})=\left[\frac{\partial \boldsymbol{f}(\boldsymbol{q}^{l})}{\partial q_j}\right] \tag{2-94}$$

由于式(2-92) 中没有关于未知变量的完全二次项，因此上述迭代求解具有三阶计算精度[9]。

三、应用实例

以式(2-95) 所示的一维 2 阶变系数偏微分方程的求解为例，简要说明连续系统中应用直接模态摄动法的一般过程，更多的具体应用将在后面相关章节中详细介绍。

$$\frac{\mathrm{d}}{\mathrm{d}x}\left[D(x)\frac{\mathrm{d}\varphi_i(x)}{\mathrm{d}x}\right]+\sum_{r=1}^{n_r}k_r(x)\varphi_i(x)-\lambda_i\left[C(x)+\sum_{s=1}^{n_s}m_s(x)\right]\varphi_i(x)=0 \tag{2-95}$$

对应于此方程的实际振动问题有：带有附加弹簧约束、附加质量影响的变截面杆的轴向振动或扭转振动、土层一维剪切振动等。

应用直接模态摄动法时，对应的理想系统的微分方程为：

$$D_0\frac{\mathrm{d}^2\varphi_{0,i}(x)}{\mathrm{d}x^2}-\lambda_{0,i}C_0\varphi_{0,i}(x)=0 \tag{2-96}$$

式中，$C_0=\frac{1}{l}\int_0^l C(x)\mathrm{d}x$，$D_0=\frac{1}{l}\int_0^l D(x)\mathrm{d}x$，则有：$C(x)=C_0+\Delta C(x)$，$D(x)=D_0+\Delta D(x)$。

把式(2-87)代入式(2-95)，并应用式(2-96)后可得：

$$
\begin{aligned}
&D_0\Delta\varphi''_i(x)+\frac{\mathrm{d}}{\mathrm{d}x}\{\Delta D(x)[\varphi'_{0,i}(x)+\Delta\varphi'_i(x)]\}\\
&+\sum_{r=1}^{n_r}k_r(x)[\varphi_{0,i}(x)+\Delta\varphi_i(x)]-\lambda_{0,i}C_0\Delta\varphi_i(x)-\Delta\lambda_iC_0\varphi_{0,i}(x)\\
&-\Delta\lambda_iC_0\Delta\varphi_i(x)-\lambda_{0,i}\Delta C(x)\varphi_{0,i}(x)-\lambda_{0,i}\Delta C(x)\Delta\varphi_i(x)\\
&-\Delta\lambda_i\Delta C(x)\varphi_{0,i}(x)-\Delta\lambda_i\Delta C(x)\Delta\varphi_i(x)\\
&+\sum_{s=1}^{n_s}m_s(x)[\varphi_{0,i}(x)+\Delta\varphi_i(x)]=0
\end{aligned}
\tag{2-97}
$$

在式(2-97)两端左乘 $\varphi_{0,j}(x)$ 后进行全域积分，把常数项移至方程右端，则得到式(2-90)所描述的非线性代数方程：

$$
\begin{aligned}
&\int_\Omega\varphi_{0,j}(x)D_0\Delta\varphi''_i(x)\mathrm{d}x+\int_\Omega\varphi_{0,j}(x)\frac{\mathrm{d}}{\mathrm{d}x}(\Delta D(x)\Delta\varphi'_i(x))\mathrm{d}x\\
&+\int_\Omega\varphi_{0,j}(x)\sum_{r=1}^{n_r}k_r(x)\Delta\varphi_i(x)\mathrm{d}x-\lambda_{0,i}\int_\Omega\varphi_{0,j}(x)C_0\Delta\varphi_i(x)\mathrm{d}x\\
&-\lambda_{0,i}\int_\Omega\varphi_{0,j}(x)\Delta C(x)\Delta\varphi_i(x)\mathrm{d}x+\int_\Omega\varphi_{0,j}(x)\sum_{s=1}^{n_s}m_s(x)\Delta\varphi_i(x)\mathrm{d}x\\
&-\Delta\lambda_i\left[\int_\Omega\varphi_{0,j}(x)C_0\varphi_{0,i}(x)\mathrm{d}x+\int_\Omega\varphi_{0,j}(x)\Delta C(x)\varphi_{0,i}(x)\mathrm{d}x\right]\\
&-\Delta\lambda_i\left[\int_\Omega\varphi_{0,j}(x)C_0\Delta\varphi_i(x)\mathrm{d}x+\int_\Omega\varphi_{0,j}(x)\Delta C(x)\Delta\varphi_i(x)\mathrm{d}x\right]\\
&=\lambda_{0,i}\int_\Omega\varphi_{0,j}(x)\Delta C(x)\varphi_{0,i}(x)\mathrm{d}x-\int_\Omega\varphi_{0,j}(x)\sum_{s=1}^{n_s}m_s(x)\varphi_{0,i}(x)\mathrm{d}x\\
&-\int_\Omega\varphi_{0,j}(x)\frac{\mathrm{d}}{\mathrm{d}x}[\Delta D(x)\varphi'_{0,i}(x)]\mathrm{d}x-\int_\Omega\varphi_{0,j}(x)\sum_{r=1}^{n_r}k_r(x)\varphi_{0,i}(x)\mathrm{d}x
\end{aligned}
\tag{2-98}
$$

式中左端最后两项为非线性项。

依次令 $j=1,2,\cdots,m$，最终得式(2-85)所示的非线性代数方程组。利用原系统模态函数的正交性,上式可进一步简化。由于不同连续系统的模态函数正交性具有不同的形式,将在第四章至第六章中详细介绍。

第五节　修改系统的动力反应计算

在获得修改结构的自振频率和振动模态后,可应用模态叠加法计算振动系统的动力反应。应用式(1-65)或式(1-67)计算各阶模态广义坐标 $\zeta_i(t)$ 时,须先计算模态广义质量 m_i^*。由式(1-66a):

$$m_i^* =(\{\varphi_{0,i}\}+\{\Delta\varphi_i\})^{\mathrm{T}}([M_0]+[\Delta M])(\{\varphi_{0,i}\}+\{\Delta\varphi_i\}) \tag{2-99}$$

式(2-99)右端展开后共有 8 个分项,利用模态向量正交性后,其中各项分别为:

$$\{\varphi_{0,i}\}^{\mathrm{T}}[M_0]\{\varphi_{0,i}\}=m_{0,i}^* \tag{2-100a}$$

$$\{\varphi_{0,i}\}^{\mathrm{T}}[M_0]\{\Delta\varphi_i\}=\{\Delta\varphi_i\}^{\mathrm{T}}[M_0]\{\varphi_{0,i}\}=0 \tag{2-100b}$$

$$\{\varphi_{0,i}\}^{\mathrm{T}}[\Delta M]\{\varphi_{0,i}\}=\Delta b_{ii} \tag{2-100c}$$

$$\begin{aligned}\{\varphi_{0,i}\}^{\mathrm{T}}[\Delta M]\{\Delta\varphi_i\}&=\{\Delta\varphi_i\}^{\mathrm{T}}[\Delta M]\{\varphi_{0,i}\}\\&=\{\varphi_{0,i}\}^{\mathrm{T}}[\Delta M]\sum_{\substack{k=1\\k\neq i}}^{m}\{\varphi_{0,k}\}c_{ki}\\&=\sum_{\substack{k=1\\k\neq i}}^{m}\Delta b_{ik}c_{ki}\end{aligned} \tag{2-100d}$$

$$\begin{aligned}\{\Delta\varphi_i\}^{\mathrm{T}}[M_0]\{\Delta\varphi_i\}&=\Big(\sum_{\substack{j=1\\j\neq i}}^{m}\{\varphi_{0,j}\}c_{ji}\Big)[M_0]\Big(\sum_{\substack{k=1\\k\neq i}}^{m}\{\varphi_{0,k}\}c_{ki}\Big)\\&=\sum_{\substack{k=1\\k\neq i}}^{m}m_{0,k}^*c_{ki}^2\end{aligned} \tag{2-100e}$$

$$\begin{aligned}\{\Delta\varphi_i\}^{\mathrm{T}}[\Delta M]\{\Delta\varphi_i\}&=\Big(\sum_{\substack{j=1\\j\neq i}}^{m}\{\varphi_{0,j}\}c_{ji}\Big)[\Delta M]\Big(\sum_{\substack{k=1\\k\neq i}}^{m}\{\varphi_{0,k}\}c_{ki}\Big)\\&=\sum_{\substack{j=1\\j\neq i}}^{m}\sum_{\substack{k=1\\k\neq i}}^{m}\Delta b_{kj}c_{ki}c_{ji}\end{aligned} \tag{2-100f}$$

把上述各式代入式(2-99)后有：

$$m_i^* = m_{0,i}^* + \Delta b_{ii} + 2\sum_{\substack{k=1\\k\neq i}}^{m}\Delta b_{ik}c_{ki} + \sum_{\substack{k=1\\k\neq i}}^{m} m_{0,k}^* c_{ki}^2 + \sum_{\substack{j=1\\j\neq i}}^{m}\sum_{\substack{k=1\\k\neq i}}^{m}\Delta b_{kj}c_{ki}c_{ji} \tag{2-101}$$

式(2-101)中忽略2阶及以上高阶小量，则有：

$$m_i^* \simeq m_{0,i}^* + \Delta b_{ii} \tag{2-102}$$

当应用式(1-62)计算修改系统的地震反应时，还需计算各阶模态的振型参与系数 η_i^d：

$$\begin{aligned}
\eta_i^d &= \frac{\{\varphi_i\}^{\mathrm{T}}[M]\{e_d\}}{m_i^*} \\
&= \frac{\left(\{\varphi_{0,i}\} + \sum\limits_{\substack{k=1\\k\neq i}}^{m}\{\varphi_{0,k}\}c_{ki}\right)([M_0]+[\Delta M])\{e_d\}}{m_i^*} \\
&= \frac{m_{0,i}^*}{m_i^*}\left[\frac{1}{m_{0,i}^*}(\{\varphi_{0,i}\}^{\mathrm{T}}[M_0]\{e_d\}+\{\varphi_{0,i}\}^{\mathrm{T}}[\Delta M]\{e_d\})\right] \\
&\quad + \frac{m_{0,i}^*}{m_i^*}\left[\sum_{\substack{k=1\\k\neq i}}^{m}\frac{1}{m_{0,i}^*}(\{\varphi_{0,k}\}^{\mathrm{T}}[M_0]\{e_d\}+\{\varphi_{0,k}\}^{\mathrm{T}}[\Delta M]\{e_d\})c_{ki}\right] \\
&= \frac{m_{0,i}^*}{m_i^*}\left[\eta_{0,i}^d + \Delta\eta_i^d + \sum_{\substack{k=1\\k\neq i}}^{m}(\eta_{0,k}^d+\Delta\eta_k^d)c_{ki}\right]
\end{aligned} \tag{2-103}$$

式中：

$$\eta_{0,k}^d = \frac{\{\varphi_{0,k}\}^{\mathrm{T}}[M_0]\{e_d\}}{m_{0,k}^*} \quad (k=1,2,\cdots,m) \tag{2-104}$$

$$\Delta\eta_k^d = \frac{\{\varphi_{0,k}\}^{\mathrm{T}}[\Delta M]\{e_d\}}{m_{0,k}^*} \quad (k=1,2,\cdots,m) \tag{2-105}$$

舍去式(2-103)中的2阶及以上高阶小量，并利用式(2-4)后有：

$$\begin{aligned}
\eta_i^d &= \frac{m_{0,i}^*}{m_{0,i}^*+\Delta b_{ii}}\left(\eta_{0,i}^d + \Delta\eta_i^d + \sum_{\substack{k=1\\k\neq i}}^{m}\eta_{0,k}^d c_{ki}\right) \\
&= \frac{1}{1+\dfrac{\Delta b_{ii}}{m_{0,i}^*}}\left(\eta_{0,i}^d + \Delta\eta_i^d + \sum_{\substack{k=1\\k\neq i}}^{m}\eta_{0,k}^d c_{ki}\right)
\end{aligned} \tag{2-106}$$

式(2-102)和式(2-106)表明：当应用直接模态摄动法获得修改后系统的模态特性后，在应用振型叠加法计算系统动力反应时，除需按式(2-7)计算新的参数$\Delta\eta_k^d(k=1,2,\cdots,m)$外，新系统各阶模态的广义模态质量$m_i^*$和振型参与系数$\eta_i^d$的计算利用模态摄动计算中的有关参数表达，可简便计算过程。

第三章　直接模态摄动法在水工结构振动分析中的应用

本章以水工结构振动为例，介绍直接模态摄动法在多自由度振动系统中的工程应用实例。

第一节　库水对挡水大坝振动模态特性的影响

水利工程中，修筑大坝是为了防洪蓄水，用于灌溉和发电等。坝体与库水间的动力相互作用是水工结构抗震领域中的重要课题，本节介绍直接模态摄动法在挡水大坝振动模态特性计算中的应用。

一、库水动力作用的简化模型

在工程应用中，当不考虑水体的压缩性时，库水作用在大坝挡水面上的动水压力作用往往假定为坝面上的附加质量所引起的等效惯性力。对于拱坝而言，附加质量取值为 Westergard 附加质量的一半，计算结果与模型试验成果比较吻合[10]。根据这一假定，在有限单元分析模型中作用在拱坝上游面 i 节点处的附加质量矩阵可表示为：

$$[\Delta M_i]=\frac{7}{16}\rho_w\sqrt{Hh_i}A_i\begin{bmatrix} m^2 & mn & ml \\ nm & n^2 & nl \\ lm & ln & l^2 \end{bmatrix} \tag{3-1}$$

式中，H 为坝前水深，h_i 为 i 节点处的水深，A_i 为 i 节点的控制面积，ρ_w 为水体质量密度，(m,n,l) 为 i 节点的外法向方向余弦。

当上游面直立或接近直立时，式(3-1) 为：

$$[\Delta M_i]=\frac{7}{16}\rho_w\sqrt{Hh_i}A_i\begin{bmatrix} \cos^2\theta_i & \sin\theta_i\cos\theta_i & 0 \\ \cos\theta_i\sin\theta_i & \sin^2\theta_i & 0 \\ 0 & 0 & 0 \end{bmatrix} \tag{3-2}$$

式中，θ_i 为 i 节点处的外法向与拱冠梁处外法向的夹角。当 θ_i 较小或接近于 $\pm 90°$ 时，$\sin\theta_i\cos\theta_i$ 值较小，而当 θ_i 接近于 $\pm 45°$ 时，这时 i 节点靠近山体岸边，地震时坝体加速度相对较小，该处附加质量的影响较小，据此可忽略 $[\Delta M_i]$ 中的非对角线元数使之成为对角阵。

二、库水动力作用对坝体振动模态特性的影响

当空库条件下大坝的振动模态特性已通过计算或试验等方式获得后，可把大坝-库水相互作用系统看成空库条件下大坝系统的修改系统。此时，可应用直接模态摄动法近似求解库水作用下的大坝系统的模态特性[11]，其中质量矩阵的摄动 $[\Delta M]$ 为库水的等效附加质量矩阵，而刚度矩阵不变，即刚度矩阵的摄动 $[\Delta K]$ 为 0。

图 3-1 为一简化重力拱坝的有限单元网格图。拱坝的最大坝高为 72 m，坝顶宽 5 m，最大底宽为 25 m，顶拱中心角为 100°，底拱中心角为 60°，外半径为121.25 m。下面以此坝为例说明采用直接模态摄动法计算满库条件下大坝振动模态特性的计算精度。表 3-1 中列出了空库条件下拱坝自振频率，由于拱坝具有对称性，表中分别列出了正对称、反对称自振频率。表 3-2、表 3-3 中列出了采用直接模态摄动法的非线性代数方程组迭代求解方法所得的满库条件下拱坝自振频率，其中取前 20 阶空库模态向量（正反对称模态向量各取 10 阶）参与模态修正计算。表中同时列出了在相同有限元网格和附加质量情况下，采用大型通用计算软件中直接求解方法所得的满库条件下拱坝自振频率，可作为比较基准，括号内的数值为相对误差。表中相对误差的数值表明直接模态摄动法计算所得的满库条件下拱坝自振频率具有很好的计算精度。

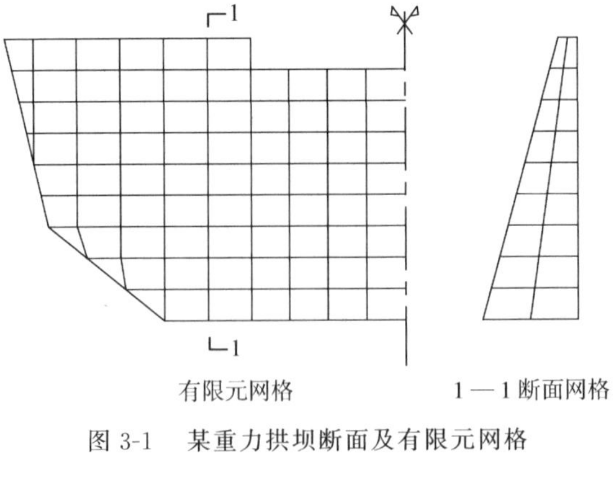

图 3-1　某重力拱坝断面及有限元网格

表 3-1　　重力拱坝空库条件下的自振频率　　(Hz)

对称性	f_1	f_2	f_3	f_4	f_5	f_6	f_7
正对称	5.375	7.209	11.72	12.39	14.17	16.43	18.88
反对称	5.520	9.565	12.15	14.19	15.70	17.27	17.77

表 3-2　　重力拱坝满库条件下的正对称自振频率　　(Hz)

计算方法	f_1	f_2	f_3	f_4	f_5	f_6	f_7
迭代法 ($l=1$)	4.301 (0.008)	6.284 (0.002)	8.735 (0.090)	10.93 (0.003)	12.01 (0.005)	16.27 (0.003)	16.61 (0.015)
迭代法 ($l=2$)	4.338 (0.001)	6.306 (0.001)	9.673 (0.008)	10.94 (0.004)	12.06 (0.009)	16.27 (0.003)	16.62 (0.015)
直接法	4.335	6.297	9.594	10.90	11.95	16.23	16.37

表 3-3　　重力拱坝满库条件下的反对称自振频率　　(Hz)

计算方法	f_1	f_2	f_3	f_4	f_5	f_6	f_7
迭代法 ($l=1$)	4.806 (0.001)	8.441 (0.000)	10.42 (0.013)	13.35 (0.001)	14.00 (0.012)	14.66 (0.019)	17.64 (0.001)
迭代法 ($l=2$)	4.811 (0.000)	8.456 (0.001)	10.61 (0.005)	13.39 (0.002)	13.94 (0.007)	15.10 (0.010)	17.64 (0.001)
直接法	4.810	8.445	10.56	13.36	13.84	14.95	17.63

表3-4至表3-7中列出了满库条件下重力拱坝前7阶正反对称模态向量的模 ρ_i 和两个水平方向的振型参与系数 η_i。

通过比较直接模态摄动法的计算结果和直接应用有限元方法求解后得到的计算结果可以看出：应用直接模态摄动法具有良好的计算精度。

表 3-4　　重力拱坝满库条件下正对称模态向量的模

计算方法	ρ_1	ρ_2	ρ_3	ρ_4	ρ_5	ρ_6	ρ_7
迭代法($l=1$)	43.02	44.33	36.90	44.49	37.80	67.34	41.02
迭代法($l=2$)	45.39	42.59	50.91	40.94	34.88	66.71	46.60
直接法	45.01	42.99	43.81	42.32	38.62	66.14	55.95

表 3-5　　重力拱坝满库条件下反对称模态向量的模

计算方法	ρ_1	ρ_2	ρ_3	ρ_4	ρ_5	ρ_6	ρ_7
迭代法($l=1$)	44.71	41.41	34.83	58.85	40.87	44.79	56.54
迭代法($l=2$)	44.70	39.84	32.85	61.79	47.01	35.09	56.65
直接法	44.87	40.23	33.76	63.12	49.11	35.95	57.44

表 3-6　　重力拱坝满库条件下顺河向振型参与系数

计算方法	η_1	η_2	η_3	η_4	η_5	η_6	η_7
迭代法($l=1$)	2.208	0.652	0.788	0.231	0.548	−0.087	0.427
迭代法($l=2$)	2.159	0.813	1.335	0.433	0.729	−0.126	0.068
直接法	2.178	0.807	1.554	0.458	0.733	−0.084	−0.120

表 3-7　　重力拱坝满库条件下横河向振型参与系数

计算方法	η_1	η_2	η_3	η_4	η_5	η_6	η_7
迭代法($l=1$)	0.877	0.504	0.396	1.673	0.064	0.302	0.317
迭代法($l=2$)	0.882	0.530	1.013	1.643	0.115	0.064	0.315
直接法	0.878	0.521	0.930	1.617	0.116	0.008	0.318

第二节　直接模态摄动法在水坝动力模型试验中的应用

由于大中型水库安全的重要性，挡水大坝作为水利枢纽关键工程，它的抗震安全性更需加以关注。除通过数值计算核验大坝坝体的抗震性能外，往往还需通过动力模型试验检验大坝抗震设计的可靠性和合理性。限于模型相似率的影响和对试验条件的要求，库水-大坝相互作用系统的动力模型试验的难度要大于空库条件下仅大坝本身的动力模型试验。当采用集中附加质量近似模型来模拟库水对大坝的动态压力作用时，应用直接模态摄动方法就可以实现基于空库大坝动力模型试验的结果推算出不同库水位下大坝的动态反应。下面通过实际工程简要介绍相关试验和计算过程及具体结果[12]。

一、工程与模型试验的基本情况

某水利枢纽的拦河大坝为重力拱坝，最大坝高为72m，坝顶宽5m，最大底宽为25m，顶拱中心角为100°，底拱中心角为60°，外半径为121.25m，拱坝中部设有7孔泄洪表孔，两岸设置重力墩，拱坝两岸基岩呈不均匀分布。在拱坝振动模型试验中，根据工程实际情况和试验条件，模型的几何相似比尺$\lambda_L=120$。为了考虑坝下两岸不均匀基岩的影响，在模型中包括了一定范围的基岩场地：从拱冠向上游方向、从重力墩向两岸和向下游方向、从坝底向基岩深度方向各扩伸2/3坝高。模型材料选为石膏，通过调整水与石膏比例控制模型材料的实际弹性模量，以保证坝体混凝土和各部分不同基岩弹性模量的相同模型相似比尺，其中坝体模型材料的弹性模量和质量密度的模型相似比分别为$\lambda_E=18.52$和$\lambda_\rho=3.536$。

拱坝模型的动力试验采用激振器激振。试验中按正对称激振(在拱冠处水平激振)和反对称激振(在顶部拱圈约1/4和3/4处水平双点反向激振)两种方式进行激振,以便激发出顺河向和横河向的水平低阶振型。激振试验中先由频响曲线试验确定拱坝模型的共振频率,然后通过共振激振,测得拱坝模型各阶振型的位移向量,同时测得坝体上下游面各控制点处的动态应变,获得拱坝模型各阶振型的应力分布。

二、空库条件下重力坝的模态特性和地震反应

通过模型相似率,可由试验测试结果获得空库条件下拱坝的各阶模态位移和模态应力,进一步依据应用基于模态叠加原理的反应谱法计算得到空库条件下的坝体地震反应[13]。原型和模型间模态位移、模态频率和模态应力的相似关系如下:

$$\{\varphi_i\} = \{\varphi_{\mathrm{m}i}\} \tag{3-3}$$

$$f_i = \frac{f_{\mathrm{m}i}}{\lambda_L}\sqrt{\frac{\lambda_E}{\lambda_\rho}} \tag{3-4}$$

$$\{\sigma_i\} = \lambda_\sigma\{\sigma_{\mathrm{m}i}\} = \lambda_E\{\sigma_{\mathrm{m}i}\} \tag{3-5}$$

上列各式中下标“i”表示模态阶序,下标“m”表示模型试验数据。

表3-8中列出了试验得到的拱坝前5阶模态频率。

表3-8　　空库条件下拱坝前5阶模态频率　　(Hz)

模态阶序	1	2	3	4	5
模型频率	272.0	290.0	362.0	540.0	640.0
原型频率	5.186	5.529	6.902	10.30	12.20
激振方式	正对称	反对称	正对称	反对称	正对称

依据水工建筑物抗震设计规范,在d方向地震作用下拱坝的地震反应按平方和开平方的方法进行计算,坝体各点的地震加速度、地震位移和地震应力分别为:

$$\{a_d\} = K_{\mathrm{c}}C_z\sqrt{\sum_{i=1}^{m}(\eta_{id}\beta_i\{\varphi_i\})^2} \tag{3-6a}$$

$$\{u_d\} = K_{\mathrm{c}}C_z\sqrt{\sum_{i=1}^{m}\left(\frac{\eta_{id}\beta_i}{\omega_i^2}\{\varphi_i\}\right)^2} \tag{3-6b}$$

$$\{\sigma_d\} = K_c C_z \sqrt{\sum_{i=1}^{m}\left(\frac{\eta_{id}\beta_i}{\omega_i^2}\{\sigma_i\}\right)^2} \tag{3-6c}$$

式中，K_c 为地震系数，这一重力拱坝所在场地的地震设防烈度为8度，即 $K_c=0.2$；C_z 为综合影响系数，$C_z=0.25$。η_{id} 为第 i 阶模态 d 方向的振型参与系数，β_i 为对应于第 i 阶模态的地震反应谱值，相关数值列于表 3-9 中，其中 x、y 和 z 分别代表顺河向、横河向和竖直向。

表 3-9　空库条件下拱坝各阶模态的自振周期、反应谱值和振型参与系数

模态阶序	T_i(s)	β_i	η_{ix}	η_{iy}	η_{iz}
1	0.193	2.25	1.673	0.080	0.229
2	0.181	2.25	0.650	1.260	0.013
3	0.145	2.25	1.539	0.135	0.355
4	0.097	2.214	0.464	−0.300	−0.442
5	0.082	2.024	0.713	−0.191	0.495

按水工建筑物抗震设计规范要求，重力拱坝的地震反应由顺河向地震反应和横河向地震反应进行组合，即按平方和开平方的组合方式来计算：

$$S = \sqrt{S_x^2 + S_y^2} \tag{3-7}$$

在水平双向地震激励下，拱坝抗震设计中所关注的坝体地震反应控制数值如表 3-10 和表 3-11 中所示。表 3-10 中包括坝顶最大经向相对位移 u_r 和加速度 a_r、竖向相对位移 u_v 和加速度 a_v、坝体中部上下游面最大拱向正应力 σ_0^u 和 σ_0^d，表 3-11 中包括坝基左岸上下游面最大拱向正应力 σ_L^u 和 σ_L^d、右岸上下游面最大拱向正应力 σ_R^u 和 σ_R^d 及坝底上下游面最大竖向应力 σ_B^u 和 σ_B^d。

表 3-10　空库条件下重力拱坝坝中地震反应

u_r (mm)	u_v (mm)	a_r (m/s^2)	a_v (m/s^2)	σ_0^u (MPa)	σ_0^d (MPa)
2.05	0.80	3.08	1.02	0.384	0.351

表 3-11　空库条件下重力拱坝坝基面地震应力

σ_L^u (MPa)	σ_L^d (MPa)	σ_R^u (MPa)	σ_R^d (MPa)	σ_B^u (MPa)	σ_B^d (MPa)
0.097	0.249	0.327	0.252	0.277	0.160

三、满库条件下重力坝的模态特性和地震反应

基于空库条件下模型试验的结果和库水动力作用的等效质量假定，可获得满库条件下拱坝的模态特性和地震反应，满库条件下拱坝前 3 阶模态位移和模态应力的计算公式如下：

$$\{\varphi_{w,1}\}=\{\varphi_{0,1}\}+0.0201\{\varphi_{0,2}\}+0.0034\{\varphi_{0,3}\}+\cdots \tag{3-8a}$$

$$\{\varphi_{w,2}\}=\{\varphi_{0,2}\}+0.0013\{\varphi_{0,1}\}-0.0013\{\varphi_{0,3}\}+\cdots \tag{3-8b}$$

$$\{\varphi_{w,3}\}=\{\varphi_{0,3}\}-0.0097\{\varphi_{0,1}\}+0.0008\{\varphi_{0,2}\}+\cdots \tag{3-8c}$$

式中，$\{\varphi_{0,i}\}$ 为模型试验得到的空库条件下的拱坝第 i 阶模态位移向量，$\{\varphi_{w,i}\}$ 为应用直接模态摄动法求得的满库条件下的拱坝第 i 阶模态位移向量。由式(3-8) 可以看出：库水动力作用对重力拱坝第 1 阶振动模态的影响最大，随着模态阶序增大，影响逐渐减小，总体上影响有限。把式中模态位移向量替换为坝体的模态应力向量，则成为由空库模态应力向量推算满库条件下的拱坝模态应力向量的计算公式。

在获得满库条件下的模态位移向量和应力向量后，可由式(3-6) 求解满库条件下拱坝的地震反应。相关结果列于表 3-12 至表 3-15 中。

表 3-12　满库条件下拱坝前 5 阶模态频率　(Hz)

模态阶序	1	2	3	4	5
模态频率	4.346	4.711	5.958	10.18	10.48
对称性	正对称	反对称	正对称	反对称	正对称

表 3-13　满库条件下拱坝各阶模态的自振周期、反应谱值和振型参与系数

模态阶序	T_i(s)	β_i	η_{ix}	η_{iy}	η_{iz}
1	0.230	1.956	1.972	0.050	0.171
2	0.212	2.120	0.460	1.265	0.013
3	0.168	2.25	0.944	0.106	0.308
4	0.098	2.227	0.639	−0.242	−0.466
5	0.095	2.193	1.488	−0.099	0.407

表 3-14　满库条件下重力拱坝坝中地震反应

u_r (mm)	u_v (mm)	a_r (m/s^2)	a_v (m/s^2)	σ_0^u (MPa)	σ_0^d (MPa)
2.72	1.11	3.00	1.06	0.507	0.464

表 3-15　满库条件下重力拱坝坝基面地震应力

σ_L^u (MPa)	σ_L^d (MPa)	σ_R^u (MPa)	σ_R^d (MPa)	σ_B^u (MPa)	σ_B^d (MPa)
0.122	0.401	0.313	0.270	0.349	0.219

第四章　复杂连续系统二阶偏微分振动方程的求解

梁(柱、杆)的轴向振动、圆柱的扭转振动、水平分层土层的水平振动等不同连续系统的振动方程都为二阶偏微分方程,一般只有在简单条件下才能获得解析解,本章介绍应用直接模态摄动法求解复杂条件下的二阶偏微分振动方程。

第一节　复杂变截面梁的轴向自由振动分析

梁和柱是工程结构中应用最普遍的结构形式。在梁的动力分析中,等截面直梁的轴向振动问题是较为简单的,易于求得解析解[1,4]。但在工程实际中,常常需分析如烟囱和分段阶梯形立柱那样的变截面梁式结构的轴向振动问题,这些较为复杂的变截面梁的轴向振动问题一般很难得到解析解,常采用近似解。采用直接模态摄动的方法,可以建立变截面直梁的轴向自由振动问题的半解析解[14]。

一、等截面直梁的轴向振动方程

等截面直梁(或柱)的轴向无阻尼自由振动方程可表示为:

$$EA_0\frac{\partial^2 u(x,t)}{\partial x^2}-m_0\frac{\partial^2 u(x,t)}{\partial t^2}=0 \tag{4-1}$$

式中,E 为梁的弹性模量,A_0 为梁的横截面面积,m_0 为单位梁长的质量,ρ 为梁的质量密度,则 $m_0=\rho A_0$。x 为轴向坐标,$u(x,t)$ 为 t 时刻 x 截面处梁的轴向位移。

应用分离变量法,设:

$$u(x,t)=\varphi(x)g(t) \tag{4-2}$$

代入式(4-1)得:

$$\varphi''(x)g(t)=\frac{1}{a^2}\varphi(x)\ddot{g}(t) \tag{4-3}$$

式中 $\varphi''(x)=\dfrac{\mathrm{d}^2\varphi(x)}{\mathrm{d}x^2}$,$\ddot{g}(t)=\dfrac{\mathrm{d}^2 g(t)}{\mathrm{d}t^2}$。

$$a^2=\frac{EA_0}{m_0}=\frac{E}{\rho} \tag{4-4}$$

由式(4-3)可得：

$$\frac{g(t)}{\ddot{g}(t)}=\frac{1}{a^2}\frac{\varphi(x)}{\varphi''(x)}=C \tag{4-5}$$

取常数 $C=-\frac{1}{\omega^2}$，从式(4-5)可得：

$$\varphi''(x)+\frac{\omega^2}{a^2}\varphi(x)=0 \tag{4-6}$$

上述方程称为均匀梁轴向振动的特征方程，其解为特征函数，也称为模态函数，可表示为：

$$\varphi(x)=A_1\cos\frac{\omega x}{a}+A_2\sin\frac{\omega x}{a} \tag{4-7}$$

式中常数 A_1 和 A_2 由轴向振动梁的边界条件确定。

二、等截面均匀悬臂梁轴向振动的模态特性

图 4-1 所示为等截面均匀悬臂直梁，相关参数和坐标如图中所示。

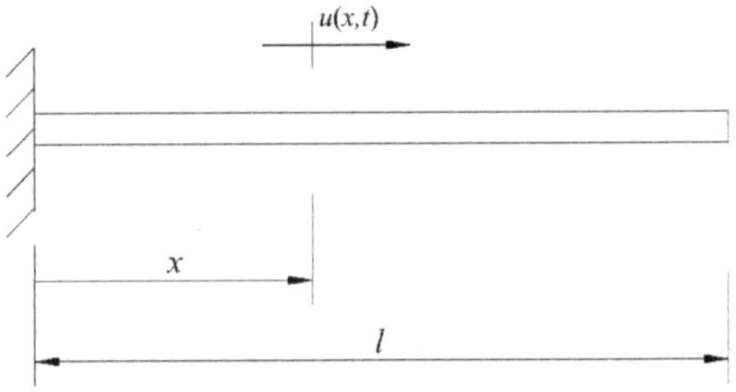

图 4-1　等截面悬臂梁

悬臂梁两端 $x=0$ 和 $x=l$ 处的边界条件为 $u(0,t)=0$ 和 $u'(l,t)=0$，对应地有：

$$\varphi(x)\big|_{x=0}=\varphi(0)=0 \tag{4-8a}$$

$$\left.\frac{\partial\varphi(x)}{\partial x}\right|_{x=l}=\varphi'(l)=0 \tag{4-8b}$$

由边界条件得到：

$$\varphi(0)=A_1=0 \tag{4-9a}$$

$$\varphi'(l)=A_2\frac{\omega}{a}\cos\frac{\omega l}{a}=0 \tag{4-9b}$$

因为 $A_1=A_2=0$ 表示为平凡解，因此式(4-9b)中 $A_2\neq 0$，由此得到：

$$\cos\frac{\omega l}{a}=0 \tag{4-10}$$

此式为均匀悬臂梁轴向自由振动的特征方程。连续系统为无限多自由度系统，式(4-10)的解也有无限多个，分别为$\frac{\pi}{2}$，$\frac{3\pi}{2}$，…，$(i-\frac{1}{2})\pi$，…，可表示为：

$$\frac{\omega_i l}{a}=\left(i-\frac{1}{2}\right)\pi \quad (i=1,2,\cdots,\infty) \tag{4-11}$$

由此得到均匀悬臂梁轴向振动的第 i 阶模态频率为：

$$\omega_i=\left(i-\frac{1}{2}\right)\frac{\pi}{l}\sqrt{\frac{E}{\rho}} \tag{4-12}$$

对应的第 i 阶模态函数为：

$$\varphi_i(x)=A\sin\left(i-\frac{1}{2}\right)\frac{\pi x}{l} \tag{4-13}$$

三、等截面均匀固端梁轴向振动的模态特性

固端梁两端 $x=0$ 和 $x=l$ 处的边界条件为 $u(0,t)=0$ 和 $u(l,t)=0$，对应地有：

$$\varphi(x)\big|_{x=0}=\varphi(0)=0 \tag{4-14a}$$

$$\varphi(x)\big|_{x=l}=\varphi(l)=0 \tag{4-14b}$$

由边界条件得到：

$$\varphi(0)=A_1=0 \tag{4-15a}$$

$$\varphi(l)=A_2\sin\frac{\omega l}{a}=0 \tag{4-15b}$$

因为 $A_1=A_2=0$ 表示为平凡解，因此式(4-15b)中 $A_2\neq 0$，由此得到：

$$\sin\frac{\omega l}{a}=0 \tag{4-16}$$

式(4-16)为均匀固端梁轴向自由振动的特征方程，其解也有无限多个，可表示为：

$$\frac{\omega_i l}{a}=i\pi \quad (i=1,2,\cdots,\infty) \tag{4-17}$$

由此得到均匀固端梁轴向振动的第 i 阶模态频率为：

$$\omega_i = \frac{i\pi}{l}\sqrt{\frac{E}{\rho}} \tag{4-18}$$

对应的第 i 阶模态函数为：

$$\varphi_i(x) = A\sin\frac{i\pi x}{l} \tag{4-19}$$

四、轴向振动模态函数的正交性

把式(4-6)写成如下形式：

$$\varphi''(x) = \mu\varphi(x) \tag{4-20}$$

其中：

$$\mu = -\frac{\omega^2}{a^2} \tag{4-21}$$

对于第 i 阶和第 j 阶模态函数，从式(4-19)分别有：

$$\varphi''_i(x) = \mu_i\varphi_i(x) \tag{4-22a}$$

$$\varphi''_j(x) = \mu_j\varphi_j(x) \tag{4-22b}$$

用 $\varphi_j(x)$ 乘式(4-22a)两端、$\varphi_i(x)$ 乘式(4-22b)两端，并按梁的全长对方程两端进行积分，得到：

$$\int_0^l \varphi''_i(x)\varphi_j(x)\mathrm{d}x = \mu_i\int_0^l \varphi_i(x)\varphi_j(x)\mathrm{d}x \tag{4-23a}$$

$$\int_0^l \varphi''_j(x)\varphi_i(x)\mathrm{d}x = \mu_j\int_0^l \varphi_j(x)\varphi_i(x)\mathrm{d}x \tag{4-23b}$$

对式(4-23)经过分部积分后可得：

$$\varphi'_i(x)\varphi_j(x)\Big|_0^l - \int_0^l \varphi'_i(x)\varphi'_j(x)\mathrm{d}x = \mu_i\int_0^l \varphi_i(x)\varphi_j(x)\mathrm{d}x \tag{4-24a}$$

$$\varphi'_j(x)\varphi_i(x)\Big|_0^l - \int_0^l \varphi'_j(x)\varphi'_i(x)\mathrm{d}x = \mu_j\int_0^l \varphi_j(x)\varphi_i(x)\mathrm{d}x \tag{4-24b}$$

由式(4-8)和式(4-14)可知，上式中已积分得出的项均为0。用式(4-24a)减式(4-24b)得到：

$$(\mu_i - \mu_j)\int_0^l \varphi_i(x)\varphi_j(x)\mathrm{d}x = 0 \tag{4-25}$$

当 $i \neq j$ 时，$\mu_i \neq \mu_j$，因此要使式(4-25)成立，必须有：

$$\int_0^l \varphi_i(x)\varphi_j(x)\mathrm{d}x = 0 \quad (i \neq j) \tag{4-26a}$$

进一步由式(4-24a)或式(4-24b)可得：

$$\int_0^l \varphi'_i(x)\varphi'_j(x)\mathrm{d}x = 0 \quad (i \neq j) \tag{4-26b}$$

从式(4-23)可得到：

$$\int_0^l \varphi''_i(x)\varphi_j(x)\mathrm{d}x = 0 \quad (i \neq j) \tag{4-26c}$$

式(4-26)表征了均匀梁(柱)轴向振动的模态正交性，表明模态函数间不仅彼此成正交，而且它们的导数中间也存在正交关系。

当 $i = j$ 时，有：

$$\int_0^l m_0 \varphi_i^2(x)\mathrm{d}x = m_i^* \tag{4-27}$$

称 m_i^* 为第 i 阶模态质量，当令 $m_i^* = 1$ 时，对应的模态函数称为正则模态，使模态质量为数值 1 的这一过程称为正则化。

第 i 阶模态刚度定义为：

$$k_i^* = \int_0^l EA_0 [\varphi'_i(x)]^2 \mathrm{d}x \tag{4-28}$$

利用分部积分，由式(4-28)可得：

$$k_i^* = EA_0 \varphi'_i(x)\varphi_i(x)\Big|_0^l - \int_0^l EA_0 \varphi''_i(x)\varphi_i(x)\mathrm{d}x \tag{4-29}$$

根据边界条件，式(4-29)中已积分得出的项为 0，因此有：

$$\begin{aligned} k_i^* &= -\int_0^l EA_0 \varphi''_i(x)\varphi_i(x)\mathrm{d}x \\ &= \frac{\omega_i^2}{a^2}\int_0^l EA_0 \varphi_i(x)\varphi_i(x)\mathrm{d}x \end{aligned} \tag{4-30}$$

代入式(4-4)和式(4-27)，式(4-30)可表示为如下形式：

$$\begin{aligned} k_i^* &= \omega_i^2 \int_0^l m_0 \varphi_i(x)\varphi_i(x)\mathrm{d}x \\ &= \omega_i^2 m_i^* \end{aligned} \tag{4-31}$$

五、复杂变截面梁轴向自由振动的特征方程

所谓复杂变截面梁是指带有附加影响的变截面直梁,这种附加影响包括作用于梁的附加质量和弹性约束。复杂变截面梁的轴向无阻尼自由振动方程为:

$$\frac{\partial}{\partial x}\left[EA(x)\frac{\partial u(x,t)}{\partial x}\right]+m(x)\frac{\partial^2 u(x,t)}{\partial t^2}$$

$$+\sum_{r=1}^{n_r}k_r(x)u(x,t)+\sum_{s=1}^{n_s}m_s(x)\frac{\partial^2 u(x,t)}{\partial t^2}=0 \qquad (4\text{-}32)$$

式中,$EA(x)$ 为梁在 x 截面处的拉压刚度,$m(x)$ 为该截面处的线质量密度(单位梁长的质量)。$k_r(x)$ 为作用于梁的第 r 个附加弹性约束的弹性分布系数,$m_s(x)$ 为梁上的第 s 个附加质量的质量分布系数,n_r 和 n_s 为对应的组数。

$$k_r(x)=\begin{cases}\bar{k}_r(x), & x\in\Delta x_r\\ 0, & x\notin\Delta x_r\end{cases} \qquad (4\text{-}33a)$$

$$m_s(x)=\begin{cases}\bar{m}_s(x), & x\in\Delta x_s\\ 0, & x\notin\Delta x_s\end{cases} \qquad (4\text{-}33b)$$

式中,Δx_r 和Δx_s 分别为第 r 个附加弹性约束和第 s 个附加质量的作用区域。而作用于某一点处的附加弹性约束和附加质量可分别表示为:

$$k_r(x)=\bar{k}_r\delta(x-x_r) \qquad (4\text{-}34a)$$

$$m_s(x)=\bar{m}_s\delta(x-x_s) \qquad (4\text{-}34a)$$

$$\delta(x-x_0)=\begin{cases}1, & x=x_0\\ 0, & x\neq x_0\end{cases} \qquad (4\text{-}35)$$

应用分离变量法,变截面梁的轴向振动模态函数由下式确定:

$$\frac{\mathrm{d}}{\mathrm{d}x}\left[EA(x)\frac{\mathrm{d}\tilde{\varphi}(x)}{\mathrm{d}x}\right]+\sum_{r=1}^{n_r}k_r(x)\tilde{\varphi}(x)-\tilde{\lambda}\left[m(x)+\sum_{s=1}^{n_s}m_s(x)\right]\tilde{\varphi}(x)=0$$

$$(4\text{-}36)$$

式中,$\tilde{\lambda}=\tilde{\omega}^2$,$\tilde{\omega}$ 为复杂变截面梁的自振圆频率。上式为变截面梁轴向自由振动的特征方程。

六、求解复杂变截面梁轴向振动模态特性的直接模态摄动法

一般情况下获得式(4-36) 所描述的特征方程的解析解是很困难的,而应用直

接模态摄动法可获得半解析解。把等截面均匀直梁作为相应的理想系统，而把变截面梁在 x 截面处的抗拉刚度 $EA(x)$ 和线质量密度 $m(x)$ 表示为：

$$\begin{aligned} EA(x) &= EA_0 + \Delta EA(x) \\ m(x) &= m_0 + \Delta m(x) \end{aligned} \tag{4-37}$$

式中常量的抗拉刚度 EA_0 和线质量密度 m_0 可取为：

$$\begin{aligned} EA_0 &= \frac{1}{l}\int_0^l EA(x)\mathrm{d}x \\ m_0 &= \frac{1}{l}\int_0^l m(x)\mathrm{d}x \end{aligned} \tag{4-38}$$

式(4-37) 表明，式(4-32) 所描述的复杂变截面梁的轴向振动系统可以看成是式(4-38) 所描述的等截面均匀梁的轴向振动系统经过参数修改后得到的新的轴向振动系统。新的轴向振动系统的第 i 阶特征值 $\tilde{\lambda}_i$ 和对应的模态函数 $\tilde{\varphi}_i(x)$ 可在原轴向振动系统的第 i 阶特征值 λ_i 和对应的模态函数 $\varphi_i(x)$ 的基础上进行简单的摄动分析而近似求得：

$$\tilde{\varphi}_i(x) = \varphi_i(x) + \Delta\varphi_i(x) \tag{4-39a}$$

$$\tilde{\lambda}_i = \lambda_i + \Delta\lambda_i \tag{4-39b}$$

式中，模态函数的修正量 $\Delta\varphi_i(x)$ 为不包括 $\varphi_i(x)$ 的原系统其他模态函数的线性组合，即：

$$\Delta\varphi_i(x) = \sum_{\substack{k=1 \\ k\neq i}}^{\infty} \varphi_k(x) c_{ki} \tag{4-40a}$$

作为近似，取等截面均匀梁的轴向振动前 m 阶模态函数作为近似求解模态子空间，这样：

$$\Delta\varphi_i(x) \approx \sum_{\substack{k=1 \\ k\neq i}}^{m} \varphi_k(x) c_{ki} \tag{4-40b}$$

从式(4-39) 和式(4-40b) 可以看出：只要求得 $\Delta\lambda_i$ 和 $c_{ki}(k=1,2,\cdots,m;k\neq i)$ 这 m 个未知数，则复杂变截面梁的轴向振动系统的第 i 阶特征值 $\tilde{\lambda}_i$ 和对应的模态函数 $\tilde{\varphi}_i(x)$ 的近似解便可获得。把式(4-39) 和式(4-40a) 代入式(4-36)，并利用式(4-37) 进行化简，然后两边同乘以 $\varphi_j(x)$ 并沿全梁积分，同时使用理想系统模态函数的正交条件，经整理可得：

$$\Delta\lambda_i\Big[\sum_{\substack{k=1\\k\neq i}}^{m}(m_j^*\delta_{jk}+\Delta m_{jk})c_{ki}\Big]+\sum_{\substack{k=1\\k\neq i}}^{m}[(\lambda_i-\lambda_j)m_j^*\delta_{jk}+\lambda_i\Delta m_{jk}+\Delta k_{jk}]c_{ki}$$
$$+\Delta\lambda_i(m_j^*\delta_{ji}+\Delta m_{ji})+\Delta k_{ji}+\lambda_i\Delta m_{ji}=0 \tag{4-41}$$

其中：

$$\Delta m_{jk}=\int_0^l\Delta m(x)\varphi_j(x)\varphi_k(x)\mathrm{d}x+\sum_{s=1}^{n_s}\int_0^l\overline{m}_s(x)\varphi_j(x)\varphi_k(x)\mathrm{d}x \tag{4-42a}$$

$$\Delta k_{jk}=\int_0^l\varphi_j(x)\frac{\partial}{\partial x}[\Delta EA(x)\varphi'_k(x)]\,\mathrm{d}x+\sum_{r=1}^{n_r}\int_0^l\overline{k}_r(x)\varphi_j(x)\varphi_k(x)\mathrm{d}x \tag{4-42b}$$

式(4-42b) 中的第一个积分可应用分部积分来表示：

$$\int_0^l\varphi_j(x)\frac{\partial}{\partial x}[\Delta EA(x)\varphi'_k(x)]\mathrm{d}x$$
$$=\Delta EA(x)\varphi_j(x)\varphi'_k(x)\Big|_0^l-\int_0^l\Delta EA(x)\varphi'_j(x)\varphi'_k(x)\mathrm{d}x \tag{4-43}$$

式(4-42) 和式(4-43) 中的定积分可采用数值积分来完成。当变截面梁两端的约束条件为固定、简支或自由时，式(4-43) 中的第一项的值为 0。

若令 $q_k=c_{ki}(k=1,2,\cdots,m;k\neq i)$ 和 $q_i=\dfrac{\Delta\lambda_i}{\lambda_i}$，式(4-41) 所表示的代数方程可写为：

$$q_i\Big(\sum_{\substack{k=1\\k\neq i}}^{m}a_{jk}q_k\Big)+\sum_{k=1}^{m}b_{jk}q_k+d_{ji}=0\quad(j=1,2,\cdots,m) \tag{4-44}$$

式中：

$$a_{jk}=\lambda_i(m_j^*\delta_{jk}+\Delta m_{jk}) \tag{4-45a}$$

$$b_{jk}=(\lambda_i-\lambda_j)m_j^*\delta_{jk}+d_{jk}\quad(j\neq i) \tag{4-45b}$$

$$b_{ii}=\lambda_i(m_i^*+\Delta m_{ii})=\lambda_i m_i^*+\Delta d_{ii}-\Delta k_{ii} \tag{4-45c}$$

$$d_{jk}=\lambda_i\Delta m_{jk}+\Delta k_{jk}\quad(k=1,2,\cdots,m) \tag{4-45d}$$

令式(4-44) 中的 $j=1,2,\cdots,m$，则式(4-44) 表示了一个以 $q_j(j=1,2,\cdots,m)$ 这 m 个变量为未知数的代数方程组，可写为如下的矩阵方程：

$$(q_i[A]+[B])\{q\}=\{p\} \tag{4-46}$$

很显然，由于在系数矩阵中包含有未知变量 q_i，式(4-46) 为非线性代数方程组，而且是弱非线性的。方程中的各常系数矩阵和列阵分别为：

$$[A]=\begin{bmatrix} m_1^*+\Delta m_{11} & \Delta m_{12} & \cdots & 0 & \cdots & \Delta m_{1m} \\ \Delta m_{21} & m_2^*+\Delta m_{22} & \cdots & 0 & \cdots & \Delta m_{2m} \\ \cdots & \cdots & \cdots & \cdots & \cdots & \cdots \\ \Delta m_{i1} & \Delta m_{i2} & \cdots & 0 & \cdots & \Delta m_{im} \\ \cdots & \cdots & \cdots & \cdots & \cdots & \cdots \\ \Delta m_{m1} & \Delta m_{m2} & \cdots & 0 & \cdots & m_m^*+\Delta m_{mm} \end{bmatrix} \tag{4-47a}$$

$$[B]=\begin{bmatrix} \lambda_i-\lambda_1+d_{11} & d_{12} & \cdots & d_{1i} & \cdots & d_{1m} \\ d_{21} & \lambda_i-\lambda_2+d_{22} & \cdots & d_{2i} & \cdots & d_{2m} \\ \cdots & \cdots & \cdots & \cdots & \cdots & \cdots \\ d_{i1} & d_{i2} & \cdots & \lambda_i+d_{ii} & \cdots & d_{im} \\ \cdots & \cdots & \cdots & \cdots & \cdots & \cdots \\ d_{m1} & d_{m2} & \cdots & d_{mi} & \cdots & \lambda_i-\lambda_m+d_{mm} \end{bmatrix}$$

$$-\begin{bmatrix} 0 & 0 & \cdots & \Delta k_{1i} & \cdots & 0 \\ 0 & 0 & \cdots & \Delta k_{2i} & \cdots & 0 \\ \cdots & \cdots & \cdots & \cdots & \cdots & \cdots \\ 0 & 0 & \cdots & \Delta k_{ii} & \cdots & 0 \\ \cdots & \cdots & \cdots & \cdots & \cdots & \cdots \\ 0 & 0 & \cdots & \Delta k_{mi} & \cdots & 0 \end{bmatrix} \tag{4-47b}$$

$$\{q\}=\{q_1 \quad q_2 \quad \cdots \quad q_i \quad \cdots \quad q_m\}^{\mathrm{T}}=\left\{c_{1i} \quad c_{2i} \quad \cdots \quad \frac{\Delta\lambda_i}{\lambda_i} \quad \cdots \quad c_{mi}\right\}^{\mathrm{T}} \tag{4-47c}$$

$$\{p\}=-\{d_{1i} \quad d_{2i} \quad \cdots \quad d_{ii} \quad \cdots \quad d_{mi}\}^{\mathrm{T}} \tag{4-47d}$$

如果忽略式(4-41) 中的二阶及更高阶小量，则方程(4-46) 成为线性代数方程组：

$$[B]\{q\}=\{p\} \tag{4-48}$$

从而容易解得未知数 $\Delta\lambda_i$ 和 $c_{ki}(k=1,\cdots,m,k\neq i)$，进一步可近似求得复杂梁轴向振动的第 i 阶模态函数 $\tilde{\varphi}_i(x)$ 和对应的特征值 $\tilde{\lambda}_i$。令 $i=1,\cdots,m$，重复上述过程可

依次求得复杂梁轴向振动的各个低阶模态特性。

当不忽略二阶小量时,非线性代数方程组[式(4-46)]的求解可采用第二章中介绍的简单迭代法或牛顿迭代法。

七、算例

考虑一变截面直梁,左端固定、右端自由。其长度为 l,弹性模量和质量密度分别为 E、ρ,横截面积为 $A(x)=A_0\left(1+\frac{\beta x}{l}\right)$。当 $\beta>0$ 时,自由端的截面大于固定端的截面;反之,当 $\beta<0$ 时,自由端的截面小于固定端的截面;$\beta=0$ 时为等截面梁,其轴向自振频率 $\omega_i=\alpha_i\sqrt{E/(\rho l^2)}$,式中 α_i 为等截面梁轴向自振频率系数,$\alpha_i=\frac{(2i-1)\pi}{2}$,对应的模态函数为 $\varphi_i(x)=\sqrt{\frac{2}{A_0 l}}\sin\frac{(2i-1)\pi}{2l}x$。

文献[15]曾采用传递矩阵法计算 $\beta=1,2,3,4,5$ 时梁轴向振动的自振频率。采用直接模态摄动法进行分析时,取 $m=10$ 和 $\varepsilon=10^{-6}$,计算了该变截面梁的前 5 阶轴向振动自振频率:$\tilde{\omega}_i=\tilde{\alpha}_i\sqrt{E/\rho l^2}$,式中 $\tilde{\alpha}_i$ 变截面梁频率系数,有关数值结果列于表 4-1 中,表中也列出了解析解[16]和传递矩阵法的近似解以作比较。计算结果表明,直接模态摄动法比传递矩阵法的精度要高。从表 4-1 也可知:与等效等截面梁相比,变截面对梁轴向自振频率的影响主要表现在低阶振型,尤其是第 1 阶模态频率,随着模态阶序的增高,这一影响迅速减小,对第 4 阶和第 5 阶自振频率已无多大影响。

当 $\beta=-0.5,1,5$ 时,各阶模态函数的组合系数 $c_{ki}(k=1,2,\cdots,m;k\neq i)$ 列于表 4-2、表 4-3 和表 4-4 中,由式(4-39)和式(4-40)可知,当 $k=i$ 时,$c_{ii}=1.0$。从表中数据可看出:一般情况下,对于模态函数 $\tilde{\varphi}_i(x)$ 来说,有影响的主要是 $\varphi_i(x)$ 及其前后 2 阶模态函数 $\varphi_{i-1}(x)$ 和 $\varphi_{i+1}(x)$。因此,在计算变截面梁各阶模态函数时,可有选择地选取有主要影响的等截面梁模态函数参与计算,使计算更为简化,通常取 $m=i+5$ 就足够了。

表 4-1　　变截面梁的自振频率系数 $\tilde{\alpha}_i$

β	计算方法	$\tilde{\alpha}_1$	$\tilde{\alpha}_2$	$\tilde{\alpha}_3$	$\tilde{\alpha}_4$	$\tilde{\alpha}_5$
1.0	解析解	1.3608	4.6459	7.8142	10.9671	14.1150
	直接模态摄动法	1.3608	4.6459	7.8142	10.9673	14.1152
	传递矩阵法	1.3612	4.6471	7.8162	10.9701	14.1189

续表

β	计算方法	$\tilde{\alpha}_1$	$\tilde{\alpha}_2$	$\tilde{\alpha}_3$	$\tilde{\alpha}_4$	$\tilde{\alpha}_5$
2.0	解析解	1.2512	4.6081	7.7908	10.9503	14.1019
	直接模态摄动法	1.2512	4.6082	7.7911	10.9508	14.1025
	传递矩阵法	1.2519	4.6101	7.7942	10.9550	14.1080
3.0	解析解	1.1804	4.5798	7.7725	10.9367	14.0912
	直接模态摄动法	1.1805	4.5802	7.7731	10.9378	14.0926
	传递矩阵法	1.1813	4.5824	7.7768	10.9429	14.0992
4.0	解析解	1.1294	4.5569	7.7567	10.9248	14.0816
	直接模态摄动法	1.1297	4.5575	7.7579	10.9266	14.0842
	传递矩阵法	1.1306	4.5601	7.7621	10.9323	14.0914
5.0	解析解	1.0904	4.5375	7.7428	10.9140	14.0728
	直接模态摄动法	1.0908	4.5385	7.7446	10.9186	14.0768
	传递矩阵法	1.0918	4.5413	7.7491	10.9229	14.0843
0 （等截面）	解析解[4]	1.5708	4.7124	7.8540	10.9956	14.1372
	直接模态摄动法	1.5708	4.7124	7.8540	10.9956	14.1372
−0.5	直接模态摄动法	1.7940	4.8021	7.9090	11.0351	14.1680
−0.8	直接模态摄动法	2.0589	4.9863	8.0384	11.1332	14.2466

表 4-2　　$\beta=-0.5$ 时变截面梁模态函数的组合系数 c_{ki}

模态 i	c_{1i}	c_{2i}	c_{3i}	c_{4i}	c_{5i}	c_{6i}	c_{7i}	c_{8i}	c_{9i}	c_{10i}
1	1.0	−0.0288	−0.0014	−0.0015	−0.0003	−0.0003	−0.0001	−0.0001	−0.0001	−0.0001
2	−0.1249	1.0	−0.0466	0.0005	−0.0034	−0.0002	−0.0009	−0.0002	−0.0003	−0.0001
3	0.0366	−0.0962	1.0	−0.0536	0.0022	−0.0046	0.0001	−0.0013	−0.0001	−0.0005
4	−0.0211	0.0237	−0.0869	1.0	−0.0574	0.0034	−0.0054	0.0003	−0.0015	−0.0001
5	0.0116	−0.0166	0.0188	−0.0824	1.0	−0.0597	0.0042	−0.0059	0.0005	−0.0017

表 4-3　　$\beta=1$ 时变截面梁模态函数的组合系数 c_{ki}

模态 i	c_{1i}	c_{2i}	c_{3i}	c_{4i}	c_{5i}	c_{6i}	c_{7i}	c_{8i}	c_{9i}	c_{10i}
1	1.0	0.0394	0.0073	0.0030	0.0013	0.0008	0.0004	0.0003	0.0002	0.0001
2	0.0843	1.0	0.0560	0.0100	0.0055	0.0023	0.0016	0.0009	0.0007	0.0004
3	−0.0074	0.0786	1.0	0.0609	0.0103	0.0065	0.0026	0.0020	0.0010	0.0008
4	0.0102	0.0012	0.0760	1.0	0.0632	0.0103	0.0071	0.0027	0.0022	0.0010
5	−0.0031	0.0103	0.0041	0.0745	1.0	0.0644	0.0010	0.0074	0.0027	0.0022

表 4-4　　$\beta=5$ 时变截面梁模态函数的组合系数 c_{ki}

模态 i	c_{1i}	c_{2i}	c_{3i}	c_{4i}	c_{5i}	c_{6i}	c_{7i}	c_{8i}	c_{9i}	c_{10i}
1	1.0	0.1070	0.0325	0.0148	0.0077	0.0045	0.0029	0.0019	0.0012	0.0007
2	0.1472	1.0	0.1467	0.0469	0.0248	0.0132	0.0085	0.0053	0.0036	0.0020
3	0.0036	0.1596	1.0	0.1565	0.0505	0.0286	0.0153	0.0101	0.0061	0.0037
4	0.0214	0.0277	0.1640	1.0	0.1602	0.0515	0.0302	0.0159	0.0106	0.0053
5	0.0001	0.0286	0.0368	0.1661	1.0	0.1615	0.0514	0.0306	0.0156	0.0091

第二节　复杂圆柱的扭转自由振动分析

在机械工程中，轴的扭转振动分析是传动系统及旋转机械设计工作的一个重要部分，在其他工程结构中，也常有构件和结构的扭转振动问题。应该说，扭转振动问题是结构动力学或机械振动学中连续体振动的一个基本问题，经过许多学者的研究，计算扭转振动问题有着比较成熟的理论和方法。总体来说，计算方法可分为三类：第 1 类为解析方法，它能给出由连续解析函数表示的准确解，但只能适用于极少数特殊简单情况；第 2 类为离散近似求解方法，其中最有代表性的是有限单元法，它有很强的适应性，是各类结构分析问题中应用最广的数值方法；第 3 类为半解析方法，这类方法保留了第 1 类方法中连续解析函数的特点，但是不再具有准确解的特性，通过能量原理等求得广义坐标的近似解，如假定振型法、Rayleigh-Ritz 法等。一般来说，具有连续解析函数形式的解，易于通过数值运算，获得其他物理量的解析表达式，从而可方便而较为准确地得到轴或构件任意断面处的动力学特性或动力反应。直接模态摄动方法也可提供一种新的计算复杂圆柱的扭振特性的半解析方法。

一、等截面均匀圆柱的振动方程

与等截面直梁的无阻尼轴向自由振动方程相类似，等截面均匀圆柱的无阻尼扭转自由振动方程可表示为：

$$GJ_{\mathrm{p}}\frac{\partial^2\theta(x,t)}{\partial x^2}-\rho J_{\mathrm{p}}\frac{\partial^2\theta(x,t)}{\partial t^2}=0 \tag{4-49}$$

式中，G 为圆柱的剪切弹性模量，J_{p} 为圆柱横截面的极惯性矩，ρ 为圆柱材料的质量密度，则圆柱的扭转刚度为 $k_J=GJ_{\mathrm{p}}$，质量惯性矩为 $m_J=\rho J_{\mathrm{p}}$。x 为圆柱的轴向坐标，$\theta(x,t)$ 为 t 时刻 x 截面处圆柱的扭转角位移。

应用分离变量法，设：

$$\theta(x,t)=\varphi(x)g(t) \tag{4-50}$$

代入式(4-49)得：

$$\varphi''(x)g(t)=\frac{1}{b^2}\varphi(x)\ddot{g}(t) \tag{4-51}$$

式中，$\varphi''(x)=\dfrac{d^2\varphi(x)}{dx^2}$，$\ddot{g}(t)=\dfrac{d^2g(t)}{dt^2}$。

$$b^2=\frac{GJ_p}{\rho J_p}=\frac{G}{\rho} \tag{4-52}$$

由式(4-51)可得：

$$\frac{g(t)}{\ddot{g}(t)}=\frac{1}{b^2}\frac{\varphi(x)}{\varphi''(x)}=C \tag{4-53}$$

取常数 $C=-\dfrac{1}{\omega^2}$，从式(4-53)可得：

$$\varphi''(x)+\frac{\omega^2}{b^2}\varphi(x)=0 \tag{4-54}$$

上述方程称为等截面均匀圆柱的无阻尼扭转振动的特征方程，其模态函数解可表示为：

$$\varphi(x)=A_1\cos\frac{\omega x}{b}+A_2\sin\frac{\omega x}{b} \tag{4-55}$$

式中，常数 A_1 和 A_2 由轴向振动梁的边界条件确定。

二、等截面均匀悬臂圆柱扭转振动的模态特性

设悬臂圆柱两端 $x=0$ 和 $x=l$ 处的边界条件为$\theta(0,t)=0$ 和 $\theta'(l,t)=0$，即：

$$\varphi(x)\big|_{x=0}=\varphi(0)=0 \tag{4-56a}$$

$$\left.\frac{d\varphi(x)}{dx}\right|_{x=l}=\varphi'(l)=0 \tag{4-56b}$$

由边界条件得到均匀悬臂圆柱自由扭转振动的频率方程为：

$$\cos\frac{\omega l}{b}=0 \tag{4-57}$$

其解也有无限多个，可表示为：

$$\frac{\omega_i l}{b}=\left(i-\frac{1}{2}\right)\pi \quad (i=1,2,\cdots,\infty) \tag{4-58}$$

由此得到均匀悬臂圆柱轴向振动的第 i 阶模态频率为：

$$\omega_i=\left(i-\frac{1}{2}\right)\frac{\pi}{l}\sqrt{\frac{G}{\rho}} \tag{4-59}$$

对应的第 i 阶模态函数为：

$$\varphi_i(x)=A\sin\left(i-\frac{1}{2}\right)\frac{\pi x}{l} \tag{4-60}$$

三、等截面均匀固端圆柱扭转振动的模态特性

固端圆柱两端 $x=0$ 和 $x=l$ 处的边界条件为 $\theta(0,t)=0$ 和 $\theta(l,t)=0$，即：

$$\varphi(x)\big|_{x=0}=\varphi(0)=0 \tag{4-61a}$$

$$\varphi(x)\big|_{x=l}=\varphi(l)=0 \tag{4-61b}$$

由边界条件得到频率方程：

$$\sin\frac{\omega l}{b}=0 \tag{4-62}$$

其解可表示为：

$$\frac{\omega_i l}{b}=i\pi \quad (i=1,2,\cdots,\infty) \tag{4-63}$$

由此得到均匀固端圆柱扭转振动的第 i 阶模态频率为：

$$\omega_i=\frac{i\pi}{l}\sqrt{\frac{G}{\rho}} \tag{4-64}$$

对应的第 i 阶模态函数为：

$$\varphi_i(x)=A\sin\frac{i\pi x}{l} \tag{4-65}$$

四、扭转振动模态函数的正交性

把式(4-54)写成如下形式：

$$\varphi''(x)=\mu\varphi(x) \tag{4-66}$$

其中：

$$\mu=-\frac{\omega^2}{b^2} \tag{4-67}$$

与等截面均匀梁轴向振动问题相同的推演过程，可得到完全相同的扭转振动模态函数的正交性：

$$\int_0^l \varphi_i(x)\varphi_j(x)\mathrm{d}x=0 \quad (i\neq j) \tag{4-68a}$$

$$\int_0^l \varphi'_i(x)\varphi'_j(x)\mathrm{d}x=0 \quad (i\neq j) \tag{4-68b}$$

$$\int_0^l \varphi''_i(x)\varphi_j(x)\mathrm{d}x=0 \quad (i\neq j) \tag{4-68c}$$

当 $i=j$ 时，有：

$$m_i^*=\int_0^l \rho J_{\mathrm{p}}\varphi_i^2(x)\mathrm{d}x \tag{4-69}$$

$$k_i^*=\int_0^l GJ_{\mathrm{p}}[\varphi'_i(x)]^2\mathrm{d}x=\omega_i^2 m_i^* \tag{4-70}$$

上列二式中 m_i^* 和 k_i^* 分别称为扭转振动的第 i 阶模态质量和刚度。

五、求解复杂轴扭转振动模态特性的直接模态摄动法

复杂轴是指任意形状或非均质的变截面圆轴，复杂轴的无阻尼自由扭转振动方程为：

$$\frac{\partial}{\partial x}\left[G(x)J(x)\frac{\partial\theta(x,t)}{\partial x}\right]-\rho(x)J(x)\frac{\partial^2\theta(x,t)}{\partial t^2}=0 \tag{4-71}$$

式中，$\rho(x)$ 为复杂轴坐标 x 处的介质密度，$J(x)$ 为复杂轴坐标 x 处的截面极惯性矩，$G(x)$ 为复杂轴坐标 x 处的剪切弹性模量。

采用分离变量法，式(4-71) 的解可表示为：

$$\theta(x,t)=\bar{\varphi}(x)y(t) \tag{4-72}$$

式中扭转振动模态函数 $\bar{\varphi}(x)$ 由以下特征方程决定：

$$\frac{\mathrm{d}}{\mathrm{d}x}\left[G(x)J(x)\frac{\mathrm{d}\bar{\varphi}(x)}{\mathrm{d}x}\right]-\bar{\lambda}\rho(x)J(x)\bar{\varphi}(x)=0 \tag{4-73}$$

显而易见，对于一般条件下的式(4-73) 求解，除了个别特殊情况外，目前很难给出解析解，应用直接模态摄动方法可以建立一个近似求解的半解析方法[17]。除物理参数和几何参数不相同外，上述求解方程与复杂梁轴向振动的形式相同，因此

求解过程是一样的。

设：

$$\rho(x)J(x)=\rho_0 J_0+\Delta[\rho(x)J(x)] \tag{4-74}$$

$$G(x)J(x)=G_0 J_0+\Delta[G(x)J(x)] \tag{4-75}$$

同时令复杂轴的第 i 阶模态函数 $\bar{\varphi}_i(x)$ 及相应特征值 $\bar{\lambda}_i$ 为：

$$\bar{\lambda}_i=\lambda_i+\Delta\lambda_i \tag{4-76}$$

$$\bar{\varphi}_i(x)=\varphi_i(x)+\Delta\varphi_i(x) \tag{4-77}$$

式(4-67)中模态函数的修正量 $\Delta\varphi_i(x)$ 为不包括 $\varphi_i(x)$ 的原系统其他模态函数的线性组合，即：

$$\Delta\varphi_i(x)\approx\sum_{\substack{k=1\\k\neq i}}^{m}\varphi_k(x)c_{ki} \tag{4-78}$$

由此可建立与式(4-41)相同的非线性代数方程和与式(4-44)相同的非线性代数方程组，只是方程组中的相关参数计算有所不同。

$$\Delta m_{jk}=\int_0^l\Delta[\rho(x)J(x)]\varphi_j(x)\varphi_k(x)\mathrm{d}x \tag{4-79}$$

$$\Delta k_{jk}=-\int_0^l\Delta[G(x)J(x)]\varphi'_j(x)\varphi'_k(x)\mathrm{d}x \tag{4-80}$$

六、算例

下面采用有关文献中的算例作为直接模态摄动法的验证。主要验证复杂轴的扭转振动模态频率的近似精度，应用这一方法同时可得到各阶模态函数，在此不一一列出。

算例 4-1 设一个具有三个截面的阶梯圆柱轴的总长为 L_0，如图 4-2 所示。G 及 ρ 分别为轴的剪切变形模量和材料质量密度。从左到右各段轴的参数分别为：$l_1=l_2=0.3L_0$，$l_3=0.4L_0$，$J_2/J_1=0.5$，$J_3/J_1=0.2$，$J_1=J$，$J=1$。表 4-5 中列出前 6 阶模态的特征值 $\bar{\lambda}_i$，文献[18]曾用混合状态法计算了此算例，其结果也列在表中，以作比较。同时对此问题也应用有限元方法进行了模态分析计算，采用了两种不同形态的单元，其中采用圆截面梁单元时，全轴分别划分为 3 个、6 个和 10 个单元，而采用三维空间实体单元时，全轴划分为 713 个单元，有关结果也列在表中。应指出：采用有限元法进行计算时，不是仅仅得到轴的扭转振动模态，同时也得到弯曲振动、轴向振动模态以及耦合振动模态，要从中分辨出扭转振动模态需依赖于振型形态分析，而要分离高阶模态就很困难，特别是在三维空间实体单元的解中分离出扭转振动模态更是如此，因此表中只分别列出了前 5 阶和前 4 阶扭转振动频率。

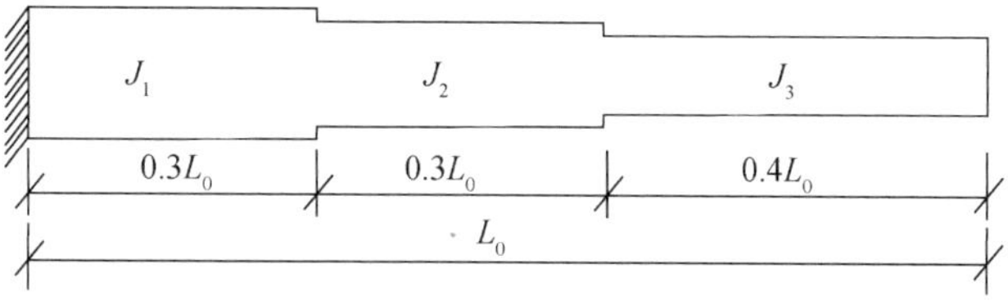

图 4-2　圆截面阶梯轴

表 4-5　　**阶梯圆轴的模态频率参数值 $\bar{\lambda}_i$**

求解方法	模态阶序 i					
	1	2	3	4	5	6
直接模态摄动法(m = 10)	2.3230	4.6044	7.4356	11.515	14.162	17.378
直接模态摄动法(m = 14)	2.3177	4.5931	7.4274	11.459	14.145	17.349
直接模态摄动法(m = 20)	2.3152	4.5870	7.4216	11.427	14.137	17.333
混合状态法	2.3067	4.5718	7.4089	11.359	14.113	17.303
有限单元法(3 个梁单元)	2.2361	4.4512	7.3020	11.276	14.052	—
有限单元法(6 个梁单元)	2.2346	4.4346	7.2985	11.265	14.031	—
有限单元法(10 个梁单元)	2.2313	4.4257	7.2864	11.235	14.005	—
有限单元法(空间单元)	2.2023	4.4033	7.2534	11.190	—	—

算例 4-2　设非均质变截面弹性圆轴的参数为：$G = G_0 e^{\frac{\xi}{4}}$，$J = J_0 e^{\frac{\xi}{4}}$，$\rho = \rho_0 e^{\frac{\xi}{4}}$。表 4-6 中给出了左端固定、右端自由情况下的前 4 阶模态特征值 $\bar{\lambda}_i$ 和其他参考文献的计算结果，也列出了有限元方法的计算结果，计算中采用了两种不同形态的单元，其中采用圆截面梁单元时，全轴分别划分为 2 个、4 个和 8 个单元，以每一单元的中截面为梁单元的计算截面。而采用三维空间实体单元时，全轴划分为 639 个单元。

表 4-5 和表 4-6 中的数据表明：应用直接模态摄动法的计算结果具有很好的计算精度，且可以获得半解析解。

表 4-6　　变截面轴的频率参数 $\bar{\lambda}_i$

求解方法	模态阶序 i					
	1	2	3	4	5	6
直接模态摄动法($m=8$)	1.4155	4.6655	7.8261	10.976	14.122	17.266
直接模态摄动法($m=10$)	1.4155	4.6655	7.8260	10.976	14.122	17.266
直接模态摄动法($m=12$)	1.4155	4.6655	7.8260	10.976	14.122	17.266
参考文献[18]	1.4160	4.6650	7.8260	10.976	14.120	17.270
参考文献[19]	1.4155	4.6655	7.8245	—	—	—
有限单元法(2 个梁单元)	1.4038	4.5466	7.7043	10.892	13.383	—
有限单元法(4 个梁单元)	1.3922	4.5401	7.6932	10.881	13.376	—
有限单元法(8 个梁单元)	1.3815	4.5318	7.6820	10.802	13.324	—
有限单元法(空间单元)	1.3826	4.5342	7.6428	10.825	—	—

第三节　低矮小开口剪力墙自由振动问题的半解析解

在城镇临街建筑中，广泛采用底部框架 - 抗震墙结构，为提高该类结构底部框架的抗侧刚度，需设置若干道钢筋混凝土剪力墙。因设置在底部一、二层，高度较低，多属低矮剪力墙。应用有限元单元对剪力墙结构进行动力特性分析，虽然可以得到比较精确的解答，但由于所求的自由度数太多，建模及数据准备的工作量相当大，且需要耗费大量的机时，而且不易获得便于工程设计的截面弯矩和剪力等参数。此外，ANSYS 等通用有限元程序多按弯曲变形为主进行分析计算，对于以弯曲变形为特征的高层剪力墙的计算无疑较为精确，但低矮剪力墙以剪切变形为主，这类计算方法并不适用。本节将应用直接模态摄动法的基本原理，建立求解低矮开洞剪力墙模态特性半解析解的近似计算方法[20]。

一、低矮等截面均匀剪力墙无阻尼自由振动的模态特性

低矮剪力墙横向振动为剪切型振动，其振动方程也是以二阶偏微分方程来描述。低矮等截面均匀剪力墙无阻尼自由振动方程为：

$$k'GA_0\frac{\partial^2 u(y,t)}{\partial y^2}-\rho A_0\frac{\partial^2 u(y,t)}{\partial t^2}=0 \tag{4-81}$$

式中，k' 是与剪力墙截面形状有关的剪切折减系数，G 为剪切弹性模量，A_0 为剪力墙的横截面面积，ρ 为材料的质量密度。若 m_0 为单位墙高的质量，则 $m_0=\rho A_0$。y 为竖向坐标，$u(y,t)$ 为 t 时刻 y 截面处墙的横向水平剪切位移。

应用分离变量法求解低矮剪力墙横向振动模态函数，即令

$$u(y,t)=\varphi(y)g(t) \tag{4-82}$$

代入式(4-81)得：

$$\varphi''(y)g(t)=\frac{1}{c^2}\varphi(y)\ddot{g}(t) \tag{4-83}$$

式中，$\varphi''(y)=\frac{\mathrm{d}^2\varphi(y)}{\mathrm{d}y^2}$，$\ddot{g}(t)=\frac{\mathrm{d}^2 g(t)}{\mathrm{d}t^2}$，

$$c^2=\frac{k'GA_0}{\rho A_0}=\frac{k'G}{\rho} \tag{4-84}$$

由式(4-81)得到模态函数满足下列方程：

$$\varphi''(y)+\frac{\omega^2}{c^2}\varphi(y)=0 \tag{4-85}$$

其解为：

$$\varphi(y)=A_1\cos\frac{\omega y}{c}+A_2\sin\frac{\omega y}{c} \tag{4-86}$$

剪力墙的边界条件是：底端截面固定、顶端截面自由，即两端 y=0 和 $y=H$ 处的边界条件为 $u(0,t)=0$ 和 $u'(H,t)=0$，因此对应地有：

$$\varphi(y)\big|_{y=0}=\varphi(0)=0 \tag{4-87a}$$

$$\left.\frac{\partial\varphi(y)}{\partial y}\right|_{y=H}=\varphi'(H)=0 \tag{4-87b}$$

由边界条件得到剪力墙无阻尼横向自由振动的特征方程为：

$$\cos\frac{\omega l}{c}=0 \tag{4-88}$$

由此得到第 i 阶模态频率为：

$$\omega_i=\left(i-\frac{1}{2}\right)\frac{\pi}{H}\sqrt{\frac{k'G}{\rho}} \tag{4-89}$$

对应的第 i 阶模态函数为：

$$\varphi_i(y)=A\sin\left(i-\frac{1}{2}\right)\frac{\pi y}{H} \tag{4-90}$$

$\varphi_i(y)$ 满足正交条件，即：

$$\int_0^H \rho A_0 \varphi_i(y)\varphi_j(y)\mathrm{d}y = \delta_{ij} m_{ij}^* \tag{4-91}$$

$$\int_0^H k'GA_0 \varphi''_i(y)\varphi_j(y)\mathrm{d}y = \lambda_i \delta_{ij} m_{ij}^* \tag{4-92}$$

二、低矮小开口剪力墙的振动方程和模态特性

对于低矮小开口剪力墙来说，横向水平振动时沿高度的剪切刚度是变化的，因此剪力墙的无阻尼自由振动方程为：

$$\frac{\partial}{\partial y}\left[k'GA(y)\frac{\partial u(y,t)}{\partial y}\right] - \rho A(y)\frac{\partial^2 u(y,t)}{\partial t^2} = 0 \tag{4-93}$$

对应的求解低矮剪力墙横向水平振动自振频率和模态函数的微分方程为：

$$\frac{\mathrm{d}}{\mathrm{d}y}\left[k'GA(y)\frac{\mathrm{d}\bar{\varphi}(y)}{\mathrm{d}y}\right] + \bar{\lambda}\rho A(y)\bar{\varphi}(y) = 0 \tag{4-94}$$

式中，$\bar{\lambda} = \bar{\omega}^2$，$\bar{\omega}$ 为自振圆频率。

显然上述方程与直梁轴向振动和圆柱扭转振动的控制方程是相同的，只是物理力学参数和几何参数有所不同，应用直接模态摄动法求解这类变系数微分方程的过程也是相同的。

首先，把变截面剪力墙沿墙高 y 截面处的抗剪刚度和单位高度的质量分别表示为：

$$k'GA(y) = k'GA_0 + k'G\Delta A(y) \tag{4-95}$$

$$\rho A(y) = \rho A_0 + \rho \Delta A(y) \tag{4-96}$$

以上二式中 A_0 为具有相同高度的等截面剪力墙的截面面积，$A_0 = \frac{1}{H}\int_0^H A(y)\mathrm{d}y$，$\Delta A(y)$ 为变截面剪力墙在高度 y 处相对于等截面剪力墙的横截面面积增量。

当截面质量和抗剪刚度修改量较小（如小开口剪力墙）时，新的横向剪切振动系统的特征值$\overline{\lambda_i}$ 和对应的模态函数$\overline{\varphi_i}(y)$ 可在等截面剪力墙横向振动的特征值 λ_i 及对应模态函数 $\varphi_i(y)$ 的基础上进行简单的摄动分析而近似求得，即：

$$\overline{\lambda_i} = \lambda_i + \Delta\lambda_i \tag{4-97}$$

$$\overline{\varphi_i}(y) = \varphi_i(y) + \Delta\varphi_i(y) \tag{4-98}$$

式(4-98) 中，第 i 阶模态函数的修正量$\Delta\varphi_i(y)$ 为等截面横向剪切振动系统除第 i 阶模态函数以外的其他模态函数的线性组合，即：

$$\Delta\varphi_i(y) \approx \sum_{\substack{k=1\\k\neq i}}^{m} \varphi_k(y)c_{ki} \tag{4-99}$$

把式(4-97)、式(4-98)和式(4-99)代入式(4-94)，方程两边同乘以 $\varphi_j(y)(j=1,2,\cdots,m)$ 后沿墙高 y 积分，并考虑等截面均匀剪力墙模态函数的正交性，可得到如式(4-44)所示的非线性代数方程，其中相关常数的计算公式如下。

$$\Delta k_{jk} = -\int_0^l \varphi_j(y)\frac{\mathrm{d}}{\mathrm{d}y}[k'G\Delta A(y)\varphi'_k(y)]\mathrm{d}y \tag{4-100}$$

$$\Delta m_{jk} = \int_0^l \rho\Delta A(y)\varphi_j(y)\varphi_k(y)\mathrm{d}y \tag{4-101}$$

最终形成非线性代数方程组，如式(4-46)所示，从中可求得低矮小开口剪力墙的第 i 阶模态频率和模态函数。依次令 $i=1,2,\cdots,m$，可求得小开口剪力墙的前 m 阶模态特性的近似解。

三、算例

算例 4-3　某一4层低矮开有窗户的剪力墙，立面图如图4-3所示，分析其横向水平自振周期和振型(即模态函数)。剪力墙的各计算参数为：层高 $h=3.2\,\mathrm{m}$，宽度 $B=12.6\,\mathrm{m}$，厚度 $b=0.15\,\mathrm{m}$，剪力墙高宽比 $H/B=1.016$；各窗户尺寸均为$1.6\,\mathrm{m}\times1.5\,\mathrm{m}$；混凝土剪切弹性模量 $G=11.0\times10^6\ \mathrm{kN/m^2}$，质量密度 $\rho=2500\,\mathrm{kg/m^3}$，泊松比 $\mu=0.2$。

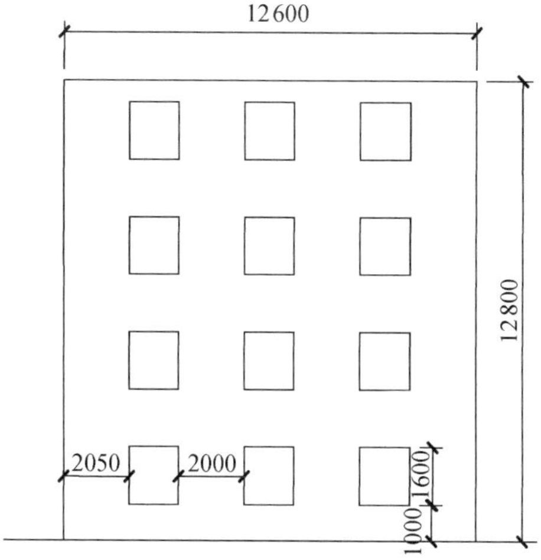

图 4-3　剪力墙立面图(单位：mm)

采用平面应力单元(网格尺寸:0.2m×0.2m),应用有限元单方法分别计算了剪力墙的横向剪切自由振动的前4阶模态特性,也应用直接模态摄动法计算了剪力墙剪切变形模式下前4阶模态特性,其中取等截面剪力墙的前8阶模态参与计算,即式(4-99)中 $m=8$。表4-7中列出了不同计算方法计算所得的该剪力墙前4阶模态的自振频率,表中数据表明:两种计算方法所得的剪力墙前3阶模态的自振频率间的相差误差分别为2.67%、2.36%和4.27%,都低于5%。

表4-7　低矮小开口剪力墙前4阶模态的自振频率 f_i　(Hz)

计算方法	f_1	f_2	f_3	f_4
直接模态摄动法	1.1827	3.5499	5.7637	8.7873
有限单元法	1.2143	3.6337	6.0096	6.9832

第五章　复杂 Bernoulli-Euler 梁振动方程的求解

梁是工程中最常见的构件，也是简单、普通的结构形式之一，通常区分为 Bernoulli-Euler 梁（伯努利 - 欧拉梁，简称“欧拉梁”）和 Timoshenko 梁（铁摩辛柯梁，简称“深梁”）。二者虽然都采用平截面假定，但对于变形前垂直于中轴线的截面，欧拉梁模型认为梁在变形后仍保持与中轴线垂直，不发生剪应变，铁摩辛柯梁模型则认为二者不再垂直，出现一个剪应变项，需要考虑剪切变形和转动惯量的影响。通常认为，跨高比大于 5 的梁通常是弯曲主控的，用欧拉梁模型即可模拟；跨高比小于 5 的梁，剪切变形明显，宜采用铁摩辛柯梁模型。

本章介绍如何应用直接模态摄动法求解不同类型的复杂 Bernoulli-Euler 梁弯曲振动问题。

第一节　等截面均匀 Bernoulli-Euler 梁弯曲振动分析

等截面均匀 Bernoulli-Euler 梁（简称“简单欧拉梁”）的弯曲振动是连续系统中的经典问题，在常见的边界条件下，往往可获得简单梁弯曲振动的模态频率和模态函数的解析解。

一、简单欧拉梁横向弯曲无阻尼自由振动方程

简单欧拉梁的横向弯曲无阻尼自由振动方程可表示为：

$$\frac{\partial^2}{\partial x^2}\left[EI_0\frac{\partial^2 v(x,t)}{\partial x^2}\right]+\rho A_0\frac{\partial^2 v(x,t)}{\partial t^2}=0 \tag{5-1}$$

式中，E 为梁的弹性模量，A_0 为梁的横截面面积，ρ 为梁的质量密度。设 m_0 为单位梁长的质量，则 $m_0=\rho A_0$。x 为沿梁中心轴方向的坐标，$v(x,t)$ 为 t 时刻 x 截面处梁的竖向位移。显然，上式为四阶偏微分方程。

应用分离变量法，设：

$$v(x,t)=\varphi(x)g(t) \tag{5-2}$$

代入式(5-1) 得：

$$\varphi^{(4)}(x)g(t)=\frac{1}{a^2}\varphi(x)\ddot{g}(t) \tag{5-3}$$

式中，$\varphi^{(4)}(x)=\dfrac{\mathrm{d}^4\varphi(x)}{\mathrm{d}x^4}$，$\ddot{g}(t)=\dfrac{\mathrm{d}^2 g(t)}{\mathrm{d}t^2}$。

$$a^2=\frac{EI_0}{m_0}=\frac{EI_0}{\rho A_0} \tag{5-4}$$

由式(5-3)可得：

$$\frac{g(t)}{\ddot{g}(t)}=\frac{1}{a^2}\frac{\varphi(x)}{\varphi^{(4)}(x)}=C \tag{5-5}$$

取常数 $C=\dfrac{1}{\omega^2}$，从式(5-5)可得：

$$\varphi^{(4)}(x)-\frac{\omega^2}{a^2}\varphi(x)=0 \tag{5-6}$$

设：

$$k^4=\frac{\omega^2}{a^2} \tag{5-7}$$

式(5-6)可写成：

$$\varphi^{(4)}(x)-k^4\varphi(x)=0 \tag{5-8}$$

式(5-8)称为简单欧拉梁弯曲振动的特征方程，其解为简单梁弯曲振动的特征函数(也称模态函数)，可表示为：

$$\varphi(x)=A_1\mathrm{e}^{kx}+A_2\mathrm{e}^{-kx}+A_3\mathrm{e}^{jkx}+A_4\mathrm{e}^{-jkx} \tag{5-9}$$

式(5-9)也可表示为：

$$\varphi(x)=C_1\sin kx+C_2\cos kx+C_3\mathrm{sh}kx+C_4\mathrm{ch}kx \tag{5-10}$$

其中，$\mathrm{sh}kx=\dfrac{1}{2}(\mathrm{e}^{jkx}-\mathrm{e}^{-jkx})$，$\mathrm{ch}kx=\dfrac{1}{2}(\mathrm{e}^{jkx}+\mathrm{e}^{-jkx})$，$\mathrm{j}=\sqrt{-1}$。

式(5-9)和式(5-10)中的常数由边界条件来确定。例如，简支端处梁的挠度和弯矩都等于0，固定端处梁的挠度及其斜率都等于0，自由端处梁的剪力和弯矩都等于0。即：

简支端：

$$\varphi(x)_{x=0\text{或}x=l}=0 \tag{5-11a}$$

$$\varphi''(x)_{x=0\text{或}x=l}=0 \tag{5-11b}$$

固定端：

$$\varphi(x)_{x=0或x=l}=0 \tag{5-12a}$$

$$\varphi'(x)_{x=0或x=l}=0 \tag{5-12b}$$

自由端：

$$\varphi''(x)_{x=0或x=l}=0 \tag{5-13a}$$

$$\varphi'''(x)_{x=0或x=l}=0 \tag{5-13b}$$

对于某一梁的两端，总可以有 4 个端点条件用来确定式(5-9) 和式(5-10) 中的 4 个常数。

二、简单梁弯曲振动模态函数的正交性

式(5-8) 可写成如下特征值问题：

$$\varphi_i^{(4)}(x)=\lambda_i\varphi_i(x) \tag{5-14}$$

式(5-14) 表示梁的第 i 阶特征值 λ_i 和模态函数 $\varphi_i(x)$ 之间应满足的方程，其中特征值与自振频率 ω_i 之间有：

$$\lambda_i=k_i^4=\frac{\omega_i^2}{a^2} \tag{5-15}$$

同样，对于第 k 阶模态有：

$$\varphi_k^{(4)}(x)=\lambda_k\varphi_k(x) \tag{5-16}$$

分别由式(5-14) 和式(5-16) 可得到：

$$\int_0^l\varphi_i^{(4)}(x)\varphi_k(x)\mathrm{d}x=\lambda_i\int_0^l\varphi_i(x)\varphi_k(x)\mathrm{d}x \tag{5-17a}$$

$$\int_0^l\varphi_k^{(4)}(x)\varphi_i(x)\mathrm{d}x=\lambda_k\int_0^l\varphi_k(x)\varphi_i(x)\mathrm{d}x \tag{5-17b}$$

分别对上述两个方程的左端进行分部积分后得到：

$$[\varphi'''_i(x)\varphi_k(x)]\Big|_0^l-[\varphi''_i(x)\varphi'_k(x)]\Big|_0^l+\int_0^l\varphi''_i(x)\varphi''_k(x)\mathrm{d}x=\lambda_i\int_0^l\varphi_i(x)\varphi_k(x)\mathrm{d}x \tag{5-18a}$$

$$[\varphi'''_k(x)\varphi_i(x)]\Big|_0^l-[\varphi''_k(x)\varphi'_i(x)]\Big|_0^l+\int_0^l\varphi''_i(x)\varphi''_k(x)\mathrm{d}x=\lambda_k\int_0^l\varphi_i(x)\varphi_k(x)\mathrm{d}x \tag{5-18b}$$

利用边界条件式(5-11)、式(5-12)或式(5-13),上述二式中左端前两项为0,然后二式相减后得到:

$$(\lambda_i - \lambda_k)\int_0^l \varphi_i(x)\varphi_k(x)\mathrm{d}x = 0 \tag{5-19}$$

当 $i \neq k$ 而且 $\lambda_i \neq \lambda_k$ 时,要使式(5-19)成立,必须取:

$$\int_0^l \varphi_i(x)\varphi_k(x)\mathrm{d}x = 0 \tag{5-20a}$$

从式(5-18a)可得出:

$$\int_0^l \varphi''_i(x)\varphi''_k(x)\mathrm{d}x = 0 \tag{5-20b}$$

从式(5-17a)可得出:

$$\int_0^l \varphi_i^{(4)}(x)\varphi_k(x)\mathrm{d}x = 0 \tag{5-20c}$$

式(5-20)构成了简单欧拉梁弯曲振动的模态正交性关系式。

当 $i = k$ 时,式(5-19)中的积分项可以为任一常数:

$$\int_0^l \varphi_i(x)\varphi_i(x)\mathrm{d}x = \int_0^l [\varphi_i(x)]^2\mathrm{d}x = d_i \tag{5-21a}$$

利用式(5-18)和式(5-21a)可得到:

$$\begin{aligned}\int_0^l [\varphi''_i(x)]^2\mathrm{d}x &= \lambda_i\int_0^l [\varphi_i(x)]^2\mathrm{d}x \\ &= \lambda_i d_i = k_i^4 d_i = \left(\frac{\omega_i}{a}\right)^2 d_i\end{aligned} \tag{5-21b}$$

利用式(5-17)和式(5-21a)可得到:

$$\int_0^l \varphi_i^{(4)}(x)\varphi_i(x)\mathrm{d}x = \lambda_i\int_0^l [\varphi_i(x)]^2\mathrm{d}x = \left(\frac{\omega_i}{a}\right)^2 d_i \tag{5-21c}$$

三、简支欧拉梁弯曲振动的模态特性

两端简支的简单欧拉梁在 $x = 0$ 和 $x = l$ 处的边界条件为::

$$\varphi(x)|_{x=0} = \varphi(0) = 0 \tag{5-22a}$$

$$\varphi(x)|_{x=l} = \varphi(l) = 0 \tag{5-22b}$$

$$\left.\frac{\mathrm{d}^2\varphi(x)}{\mathrm{d}x^2}\right|_{x=0}=\varphi''(0)=0 \tag{5-23a}$$

$$\left.\frac{\mathrm{d}^2\varphi(x)}{\mathrm{d}x^2}\right|_{x=l}=\varphi''(l)=0 \tag{5-23b}$$

把模态函数的表达式(5-10)写出下列等效形式：

$$\begin{aligned}\varphi(x)=&C_1(\cos kx+\mathrm{ch}kx)+C_2(\cos kx-\mathrm{ch}kx)\\&+C_3(\sin kx+\mathrm{sh}kx)+C_4(\sin kx-\mathrm{sh}kx)\end{aligned} \tag{5-24}$$

由边界条件式(5-22)得到 $C_1=C_2=0$，由边界条件式(5-23)得到 $C_3=C_4$ 和下列特征方程：

$$\sin kl=0 \tag{5-25}$$

此方程的非零的相邻正根为 $k_il=i\pi(i=1,2,\cdots,\infty)$，因而得到：

$$k_i=\frac{i\pi}{l}\quad(i=1,2,\cdots,\infty) \tag{5-26}$$

由此得到简支欧拉梁弯曲振动的第 i 阶模态频率为：

$$\omega_i=k_i^2a=\left(\frac{i\pi}{l}\right)^2\sqrt{\frac{EI_0}{\rho A_0}} \tag{5-27}$$

对应的第 i 阶模态函数为：

$$\varphi_i(x)=A\sin\frac{i\pi x}{l} \tag{5-28}$$

四、悬臂欧拉梁弯曲振动的模态特性

悬臂梁两端的边界条件为：

$$\varphi(x)|_{x=0}=\varphi(0)=0 \tag{5-29a}$$

$$\left.\frac{\mathrm{d}\varphi(x)}{\mathrm{d}x}\right|_{x=0}=\varphi'(0)=0 \tag{5-29b}$$

$$\left.\frac{\mathrm{d}^2\varphi(x)}{\mathrm{d}x^2}\right|_{x=l}=\varphi''(l)=0 \tag{5-30a}$$

$$\left.\frac{\mathrm{d}^3\varphi(x)}{\mathrm{d}x^3}\right|_{x=l}=\varphi'''(l)=0 \tag{5-30b}$$

由式(5-29)表示的两个边界条件，可得式(5-24)中的系数 $C_1=C_3=0$，再应用边界条件式(5-30)得到满足系数 C_2 和 C_4 不能为零条件的特征方程：

$$\cos kl \,\mathrm{ch} kl = -1 \tag{5-31}$$

此方程的根没有准确的解析表达式，一般只能得到数值解，前 6 个相邻的根分别为：

$$\frac{k_1 l}{1.875},\frac{k_2 l}{4.694},\frac{k_3 l}{7.855},\frac{k_4 l}{10.996},\frac{k_5 l}{14.137},\frac{k_6 l}{17.279}$$

方程(5-31)的根除 $k_1 l$ 外也可近似表示为：

$$k_i l \approx \left(i - \frac{1}{2}\right)\pi \quad (i = 2,3,\cdots,\infty) \tag{5-32}$$

特征值参数与模态频率间的关系为：

$$k_i l = \left[\omega_i l^2 \sqrt{\frac{\rho A_0}{EI_0}}\right]^{\frac{1}{2}} \quad (i = 1,2,\cdots,\infty) \tag{5-33}$$

对应的简单悬臂欧拉梁弯曲振动的第 i 阶模态函数为：

$$\varphi_i(x) = C\left[(\cos k_i x - \mathrm{ch} k_i x) - c_r(\sin k_i x - \mathrm{sh} k_i x)\right] \tag{5-34}$$

式中，系数 c_r 为：

$$c_r = \frac{\cos k_i l + \mathrm{ch} k_i l}{\sin k_i l + \mathrm{sh} k_i l} \tag{5-35}$$

五、固端欧拉梁弯曲振动的模态特性

固端梁两端的边界条件为：

$$\varphi(x)\big|_{x=0} = \varphi(0) = 0 \tag{5-36a}$$

$$\left.\frac{\mathrm{d}\varphi(x)}{\mathrm{d}x}\right|_{x=0} = \varphi'(0) = 0 \tag{5-36b}$$

$$\varphi(x)\big|_{x=l} = \varphi(l) = 0 \tag{5-37a}$$

$$\left.\frac{\mathrm{d}\varphi(x)}{\mathrm{d}x}\right|_{x=l} = \varphi'(l) = 0 \tag{5-37b}$$

由式(5-36a)和式(5-36b)表示的两个边界条件，可得式(5-24)中的系数 $C_1 = C_3 = 0$，再应用边界条件式(5-37a)和式(5-37b)得到满足系数 C_2 和 C_4 不能为零条件的特征方程：

$$\cos kl \,\mathrm{ch} kl = 1 \tag{5-38}$$

同样，此方程的根没有准确的解析表达式，一般只能得到数值解，前 6 个相邻的根分别为：

$$\frac{k_1 l}{4.7300}, \frac{k_2 l}{7.8532}, \frac{k_3 l}{10.996}, \frac{k_4 l}{14.137}, \frac{k_5 l}{17.279}, \frac{k_6 l}{20.420}$$

方程(5-38) 的根可近似表示为：

$$k_i l \approx \left(i + \frac{1}{2}\right)\pi \quad (i = 1, 2, \cdots, \infty) \tag{5-39}$$

简单固端欧拉梁弯曲振动的第 i 阶模态函数为：

$$\varphi_i(x) = C\left[(\cos k_i x - \mathrm{ch} k_i x) + c_r(\sin k_i x - \mathrm{sh} k_i x)\right] \tag{5-40}$$

式中系数 c_r 为：

$$c_r = \frac{\sin k_i l + \mathrm{sh} k_i l}{\cos k_i l - \mathrm{ch} k_i l} \tag{5-41}$$

六、复杂欧拉梁的无阻尼自由振动方程及其半解析解

所谓复杂欧拉梁是指带有不同附加影响的变截面欧拉梁，这种附加影响包括作用于梁的附加质量和弹性约束。复杂欧拉梁的弯曲振动方程为：

$$\frac{\partial^2}{\partial x^2}\left[EI(x)\frac{\partial^2 v(x,t)}{\partial x^2}\right] + m(x)\frac{\partial^2 v(x,t)}{\partial t^2} + \sum_{r=1}^{n_r} k_r(x) v(x,t) + \sum_{s=1}^{n_s} m_s(x)\frac{\partial^2 v(x,t)}{\partial t^2} = 0 \tag{5-42}$$

式中，$EI(x)$ 为梁在 x 截面处的拉弯刚度，$m(x)$ 为该截面处的线质量密度(单位梁长的质量)，$k_r(x)$ 为作用于梁的第 r 个附加弹性约束的弹性分布系数，$m_s(x)$ 为梁上的第 s 个附加质量的质量分布系数，n_r 和 n_s 为对应的组数，$k_r(x)$ 和 $m_s(x)$ 的表达式如式(4-33) 或式(4-34) 所示。

应用分离变量法，复杂欧拉梁的弯曲振动模态函数由下式确定：

$$\frac{\mathrm{d}^2}{\mathrm{d}x^2}\left[EI(x)\frac{\mathrm{d}^2\tilde{\varphi}(x)}{\mathrm{d}x^2}\right] + \sum_{r=1}^{n_r} k_r(x)\tilde{\varphi}(x) - \tilde{\lambda}\left[m(x) + \sum_{s=1}^{n_s} m_s(x)\right]\tilde{\varphi}(x) = 0 \tag{5-43}$$

式中，$\tilde{\lambda} = \tilde{\omega}^2$，$\tilde{\omega}$ 为复杂欧拉梁的自振圆频率。

一般情况下式(5-43) 获得解析解是很困难的，应用直接模态摄动法可获得半解析解[21]。把等截面均匀欧拉梁作为相应的理想系统，而把复杂欧拉梁在 x 截面

处的抗弯刚度 $EI(x)$ 和线质量密度 $m(x)$ 表示为：

$$\begin{aligned}EI(x)&=EI_0+\Delta EI(x)\\ m(x)&=m_0+\Delta m(x)\end{aligned}\tag{5-44}$$

式中，EI_0 和 m_0 可取为：

$$EI_0=\frac{1}{l}\int_0^l EI(x)\mathrm{d}x,\quad m_0=\frac{1}{l}\int_0^l m(x)\mathrm{d}x\tag{5-45}$$

式(5-44)式表明：式(5-42)所描述的复杂欧拉梁的弯曲振动系统可以看成是式(5-45)所描述的等截面均匀欧拉梁的弯曲振动系统经过参数修改后得到的新的弯曲振动系统。新的弯曲振动系统的第 i 阶特征值 $\tilde{\lambda}_i$ 和对应的模态函数 $\tilde{\varphi}_i(x)$ 可在原弯曲振动系统的第 i 阶特征值 λ_i 和对应的模态函数 $\varphi_i(x)$ 的基础上进行简单的摄动分析而近似求得：

$$\tilde{\varphi}_i(x)=\varphi_i(x)+\Delta\varphi_i(x)\tag{5-46a}$$

$$\tilde{\lambda}_i=\lambda_i+\Delta\lambda_i\tag{5-46b}$$

式中，模态函数的修正量 $\Delta\varphi_i(x)$ 为不包括 $\varphi_i(x)$ 的原系统其他模态函数的线性组合，即：

$$\Delta\varphi_i(x)=\sum_{\substack{k=1\\k\neq i}}^{\infty}\varphi_k(x)c_{ki}\tag{5-47a}$$

作为近似，取简单欧拉梁的前 m 阶模态函数作为近似求解模态子空间，这样：

$$\Delta\varphi_i(x)\approx\sum_{\substack{k=1\\k\neq i}}^{m}\varphi_k(x)c_{ki}\tag{5-47b}$$

从式(5-46)和式(5-47)可以看出：只要求得 $\Delta\lambda_i$ 和 $c_{ki}(k=1,2,\cdots,m;k\neq i)$ 这 m 个未知数，则复杂欧拉梁的弯曲振动系统的第 i 阶特征值 $\tilde{\lambda}_i$ 和对应的模态函数 $\tilde{\varphi}_i(x)$ 的近似解便可获得。把式(5-46)和式(5-47)代入式(5-43)，然后两边同乘以 $\varphi_j(x)$ 并沿全梁积分，同时应用简单欧拉梁模态函数的正交条件，经整理可得：

$$\begin{aligned}&\Delta\lambda_i\Big[\sum_{\substack{k=1\\k\neq i}}^{m}(m_j^*\delta_{jk}+\Delta m_{jk})c_{ki}\Big]+\sum_{\substack{k=1\\k\neq i}}^{m}[(\lambda_i-\lambda_j)m_j^*\delta_{jk}+\lambda_i\Delta m_{jk}-\Delta k_{jk}]c_{ki}\\&\quad+\Delta\lambda_i(m_j^*\delta_{ji}+\Delta m_{ji})-\Delta k_{ji}+\lambda_i\Delta m_{ji}=0\end{aligned}\tag{5-48}$$

其中：

$$m_j^* = \int_0^l m_0 [\varphi_j(x)]^2 \mathrm{d}x = m_0 d_j \tag{5-49a}$$

$$\Delta m_{jk} = \int_0^l \Delta m(x) \varphi_j(x) \varphi_k(x) \mathrm{d}x + \sum_{s=1}^{n_s} \int_0^l \overline{m}_s(x) \varphi_j(x) \varphi_k(x) \mathrm{d}x \tag{5-49b}$$

$$\Delta k_{jk} = \int_0^l \varphi_j(x) \frac{\mathrm{d}^2}{\mathrm{d}x^2} [\Delta EI(x) \varphi''_k(x)] \mathrm{d}x + \sum_{r=1}^{n_r} \int_0^l \overline{k}_r(x) \varphi_j(x) \varphi_k(x) \mathrm{d}x \tag{5-49c}$$

式(5-49c) 中的第一个积分可应用分部积分来表示：

$$\int_0^l \varphi_j(x) \frac{\mathrm{d}^2}{\mathrm{d}x^2} [\Delta EI(x) \varphi''_k(x)] \mathrm{d}x = \varphi_j(x) V_k(x) \Big|_0^l - \varphi'_j(x) M_k(x) \Big|_0^l + \int_0^l \Delta EI(x) \varphi'_j(x) \varphi'_k(x) \mathrm{d}x \tag{5-50}$$

式中 $V_k(x)$ 和 $M_k(x)$ 为梁截面剪力和弯矩。对于固端、简支端和自由端，式(5-50) 中右端的前两项皆为 0。式(5-49) 和式(5-50) 中的其他定积分可采用数值积分来完成。

若令 $q_k = c_{ki} (k = 1, 2, \cdots, m; k \neq i)$ 和 $q_i = \dfrac{\Delta\lambda_i}{\lambda_i}$，式(5-48) 所表示的代数方程可写为：

$$q_i \Big(\sum_{\substack{k=1 \\ k \neq i}}^{m} a_{jk} q_k \Big) + \sum_{k=1}^{m} b_{jk} q_k + d_{ki} = 0 \quad (j = 1, 2, \cdots, m) \tag{5-51}$$

式中：

$$a_{jk} = m_i^* \delta_{jk} + \Delta m_{jk} \tag{5-52a}$$

$$b_{jk} = (\lambda_i - \lambda_j) m_k^* \delta_{jk} + d_{jk} \quad (k = 1, 2, \cdots, m, k \neq i) \tag{5-52b}$$

$$b_{ji} = \lambda_i (m_i^* \delta_{ji} + \Delta m_{ji}) = \lambda_i m_i^* \delta_{ji} + \Delta d_{ji} - \Delta k_{ji} \tag{5-52c}$$

$$d_{jk} = \lambda_i \Delta m_{jk} - \Delta k_{jk} \tag{5-52d}$$

当 $j = 1, 2, \cdots, m$，则式(5-51) 表示了一个以 $q_j (j = 1, 2, \cdots, m)$ 这 m 个变量为未知数的代数方程组，可写为如下的矩阵方程：

$$(q_i [A] + [B]) \{q\} = \{p\} \tag{5-53}$$

式(5-53)为非线性代数方程组,但是弱非线性的。方程中的各常系数矩阵和列阵分别为:

$$[A]=\begin{bmatrix} m_1^*+\Delta m_{11} & \Delta m_{12} & \cdots & 0 & \cdots & \Delta m_{1m} \\ \Delta m_{21} & m_2^*+\Delta m_{22} & \cdots & 0 & \cdots & \Delta m_{2m} \\ \cdots & \cdots & \cdots & \cdots & \cdots & \cdots \\ \Delta m_{i1} & \Delta m_{i2} & \cdots & 0 & \cdots & \Delta m_{im} \\ \cdots & \cdots & \cdots & \cdots & \cdots & \cdots \\ \Delta m_{m1} & \Delta m_{m2} & \cdots & 0 & \cdots & m_m^*+\Delta m_{mm} \end{bmatrix} \tag{5-54a}$$

$$[B]=\begin{bmatrix} \lambda_i-\lambda_1+d_{11} & d_{12} & \cdots & d_{1i} & \cdots & d_{1m} \\ d_{21} & \lambda_i-\lambda_2+d_{22} & \cdots & d_{2i} & \cdots & d_{2m} \\ \cdots & \cdots & \cdots & \cdots & \cdots & \cdots \\ d_{i1} & d_{i2} & \cdots & d_{ii} & \cdots & d_{im} \\ \cdots & \cdots & \cdots & \cdots & \cdots & \cdots \\ d_{m1} & d_{m2} & \cdots & d_{mi} & \cdots & \lambda_i-\lambda_m+d_{mm} \end{bmatrix}$$

$$-\begin{bmatrix} 0 & 0 & \cdots & \Delta k_{1i} & \cdots & 0 \\ 0 & 0 & \cdots & \Delta k_{2i} & \cdots & 0 \\ \cdots & \cdots & \cdots & \cdots & \cdots & \cdots \\ 0 & 0 & \cdots & \Delta k_{ii} & \cdots & 0 \\ \cdots & \cdots & \cdots & \cdots & \cdots & \cdots \\ 0 & 0 & \cdots & \Delta k_{mi} & \cdots & 0 \end{bmatrix} \tag{5-54b}$$

$$\{q_i\}=\{q_1 \quad q_2 \quad \cdots \quad q_i \quad \cdots \quad q_m\}^{\mathrm{T}}=\left\{c_{1i} \quad c_{2i} \quad \cdots \quad \frac{\Delta\lambda_i}{\lambda_i} \quad \cdots \quad c_{mi}\right\}^{\mathrm{T}} \tag{5-54c}$$

$$\{p_i\}=-\{d_{1i} \quad d_{2i} \quad \cdots \quad d_{ii} \quad \cdots \quad d_{mi}\}^{\mathrm{T}} \tag{5-54d}$$

显然,上述非线性代数方程组与前一章中复杂梁(柱)轴向振动的摄动求解的方程形式上完全相同,只是部分系数计算公式有所不同。因此,后续求解过程完全相同,不再重复介绍。

七、算例

算例 5-1　某一弹性地基上等截面均匀梁简化为均布弹簧支撑的简支梁，地基的分布弹簧系数为 k_f。此时，复杂欧拉梁的无阻尼自由振动的方程可表示为：

$$EI_0 \frac{d^4\widetilde{\varphi}(x)}{dx^4} + k_f\widetilde{\varphi}(x) - \widetilde{\lambda}m_0\widetilde{\varphi}(x) = 0 \tag{5-55}$$

与简单简支欧拉梁相比，上述方程中仅增加了地基反力 $k_f\widetilde{\varphi}(x)$ 一项，所以在应用直接模态摄动法时，$\Delta m_{kj}=0$，而：

$$\Delta k_{jk} = k_f\int_0^l \sin\frac{j\pi x}{l}\sin\frac{k\pi x}{l}dx = \frac{k_f l}{2}\delta_{jk}$$

$$m_i^* = \frac{\rho A_0 l}{2} \tag{5-56}$$

此时不论参与摄动计算的简单简支梁模态数 m 取多少项，由式(5-53)可得求解方程：

$$m_i^*\Delta\lambda_i = \Delta k_{ii} \tag{5-57}$$

和

$$(\lambda_i - \lambda_k + \Delta\lambda_i)m_k^* q_k = 0 \quad (k=1,2,\cdots,m;k\neq i) \tag{5-58}$$

从中可得摄动解：

$$\Delta\lambda_i = \frac{\Delta k_{ii}}{m_i^*} = \frac{k_f}{\rho A_0} = \frac{k_f}{m_0}$$

$$q_k = c_{ki} = 0 \quad (k=1,2,\cdots,m;k\neq i) \tag{5-59}$$

从上述结果可得均匀弹性地基上简支梁的竖向振动的第 i 阶特征值和对应模态函数为：

$$\widetilde{\lambda}_i = \lambda_i + \Delta\lambda_i = \left(\frac{i\pi}{l}\right)^4\frac{EI_0}{\rho A_0} + \frac{k_f}{\rho A_0} = \left(\frac{i\pi}{l}\right)^4\frac{EI_0}{\rho A_0}\left[1+\frac{k_f}{EI_0}\left(\frac{l}{i\pi}\right)^4\right]$$

$$\widetilde{\varphi}_i(x) = \varphi_i(x) + \sum_{\substack{k=1\\k\neq i}}^{\infty}\varphi_k(x)c_{ki} = \varphi_i(x) = \sin\frac{i\pi x}{l} \tag{5-60}$$

上述解与精确解[4]是相同的。算例说明，若附加影响不改变梁的主模态函数时，以近似方法建立的直接模态摄动法依然可以得到精确解的形式。

算例 5-2　在固端等截面均匀欧拉梁的三分点$\left(x_1=\frac{l}{3}\text{ 和 }x_2=\frac{2l}{3}\right)$处分别附

有集中质量 m_1 和 m_2，其值都为全梁总质量的 1/10。此时，梁的振动方程为：

$$EI_0 \frac{\mathrm{d}^4 \tilde{\varphi}(x)}{\mathrm{d}x^4} - \tilde{\lambda}\left[m_0 + \frac{m_0}{10}\sum_{s=1}^{2}\tilde{\varphi}(x)\delta(x - \frac{sl}{3})\right] = 0 \tag{5-61}$$

以没有附加质量 m_1 和 m_2 时的简单固端梁的自振频率和模态函数为基础，按直接模态摄动法计算所得该梁模态频率参数如表 5-1 所示，参与摄动计算的简单固端梁模态的数量分别为 $m = 7, 8, 9, 10$。表中也列出了其他文献的计算结果以作对比，同时也列出了对应的简单固端梁模态频率参数 $k_i l$。从表中数据可以看出：附加质量降低了原来简单固端梁的模态频率，主要影响梁的低阶频率，随着模态阶序的升高，影响逐步降低。

表 5-1　具有附加质量的固端梁的模态频率参数 $k_i l = \left(\tilde{\omega}_i l^2 \sqrt{\frac{\rho A_0}{EI_0}}\right)^{\frac{1}{2}}$

计算方法		$k_1 l$	$k_2 l$	$k_3 l$	$k_4 l$	$k_5 l$	$k_6 l$	$k_7 l$
模态摄动法	$m = 7$	4.425	7.197	10.93	13.70	16.22	20.34	22.98
	$m = 8$	4.425	7.196	10.93	13.69	16.22	20.33	22.98
	$m = 9$	4.425	7.196	10.93	13.69	16.22	20.33	22.97
	$m = 10$	4.425	7.196	10.93	13.69	16.22	20.33	22.97
文献[22]		4.424	7.196	10.93	13.68	16.20	—	—
文献[23]		4.424	7.196	10.93	13.69	16.22	—	—
简单固端梁		4.730	7.853	11.00	14.14	17.28	20.42	23.56

算例 5-3　变截面简支梁的模态分析。梁长为 l 的简支梁左、右两端的梁高分别为 h_0[即 $h(x)_{x=0}$] 和 h_l[即 $h(x)_{x=l}$]，梁内任一截面的高度为 $h(x) = h_0\left(1 + \frac{cx}{l}\right)$，其中 $c = \frac{1}{h_0}(h_l - h_0)$。若左端截面的单位长度质量为 $\tilde{m}$、抗弯模量为 $E\tilde{I}$，由此可以得到梁的一截面处有：

$$EI(x) = E\tilde{I}\left(1 + \frac{cx}{l}\right)^3$$

$$m(x) = \tilde{m}\left(1 + \frac{cx}{l}\right)$$

应用直接模态摄动法求解时，把等截面均匀的简支欧拉梁作为相应的理想系统，其梁高取为 $\frac{1}{2}(h_l + h_0)$，此时 $EI_0 = 3.75E\tilde{I}$，$m_0 = 1.5\tilde{m}$。取等截面均匀的简支欧拉梁的前 8 阶模态函数组成求解子空间(即 $m = 8$)，按迭代和不迭代两种方式求解，计算结果列于表 5-2 中。

表 5-2　变截面简支梁的频率参数 $k_i l=\left(\tilde{\omega}_i l^2\sqrt{\dfrac{\rho A_0}{EI_0}}\right)^{\frac{1}{2}}$

c 值	计算方法	$k_1 l$	$k_2 l$	$k_3 l$	$k_4 l$	$k_5 l$
0.6	不迭代	3.5498	7.1262	10.682	14.236	17.787
	迭代 1 次	3.5498	7.1262	10.684	14.240	17.799
	文献[24]	3.5498	7.1258	10.682	14.233	17.787
	文献[22]	3.5498	7.1264	10.682	14.240	17.800
1.0	不迭代	3.7743	7.6069	11.393	15.168	18.932
	迭代 1 次	3.7740	7.6097	11.401	15.195	19.001
	文献[24]	3.7740	7.6093	11.398	15.180	18.953
	文献[22]	3.7740	7.6095	11.400	15.189	18.985
1.4	不迭代	3.9745	8.0488	12.035	15.993	19.269
	迭代 1 次	3.9739	8.0507	12.055	16.072	20.134
	迭代 2 次	3.9739	8.0506	12.054	16.057	20.059
	文献[24]	3.9738	8.0498	12.050	16.045	20.019

第二节　钢筋混凝土梁弯曲振动的模态特性

钢筋混凝土是一种非匀质材料，在振动分析中常将钢筋混凝土梁看作是均匀梁，忽略钢筋自身特性对钢筋混凝土结构振动特性的贡献。本节将应用直接模态摄动法，讨论纵向钢筋对钢筋混凝土梁振动特性的影响[25,26]。

一、考虑纵向钢筋作用的梁的动力方程

众所周知，梁中的纵向钢筋是用来抵御拉应力的，根据梁受力特性，梁中纵向钢筋常常在一些特殊部位弯起。这样即使是均匀直梁，梁的截面抗弯模量不再是一个常量。因此，考虑纵向钢筋作用和忽略剪切变形及转动惯量的影响后，梁的横向弯曲无阻尼自由振动方程为：

$$\frac{\partial^2}{\partial x^2}\left[EI(x)\frac{\partial^2 v(x,t)}{\partial x^2}\right]+m(x)\frac{\partial^2 v(x,t)}{\partial t^2}=0 \tag{5-62}$$

式中，$v(x,t)$ 是梁的横向振动变形，$EI(x)$ 为截面 x 处的抗弯刚度。

按常规方法，梁的弹性模量取为混凝土的弹性模量时，截面抗弯刚度为常量，

表示为 EI_0，单位梁长的质量为 m_0。如果考虑梁内布置的纵向钢筋的影响，应包括两个方面，首先，由于钢筋的质量密度 ρ_s 与混凝土的质量密度 ρ_c 不同，梁的单位长度的质量增加，可表示为：

$$m(x)=m_0+\Delta m(x) \tag{5-63}$$

式中，$\Delta m(x)$ 为 x 截面处单位梁长所增加的质量，称为附加质量，由下式计算：

$$\Delta m(x)=A_s(x)(\rho_s-\rho_c) \tag{5-64}$$

其中，$A_s(x)$ 为 x 截面内纵向钢筋的面积。如纵向钢筋在全梁布置是相同的，则 $\Delta m(x)$ 为常量。

其次，由于钢筋的弹性模量 E_s 和混凝土的弹性模量 E_c 不同，使截面抗弯刚度发生变化，则各截面的抗弯刚度为：

$$EI(x)=EI_0+\Delta EI(x) \tag{5-65}$$

式中，$\Delta EI(x)$ 为 x 截面处抗弯刚度的变化量，称为附加抗弯刚度，它由两部分构成：一部分是由于在钢筋面积 $A_s(x)$ 处 (E_s-E_c) 的差值引起的，另一部分是由于梁中上、下两边受拉和受压钢筋不对称布置引起中性轴移动所产生的。当纵向钢筋有弯起部分时，则 $\Delta EI(x)$ 不是常数，是沿轴向变化的。由式(5-62)可以看出：当 $\Delta EI(x)$ 或 $\Delta m(x)$ 不是常量时该方程是一变系数四阶的微分方程，求其解析解是有较大困难的。由于梁内纵向钢筋所产生的变化量 $\Delta EI(x)$ 和 $\Delta m(x)$ 与 EI_0 和 m_0 相比是小量，因此与原均匀梁相比，式(5-62)所描述的含纵向钢筋的梁的模态特性有所不同但变化不会很大，这样，可应用直接模态摄动法来求解式(5-62)的近似解。

二、通长钢筋对钢筋混凝土梁动力特性的影响

如果不考虑钢筋的弯起采用通长钢筋的计算模型，则梁截面的附加弯曲刚度 $\Delta EI(x)$ 和附加质量 $\Delta m(x)$ 均为常量，利用原均匀梁主模态函数的正交性可得：当 $j\neq k$ 时，$\Delta m_{jk}=0$，$\Delta k_{jk}=0$，式(5-53)为解耦的 m 个独立方程，由其中的第 i 个方程可得：

$$\Delta\lambda_i=\frac{\Delta k_{ii}-\lambda_i\Delta m_{ii}}{m_i^*+\Delta m_{ii}} \tag{5-66}$$

而其他 $m-1$ 个方程为：

$$[(\lambda_i-\lambda_k)m_k^*+\lambda_i\Delta m_{kk}+\Delta\lambda_i\Delta m_{kk}-\Delta k_{kk}]c_{ki}=0 \tag{5-67}$$

由于式(5-67)中的系数不等于0，因此得 $c_{ki}=0(k=1,2,\cdots,m,k\neq i)$。上述

结果表明:通长纵向钢筋的影响仅仅修改了梁的特征值而模态函数不变。

由此表明,c_{ii} 所表示的通长钢筋引起梁的第 i 阶特征值变化率为常数:

$$c_{ii}=\frac{\Delta\lambda_i}{\lambda_i}=\frac{\Delta k_{ii}-\lambda_i\Delta m_{ii}}{\lambda_i(m_i^*+\Delta m_{ii})}=\frac{\Delta EI-\dfrac{EI_0}{m}\Delta m}{\dfrac{EI_0}{m}(m+\Delta m)} \tag{5-68}$$

即通长纵向钢筋使梁的各阶特征值具有相同的变化率,也就是说,通长纵向钢筋对梁的各阶模态频率的影响是相同的。

从经典结构动力学得知:原均匀简支梁和钢筋混凝土梁的第 i 阶特征值分别为 $\lambda_i=\alpha_i^4\dfrac{EI_0}{m_0}$,$\bar{\lambda}_i=\alpha_i^4\dfrac{EI_0+\Delta EI}{m_0+\Delta m}$,这样得到特征值的变化率为:

$$q_i=\frac{\bar{\lambda}_i-\lambda_i}{\lambda_i}=\frac{\alpha_i^4\dfrac{EI_0+\Delta EI}{m_0+\Delta m}-\alpha_i^4\dfrac{EI_0}{m_0}}{\alpha_i^4\dfrac{EI_0}{m_0}}=\frac{\Delta EI-\dfrac{EI_0}{m_0}\Delta m}{\dfrac{EI_0}{m_0}(m_0+\Delta m)} \tag{5-69}$$

与直接模态摄动法得出的结果式(5-68) 相一致,表明在这类特殊条件下,直接模态摄动法给出精确解。

算例 5-4　取一等截面均匀简支梁,采用 C30 混凝土浇筑,内置钢筋为 Ⅱ 级钢,梁的跨度 l 为 6 m,混凝土的弹性模量 $E_c=3\times10^4\ \mathrm{N/mm^2}$,钢筋的弹性模量 $E_s=2\times10^5\ \mathrm{N/mm^2}$,横截面为 200 mm × 500 mm。表 5-3 中列出了此钢筋混凝土梁中的上、下边缘钢筋对称布置时,不同含钢率下忽略通长纵向钢筋所引起的梁横向振动自振频率的误差 ε。由式(5-69) 式可知,它也适用于其他支承条件的等截面直梁。

表 5-3　　**不同配筋钢筋时混凝土梁自振频率的误差 ε**

单侧配筋	2 ⌽18	3 ⌽20	5 ⌽20	5 ⌽25
含钢率	1.018%	1.884%	3.142%	4.908%
ε	4.772%	8.207%	10.68%	14.93%

三、钢筋不对称分布的影响

根据钢筋混凝土梁的受力特点,为充分发挥钢筋和混凝土各自的受力特性,工程中梁式结构或构件中钢筋尽可能地布置在梁的上下边缘且不对称分布,底部配置的钢筋要多于顶部下面讨论不对称分布钢筋对梁的振动特性的影响。

由于钢筋不对称分布将产生中性轴下移,简支梁的中性轴距梁截面上边沿的

距离 h_1 可由下式计算：

$$h_1=\frac{\frac{Ah}{2}+r(A'_s-A_s)a_s+s(A'_s-A_s)(h-a_s)}{A+(r+s)(A'_s-A_s)} \tag{5-70}$$

式中，A 为梁截面面积，A_s 为纵向钢筋截面面积，$A'_s=\frac{E_s}{E_c}A_s$ 为钢筋的折算面积，r 为顶部钢筋根数，s 为底部钢筋根数，a_s 为钢筋的混凝土保护层厚度。

若纵向钢筋截面相同时，简支梁的附加抗弯刚度为：

$$\Delta EI=E_cA\left(h_1-\frac{h}{2}\right)^2+r\left[\frac{\pi D^4}{64}+\frac{\pi D^2}{4}(h_1-a_s)^2\right](E_s-E_c)$$

$$+s\left[\frac{\pi D^4}{64}+\frac{\pi D^2}{4}(h-a_s-h_1)^2\right](E_s-E_c) \tag{5-71}$$

式中，D 为钢筋的直径。

式(5-71)表明钢筋不对称分布仅影响梁的截面抗弯刚度增量 ΔEI 的数值而不影响 ΔEI 沿梁轴线的均匀变化特点，因而对梁的各阶模态频率的影响依然是相同的。

算例 5-5　取算例 5-4 中的等截面均匀简支梁，梁截面上下分别配置钢筋为 2ф20 和 4ф20，即 $r=2$，$s=4$，其他计算参数相同。经计算得到：$EI_0=6.2499\times10^{13}\ \mathrm{N\cdot mm^2}$，$m_0=0.24\,\mathrm{kg/mm}$，$\Delta EI=1.46616\times10^{13}\ \mathrm{N\cdot mm^2}$，$\Delta m=0.0101788\,\mathrm{kg/mm}$。从中可以看出，纵向钢筋引起的附加质量不大，而主要是增加了附加抗弯刚度，将使梁的自振频率升高。经计算各阶模态的特征值的变化率为 0.184359，从中可以得知：忽略通长纵向钢筋的作用，梁的各阶自振频率的误差将达 8.112%。

表 5-3 中显示，当梁截面上下配置钢筋都为 3ф20 时与本算例有相同含钢率 1.884%，梁截面上下配置钢筋对称分布时的各阶自振频率的误差为 8.207%，二者相差十分有限，说明梁中通长钢筋是否对称布置对计算结果的影响较小。因此，表 5-3 中的数据基本表示了当忽略配筋的影响后所产生梁各阶自振频率计算误差的变化规律。

四、弯起钢筋对梁的振动特性的影响

在钢筋混凝土梁中一般钢筋在梁的两端分别以45°角弯起钢筋，以增强梁的两端抗剪切性能。这时 $\Delta EI(x)$ 沿梁长是变化的，一般采用分段积分方法，解析求出 Δk_{jk} 式的具体值，而 $\Delta m(x)$ 仍可视为常量。

由于弯起段钢筋在梁截面上的位置是变化的，因此由于钢筋不对称分布所产生的截面中性轴下移的位置也是变化的，中性轴距梁截面上边沿的距离 $h_1(x)$ 是梁中心轴坐标 x 的函数：

$$h_1(x)=\frac{\dfrac{Ah}{2}+r(A'_s-A_s)a_s+s(A'_s-A_s)(h-a_s)+(A'_s-A_s)z(x)}{A+(r+s+1)(A'_s-A_s)} \tag{5-72}$$

其中，r、s 分别为梁截面上下两排不弯起钢筋的根数，$z(x)$ 为弯起钢筋在横坐标 x 处距离梁截面上边沿的距离。若各纵向钢筋截面相同，相应的截面附加抗弯刚度为：

$$\begin{aligned}\Delta EI(x)=&E_c bh\left[h_1(z)-\frac{h}{2}\right]^2+r\left\{\frac{\pi D^4}{64}+A_s[h_1(z)-a_s]^2\right\}(E_s-E_c)\\&+s\left\{\frac{\pi D^4}{64}+A_s[h-a_s-h_1(z)]^2\right\}(E_s-E_c)\\&+\left\{\frac{\pi D^4}{64}+A_s[h-a_s-z(x)-h_1(z)]^2\right\}(E_s-E_c)\end{aligned} \tag{5-73}$$

算例 5-6　取与算例 5-5 相同的工况，$r=2$，$s=4$。由于在此工况下方程(5-62)无精确解可作比较，所以分别取 $m=3,6,9$ 个均匀梁的振动模态参与摄动计算，下面给出不迭代($l=1$) 和迭代 3 次($l=4$) 时，求解得到的第 1 阶主模态 $\bar{\varphi}_1(x)$ 的组合系数向量 $\boldsymbol{q}_1$ 的结果。

$$\boldsymbol{q}_1^{(1)}=\{0.1528,-0.0431,-0.0021\}^{\mathrm{T}}$$

$$\boldsymbol{q}_1^{(4)}=\{0.1345,-0.0435,-0.0021\}^{\mathrm{T}}$$

$$\boldsymbol{q}_1^{(1)}=\{0.1463,-0.0428,0.0008,0.0042,-0.0002,-0.0008\}^{\mathrm{T}}$$

$$\boldsymbol{q}_1^{(4)}=\{0.1294,-0.0432,0.0008,0.0042,-0.0002,-0.0008\}^{\mathrm{T}}$$

$$\begin{aligned}\boldsymbol{q}_1^{(1)}=\{&0.1451,-0.0428,0.0007,0.0042,-0.0001,\\&-0.0008,0.0001,0.0005,-0.0001\}^{\mathrm{T}}\end{aligned}$$

$$\begin{aligned}\boldsymbol{q}_1^{(4)}=\{&0.1284,-0.0431,0.0007,0.0042,-0.0001,\\&-0.0008,0.0001,0.0005,-0.0001\}^{\mathrm{T}}\end{aligned}$$

从中可以看出，① 参与摄动计算的均匀梁振动模态的数量对计算精度有较大影响，一般建议 $m=\max\{2r,r+8\}$，其中 r 为所需求解的新系统模态数量；② 迭代计算能够改善非线性代数方程组的求解精度，相比于原系统，新系统摄动越大，迭代计算的改进作用越大。

重复以上的求解过程，依次求得第 2 阶 $\tilde{\varphi}_2(x)$ 和第 3 阶模态 $\tilde{\varphi}_3(x)$ 的组合系数向量 $\boldsymbol{q}_2$ 和 $\boldsymbol{q}_3$ 的结果：

$$\boldsymbol{q}_2^{(4)}=\{-0.0073,0.0144,-0.0015,0.0047,0.0001,\\ -0.0012,0.0001,0.0005,-0.0001\}^{\mathrm{T}}$$

$$\boldsymbol{q}_3^{(4)}=\{0.0123,-0.0381,0.0028,0.0058,0.0001,\\ -0.0012,0.0001,0.0005,-0.0001\}^{\mathrm{T}}$$

根据计算所得的各阶模态频率可计算出不计入纵向钢筋的弯起作用时，钢筋混凝土梁前 3 阶模态频率的相对误差分别为 5.8612%、0.7123% 和 0.1397%。从中可以看出弯起纵向钢筋对梁的各阶模态频率的影响是不等同的，对基频影响最大，随着模态阶数的增大影响减小，这一情况与通长纵向钢筋的作用是有差别的。从各阶模态函数的组合系数向量 $\boldsymbol{q}_i$ 的数值可以看出，由于弯起纵向钢筋的影响，简支梁的振动模态函数已不是“纯净”的单一正弦函数，而是多个不同频率的正弦函数的代数迭加。如：

$$\tilde{\varphi}_1(x)=\varphi_1(x)-0.0431\varphi_2(x)+0.007\varphi_3(x)+0.0042\varphi_4(x)+\cdots$$

$$\tilde{\varphi}_2(x)=-0.0073\varphi_1(x)+\varphi_2(x)-0.0015\varphi_3(x)+0.0047\varphi_4(x)+\cdots$$

$$\tilde{\varphi}_3(x)=0.0123\varphi_1(x)-0.0381\varphi_2(x)+\varphi_3(x)+0.0058\varphi_4(x)+\cdots$$

从上述数据可以看出：新梁系统的模态函数以均匀梁同一阶序的模态函数（“纯净”的单一正弦函数）为主，在其他均匀梁模态函数中低阶模态的扰动要大一些，特别是与其相邻的低阶模态扰动最大。如在 $\tilde{\varphi}_1(x)$ 中 $\varphi_2(x)$ 扰动最大，$\tilde{\varphi}_2(x)$ 中 $\varphi_1(x)$ 扰动最大，$\tilde{\varphi}_3(x)$ 中 $\varphi_2(x)$ 扰动最大。

五、弹性地基上钢筋混凝土梁的模态特性

弹性地基梁在水利工程、土木工程中有着广泛的应用，如隧洞底板、闸墩底板、建筑结构的底梁、地下结构框架等。目前在计算地基梁的竖向弯曲振动特性及动力反应时，一般按均质梁来计算，不考虑钢筋分布的影响。地基土对梁的作用多采用文克尔地基假定，在本章第 1 节中通过算例介绍了直接模态摄动法在分析文克尔地基梁模态特性中应用过程。在实际工程中地基梁的动力问题要复杂得多，下面应用直接模态摄动法分析弹性地基上钢筋混凝土梁竖向弯曲振动的模态特性。

1. 复杂弹性地基梁的动力方程

复杂弹性地基梁是指要考虑纵向钢筋作用的置于不均匀地基上的钢筋混凝土地基梁。根据梁的受力特性，钢筋混凝土梁中的纵向钢筋常常在靠近支座的地方沿主拉应力迹线弯起。因此，即使是等截面直梁，梁的截面抗弯模量、质量线密度也不是常量。不均匀地基对梁的弹性作用简化为不均匀分布弹簧约束。忽略阻尼的作用，则一般情况下，弹性地基梁的无阻尼自由振动方程为：

$$\frac{\partial^2}{\partial x^2}\left[EI(x)\frac{\partial^2 v(x,t)}{\partial x^2}\right]+m(x)\frac{\partial^2 v(x,t)}{\partial t^2}+k(x)v(x,t)=0 \tag{5-74}$$

式中，$EI(x)$ 为钢筋混凝土梁截面 x 处的抗弯刚度，$m(x)$ 为沿梁长的分布质量，$v(x,t)$ 是梁的竖向弯曲振动变形，$k(x)$ 为地基的分布弹性系数。

对应的地基梁无阻尼自由振动方程为：

$$\frac{\mathrm{d}^2}{\mathrm{d}x^2}\left[EI(x)\frac{\mathrm{d}^2\tilde{\varphi}(x)}{\mathrm{d}x^2}\right]+k(x)\tilde{\varphi}(x)-\tilde{\lambda}m(x)\tilde{\varphi}(x)=0 \tag{5-75}$$

式中，$\tilde{\lambda}=\tilde{\omega}^2$ 为梁的自由振动特征值，$\tilde{\varphi}(x)$ 为振动模态函数。

可以看出，式(5-75)为一变系数四阶微分方程，尽管形式较为复杂，但仍是方程(5-43)的一种特殊形式。显然，一般条件下很难应用经典解析方法求解，但可以应用直接模态摄动法给出半解析的近似解。

2. 钢筋对梁的横截面特性的影响

首先，对纵向钢筋分布状况对梁横截面特性的影响作进一步介绍。

对等截面钢筋混凝土梁，设含纵向钢筋时的单位梁长质量为 m_0。r 为顶部钢筋根数，s_1 为底部纵向钢筋根数，s_2 为底部弯起钢筋根数。记单根纵向钢筋的横截面积为 A_s、质量密度为 ρ_s，混凝土质量密度为 ρ_c，梁横截面积为 A，则底部钢筋没有弯起时单位梁长质量：

$$m_0=A\rho_c+A_s(\rho_s-\rho_c)(r+s_1+s_2) \tag{5-76}$$

可以认为，钢筋弯起引起单位梁长质量变化：$\Delta m(x)\cong 0$。

纵向钢筋弯起引起的影响主要是附加抗弯刚度 $\Delta EI(x)$ 的变化。附加抗弯刚度 $\Delta EI(x)$ 由两部分组成，一部分是由于在钢筋面积 $A_s(x)$ 处(E_s-E_c)的差引起的，另一部分是由于弯起钢筋引起中性轴的变化造成的。

下面讨论中性轴位置的计算方法。设上、下各有一排钢筋，则中性轴距梁截面上边缘的距离 $h_1(x)$ 为：

$$h_1(x)=\frac{\dfrac{Ah}{2}+r(A_s'-A_s)a_r+s_1(A_s'-A_s)(h-a_s)+s_2(A_s'-A_s)[h-a_s(x)]}{A+(r+s_1+s_2)(A_s'-A_s)} \tag{5-77}$$

式中，$A_s'=\dfrac{E_s}{E_c}A_s$ 为单根钢筋的折算面积，a_r 为横截面中上保护层厚度，a_s 为横截面中下保护层厚度，$a_s(x)$ 为 x 截面处底部弯起钢筋轴心距梁截面下边缘距离：

$$a_s(x)=\begin{cases} h-a_s-x\tan\theta, & x\in[0,(h-2a_s)\cot\theta) \\ a_s, & x\in[(h-2a_s)\cot\theta, l-(h-2a_s)\cot\theta) \\ h-a_s-(l-x)\tan\theta, & x\in[l-(h-2a_s)\cot\theta, l] \end{cases} \tag{5-78}$$

不考虑纵向钢筋弯起，则将 $a_s(x)=a_s$ 代入式(5-77)可得到中性轴的位置，令其为 h_1，则：

$$(EI)_0=E_c\left[\frac{bh^3}{12}+A\left(h_1-\frac{h}{2}\right)^2\right]+(E_s-E_c)\left\{r\left[\frac{\pi D^4}{64}+A_s(h_1-a_s)^2\right]\right.$$
$$\left.+(s_1+s_2)\left[\frac{\pi D^4}{64}+A_s(h-a_s-h_1)^2\right]\right\} \tag{5-79}$$

附加抗弯刚度为：

$$\Delta EI(x)=-(EI)_0+E_c\left\{\frac{bh^3}{12}+A\left[h_1(x)-\frac{h}{2}\right]^2\right\}$$
$$+(E_s-E_c)\left(r\left\{\frac{\pi D^4}{64}+A_s[h_1(x)-a_s]^2\right]\right\}$$
$$+s_1\left\{\frac{\pi D^4}{64}+A_s[h-a_s-h_1(x)]^2\right\}$$
$$+s_2\left\{\frac{\pi D^4}{64}+A_s[h-a_s(x)-h_1(x)]^2\right\}\right) \tag{5-80}$$

为简化计算，可直接令式(5-77)中的 $h_1(x)=h/2$，代入式(5-79)、式(5-80)。

上述按等截面梁讨论钢筋弯起的影响，对变截面梁或多排钢筋等复杂情况，计算原理和计算过程是相同的，只是还要多考虑复杂因素的影响。

3. 算例

算例 5-7 取一等截面简支梁，采用 C30 混凝土浇筑，内置钢筋为 Ⅱ 级钢筋，跨度 l 为 6 m，横截面为 200 mm × 500 mm，$E_c=3\times10^4\ \mathrm{N/mm^2}$，$E_s=2\times10^5\ \mathrm{N/mm^2}$。梁截面上下分别配置钢筋为 2Φ20 和 4Φ20，$a_s=35\,\mathrm{mm}$。在梁两端分

别以 $\theta=45^\circ$ 弯起两道钢筋。求下列三种地基情况下梁的横向弯曲振动特性：① 无地基；② 地基的分布弹簧系数为常量：$k_f=10\,\mathrm{N/mm^2}$；③ 地基的分布弹簧系数为变量：$k(x)=k_f\left[1-\left(\frac{2x}{l}-1\right)^2\right]$。

为了比较梁的横截面特性对梁横向弯曲振动特性的影响，在上述每一种地基情况下分别考察下述四种对钢筋处理方法（工况）下梁的横向弯曲振动特性，工况1：无筋均匀梁，可解析求解；工况2：不考虑钢筋弯起的等截面梁，可解析求解；工况3：工况2的简化计算方法，即在计算截面特性时令 $h_1(x)=h/2$，可解析求解；工况4：考虑钢筋弯起的变参数截面梁，应用直接模态摄动法（DMPM）求解。

已知均匀等截面简支梁的各阶模态函数为：$\varphi_i(x)=\sin\frac{i\pi x}{l}$，因此前3种工况下都可以获得解析解，第4种工况需应用直接模态摄动法。经过计算各种工况的计算结果如表5-4至表5-6所示。

表 5-4 不同计算工况下无地基梁的前7阶模态圆频率 $\tilde{\omega}_i$ (rad/s)

计算工况	计算方法	$\tilde{\omega}_1$	$\tilde{\omega}_2$	$\tilde{\omega}_3$	$\tilde{\omega}_4$	$\tilde{\omega}_5$	$\tilde{\omega}_6$	$\tilde{\omega}_7$
1	解析解	139.90	559.61	1259.1	2238.5	3497.6	5036.5	6855.3
2	解析解	152.26	609.02	1370.3	2436.1	3806.4	5481.2	7460.5
3	解析解	152.41	609.65	1371.7	2438.6	3810.3	5486.8	7468.2
4	DMPM	152.24	608.81	1369.3	2433.0	3793.3	5467.9	7438.3

表 5-5 不同计算工况下均匀分布地基梁的前7阶模态圆频率 $\tilde{\omega}_i$ (rad/s)

计算工况	计算方法	$\tilde{\omega}_1$	$\tilde{\omega}_2$	$\tilde{\omega}_3$	$\tilde{\omega}_4$	$\tilde{\omega}_5$	$\tilde{\omega}_6$	$\tilde{\omega}_7$
1	解析解	247.47	595.68	1275.6	2247.7	3503.5	5040.7	6858.3
2	解析解	251.30	641.00	1384.8	2444.3	3811.6	5484.9	7463.2
4	DMPM	251.29	640.79	1383.8	2441.2	3804.6	5471.5	7441.0

表 5-6 不同计算工况下不均匀分布地基梁的前7阶模态圆频率 $\tilde{\omega}_i$ (rad/s)

计算工况	计算方法	$\tilde{\omega}_1$	$\tilde{\omega}_2$	$\tilde{\omega}_3$	$\tilde{\omega}_4$	$\tilde{\omega}_5$	$\tilde{\omega}_6$	$\tilde{\omega}_7$
1	解析解	236.15	585.70	1270.5	2244.8	3501.6	5039.3	6857.3
2	解析解	240.64	632.12	1380.3	2441.7	3809.9	5483.6	7462.3
4	DMPM	240.63	631.91	1379.3	2438.5	3802.9	5470.3	7440.1

将表5-4至表5-6中的工况1和工况4分别进行比较，可以看出：将钢筋混凝土梁看成无筋均匀梁，与考虑钢筋弯起的真实状态梁的模态频率相对误差范围为

1.52%(出现在表5-5的$\tilde{\omega}_1$列)~8.11%(出现在表5-4的$\tilde{\omega}_1$列);将表5-4至表5-6中的工况2和工况4分别进行比较,可以看出:不考虑钢筋弯起,与考虑钢筋弯起的真实状态梁的模态频率相对误差范围为0.00%(出现在表5-5、表5-6的$\tilde{\omega}_1$列)~-0.35%(出现在表5-4的$\tilde{\omega}_5$列);将表5-4中的工况3和工况4进行比较,可以看出:不考虑钢筋弯起,且用简化方法计算,与考虑钢筋弯起的真实状态梁的模态频率相对误差范围为-0.11%(出现在表5-4的$\tilde{\omega}_1$列)~-0.45%(出现在表5-4的$\tilde{\omega}_5$列)。可见,不考虑钢筋的作用将会引起较大的误差;将钢筋看作通长钢筋(即不考虑弯起)引起的误差很小;将钢筋看成通长钢筋,且用简化方法计算,引起的误差也很小。所以,计算钢筋混凝土弹性地基梁的振动特性时,可以将实际的钢筋混凝土梁简化成通长钢筋混凝土梁,对精度要求不太高时,可以假定中性轴就在$h/2$处。

比较无地基钢筋混凝土梁(表5-4中的工况4)的模态频率$\tilde{\omega}_i^{(1)}$和不均匀地基上钢筋混凝土梁(表5-6中的工况4)的模态频率$\tilde{\omega}_i^{(3)}$,从中可以考察到不均匀地基对钢筋混凝土梁振动特性的影响。定义第i阶模态频率的变化率为:

$$e_i = \frac{\tilde{\omega}_i^{(3)} - \tilde{\omega}_i^{(1)}}{\tilde{\omega}_i^{(1)}} \tag{5-81}$$

前7阶模态圆频率$\tilde{\omega}_1$~$\tilde{\omega}_7$的变化率如表5-7所示,从表中数据可以看出:弹性地基对钢筋混凝土梁的模态频率特性的影响主要体现在低阶模态,越往高阶,影响越小。第4阶以上变化率不超过0.5%,可以忽略不计。

表5-7　不均匀弹性地基梁前7阶模态频率$\tilde{\omega}_i$的变化率e_i

自振频率	$\tilde{\omega}_1$	$\tilde{\omega}_2$	$\tilde{\omega}_3$	$\tilde{\omega}_4$	$\tilde{\omega}_5$	$\tilde{\omega}_6$	$\tilde{\omega}_7$
变化率	39.42%	4.99%	1.05%	0.34%	0.30%	0.07%	0.04%

对比表5-5和表5-6中工况4的结果,可以看出:不同的地基反力模式对钢筋混凝土梁的频率特性的影响也是主要体现在低阶模态,越往高阶的模态受到的影响越小。

第三节　FRP加固梁模态分析的摄动解法

复合材料作为现代科技的产物,以其优良的物理性能和化学性能已通过不同形式渗透到各行各业。在土木工程中更是凭借其耐久性好、质强比高等优点被广泛应用于服役结构加固与维修等领域,正确估计经纤维复合材料包覆加固的钢筋混凝土梁的模态特性对于由于安装其上的振动敏感型仪器设备的正常运转是十分必要和迫切的。实际工程中这类复合构件的材料特性、几何形状等很难简化为理想情况，致使获得解析解十分困难。随着计算机技术和计算力学理论的发展，目前较多采用有限单元等数值方法获得近似解，但有的计算过程较为繁琐。以下介绍将直接模态摄动方法应用到纤维复合材料包覆钢筋混凝土(FRP-RC)复合梁的模态分析中，形成 FRP 加固梁在不同工况下动力特性的简便解法，通过算例探讨这种方法在相关领域中的适用性[27]。

一、FRP-RC 梁模态分析的振动方程

当采用 FRP 对钢筋混凝土梁进行加固时，将改变原梁的力学特性，特别采用局部加固或分段不同方案加固时，即使把弯起钢筋等效为通长钢筋，钢筋混凝土梁加固后的梁也不再具有均匀性。加固后的 FRP-RC 梁的截面抗弯刚度采用以下计算公式[28]：

$$\overline{EI}(x)=2bD_{11}+\frac{b(h+t)^2A_{11}}{2}+\frac{(h+2t)^3A_{11}}{6}+\frac{bh^3E_{RC}}{12} \tag{5-82}$$

式中，$\overline{EI}(x)$ 为 FRP 加固梁 x 截面的抗弯刚度，D_{11} 为包覆层对自身中面的轴向弯曲刚度，t 为包覆材料单侧厚度，h 为钢筋混凝土梁的高度，E_{RC} 为钢筋混凝土梁的等效弹性模量，A_{11} 为包覆层在梁截面内的轴向拉伸刚度，由下式计算：

$$A_{11}=\sum_{k=1}^{n_e}\overline{Q_{11}^{(k)}}t_k \tag{5-83}$$

其中，n_e 为 FRP 复合材料的包覆层层数，t_k 为第 k 层复合材料纤维层厚，$\overline{Q_{11}^{(k)}}$ 可根据下式进行计算：

$$\bar{Q}_{11}^{(k)}=\frac{\{E_1\cos^4\theta_k+E_2\sin^4\theta_k+[\mu_{21}E_1/2+mG_{12}]\sin^2 2\theta_k\}}{m} \tag{5-84}$$

式中，θ_k 为第 k 层复合材料纤维与梁轴的夹角，E_1、E_2 分别为复合材料单层沿纤维方向和垂直纤维方向的弹性模量，G_{12}，μ_{12} 和 μ_{21} 分别为复合材料单层平面内的剪切模量及泊松比，$\mu_{12}E_2=\mu_{21}E_1$，$m=1-\mu_{12}\mu_{21}$。

把式(5-82)写成如下形式：

$$\overline{EI}(x)=EI_0+\Delta EI(x) \tag{5-85}$$

式中，$EI_0=\dfrac{bh^3E_{RC}}{12}$ 为钢筋混凝土梁的等效抗弯刚度。根据上一节的数值分析的结论，在梁内设置的钢筋可以按通长钢筋考虑，这样钢筋混凝土梁近似模拟为均匀梁。FRP 加固将增加梁截面抗弯刚度，表示为：

$$\Delta EI(x)=2bD_{11}+\frac{b(h+t)^2A_{11}}{2}+\frac{(h+2t)^3A_{11}}{6} \tag{5-86}$$

一般来说,$\Delta EI(x)$要远小于原梁的抗弯刚度EI_0。FRP加固也会增加梁的质量,作为单位梁长质量的摄动$\Delta m(x)$,即:

$$\bar{m}(x)=m_0+\Delta m(x) \tag{5-87}$$

式中,m_0为加固前钢筋混凝土梁的单位梁长质量。这样加固梁的横向弯曲无阻尼自由振动方程为:

$$\frac{\partial^2}{\partial x^2}\left[\overline{EI}(x)\frac{\partial^2 v(x,t)}{\partial x^2}\right]+\bar{m}(x)\frac{\partial^2 v(x,t)}{\partial t^2}=0 \tag{5-88}$$

对应的加固梁横向弯曲振动的模态函数由下式确定:

$$\frac{\mathrm{d}^2}{\mathrm{d}x^2}\left[\overline{EI}(x)\frac{\mathrm{d}^2\tilde{\varphi}(x)}{\mathrm{d}x^2}\right]-\tilde{\lambda}\bar{m}(x)\tilde{\varphi}(x)=0 \tag{5-89}$$

当全梁都用相同方式进行FRP加固时,$\Delta EI(x)$和$\Delta m(x)$为常量。这时这种沿全梁完全相同FRP加固的常量摄动如同钢筋混凝土梁中通长钢筋的作用,不改变梁的振动模态函数,特征值增量可按式(5-68)计算。

当$\Delta EI(x)$和$\Delta m(x)$不是常量时,显然应用直接模态摄动法可以方便地求解FRP-RC梁模态特性。当钢筋混凝土梁周围所包覆的纤维增强材料未对加固梁的模态特性起主要控制作用时,可以把FRP-RC梁看成是普通RC梁(Euler梁)经过参数修改后的新系统。这样就能在Euler梁分析的基础上,近似地获得问题的半解析解而不必直接去分析复杂的原梁振动系统。

二、算例

为便于对比分析,选取与文献[28]中相同的算例,分别用不同方法进行计算以检验本书所提出的直接模态摄动法的精度和适用性。有些参数不尽合理,相关算例中未作修改。

算例5-8　简支FRP-RC梁:混凝土为C25,梁长5 m,截面尺寸为0.4 m×0.4 m,混凝土材料特性$E_c=28.0\text{GPa}$,$G_c=11.2\text{GPa}$,$\rho_c=2500\text{kg/m}^3$,单层包覆的材料特性$E_1=181.0\text{GPa}$,$E_2=10.3\text{GPa}$,$\mu_{12}=0.28$,$G_{12}=7.17\text{GPa}$,$t=1.25\times10^{-4}$ m,$\rho_f=1600\text{kg/m}^3$,其中E_1、E_2分别为复合材料单层沿纤维方向和垂直纤维方向的弹性模量;G_{12}和μ_{12}分别为复合材料单层平面内的剪切模量和泊松比,t为包覆材料单层厚度。

由复合材料产生的附加刚度为$\Delta EI=10201.998\text{Pa}\cdot\text{m}^4$,总附加质量为$\Delta m=$

6.36 kg，当对全梁按同一方式进行加固时，加固后仍可视为均匀梁，可以得到两端简支的 Euler 梁解析解。表 5-8 中列出了梁在两端简支工况下由直接模态摄动法(DMPM) 所得的加固梁模态频率、加固梁的模态频率解析解。表中也给出了文献[28] 方法和三维有限单元法(FEM) 分析的计算结果[28] 以及加固前梁的模态频率解析解。

表 5-8　　两端简支 FRP-RC 梁的前 5 阶模态频率　　(Hz)

求解方法	f_1	f_2	f_3	f_4	f_5
加固前解析解	0.76	3.03	6.82	12.13	18.96
加固后解析解	0.82	3.27	7.35	13.07	20.42
DMPM	0.82	3.27	7.35	13.07	20.42
文献[28] 方法	0.83	3.30	7.33	12.80	19.58
FEM	0.86	3.35	7.17	12.04	17.76

由表 5-8 可看出，直接模态摄动法的计算结果与解析解一致，而文献[28] 方法所得的前 2 阶模态频率较解析解略高、更高阶模态频率较解析解略低。

算例 5-9　上述算例中 FRP-RC 梁分别在两端固支和一端固支、一端简支约束条件下的模态频率。

在两端固支和一端固支、一端简支约束条件下 Euler 梁的模态频率得不到解析解而只能通过求解超越方程得到近似解[4]。表 5-9 中分别给出了应用不同计算方法所得的计算结果，也列出了加固前混凝土梁的模态频率。

表 5-9　　两端固支和一端固支、一端简支 FRP-RC 梁的前 5 阶模态频率　　(Hz)

边界约束	计算方法	f_1	f_2	f_3	f_4	f_5
两端固支	加固前 RC 梁	1.71	4.74	9.29	15.35	22.94
	DMPM	1.84	5.11	10.01	16.54	24.71
	文献[28] 方法	1.88	5.14	9.95	16.15	23.60
	FEM	1.90	4.99	9.22	14.30	19.98
一端固支 一端简支	加固前 RC 梁	1.18	3.84	8.01	13.70	20.90
	DMPM	1.28	4.14	8.63	14.75	22.51
	文献[28] 方法	1.30	4.17	8.59	14.43	21.55
	FEM	1.33	4.13	8.11	13.01	19.38

由表 5-8 和表 5-9 可看出，直接模态摄动法计算所得的前 5 阶模态频率与文献[28]的计算结果比较接近。由于 FRP 的材质很轻，其分布质量对加固后梁的模态频率影响极小，可以忽略，FRP 加固后主要提高了梁的抗拉刚度。从结构动力学原理来判断，经过 FRP 加固后，应使梁的模态频率升高，直接模态摄动法与文献[28]方法的计算结果反映了这一趋势，而有关计算程序中有限单元法所得结果显示：在高阶模态中明显不符合这一趋势。

理论推导表明：在 FRP 加固梁在两端简支边界条件下，直接模态摄动法同样可以导出解析解，因此以直接模态摄动法计算所得的自振频率 $\tilde{\omega}_i^{(a)}$ 为基准，与文献[28]方法的计算结果 $\tilde{\omega}_i^{(b)}$ 相比较，定义模态频率的计算相对误差为：

$$e_i=\frac{\tilde{\omega}_i^{(b)}-\tilde{\omega}_i^{(a)}}{\tilde{\omega}_i^{(a)}} \tag{5-90}$$

两种方法所得 FRP-RC 梁自振频率之间的相对误差 e_i 列于表 5-10 中。

表 5-10　　FRP-RC 梁前 5 阶模态频率的相对误差 e_i

边界约束	e_1	e_2	e_3	e_4	e_5
两端简支	1.22%	0.92%	−0.27%	−2.07%	−4.11%
两端固支	2.17%	0.59%	−0.60%	−2.36%	−4.49%
一端固支、一端简支	1.56%	0.72%	−0.46%	−2.17%	−4.18%

算例 5-10　直接模态摄动法可以方便地应用到局部加固 FRP-RC 梁的模态分析，设加固段位于梁跨中，加固段长度等于 1/4 梁长，其他几何尺寸、材料特性以及复合材料的铺设角度均与算例 5-8 相同。表 5-11 给出了用直接模态摄动法（取 $m=10$）计算所得到的该梁在两端简支约束条件下的模态频率，也列出了加固前 RC 梁的前 5 阶模态频率。在求解非线性代数方程组过程中，只迭代 1 次就可以达到 0.0005 的收敛精度，迭代 2 次，可达到 10^{-6} 的收敛精度，收敛速度还是比较快的。

表 5-11　　两端简支局部加固 FRP-RC 梁的前 6 阶模态频率　　(Hz)

模态频率	f_1	f_2	f_3	f_4	f_5	f_6
FRP-RC 梁	0.78	3.05	6.99	12.35	19.25	27.92
RC 梁	0.76	3.03	6.82	12.13	18.96	27.30

第四节　风力发电塔的自振特性分析

发展风力发电是我国实施环境保护、可持续发展战略的能源举措之一。近年来我国的风力发电事业有了较快发展，在陆域与海域都相继建立了风力发电基地。风力发电的主要结构系统是高数10m的桅塔与风轮转子结构，通常情况下，把风力发电系统的桅塔设计成变截面的筒体结构。在风力、地震作用下，风力发电结构系统反应的本质是变截面的悬臂梁的动力反应问题，要获得解析解是很困难的。一般来说，结构的自振特性对风力发电结构体系的风振反应和地震反应有重要影响，特别是低阶振型对结构动力反应的贡献往往起控制作用。因此正确估计风力发电塔的自振特性是该结构抗风抗震设计中的重要环节。有限单元法是求解复杂结构动力特性和动力反应的有效数值方法，应用广泛，但所获计算结果为离散的数值解。直接模态摄动法可以较为方便地获得复杂连续系统的自振特性的半解析解，与振型叠加法相结合，可获得复杂梁的线性振动反应的半解析解。本节介绍采用直接模态摄动法建立顶部具有较大附加质量的变截面悬臂梁横向振动的半解析解，提出一种较为简捷的估算复杂风力发电结构系统低阶自振特性的近似方法[29]，便于获得基于 Euler 悬臂梁解析解的动力反应半解析解，为工程设计提供合理力学参数。

一、风力发电塔横向弯曲振动的微分方程

求解在水平地震和横风作用下风力发电结构系统的动力反应时，可把风力发电塔视为端部带有附加质量的变截面悬臂梁，此时可利用直接模态摄动原理求其自振特性。

变截面悬臂梁的截面抗弯刚度和单位高度质量（也即线质量密度）不再是常量，随塔高 y 轴而变化，分别表示为 $EI(y)$ 和 $m(y)$，根据结构的实际参数进行计算。上部叶片等效为塔顶（坐标为 y_s）处的集中质量 m_s，这样复杂变截面 Euler 梁横向无阻尼自由振动方程为变系数偏微分方程：

$$\frac{\partial^2}{\partial y^2}\left[EI(y)\frac{\partial^2 u(y,t)}{\partial y^2}\right]+[m(y)+m_s(y)]\frac{\partial^2 u(y,t)}{\partial t^2}=0 \tag{5-91}$$

式中：

$$m(y)=\rho A(y) \tag{5-92a}$$

$$m_s(y)=m_s\delta(y-y_s) \tag{5-92b}$$

其中，$A(y)$ 为风力发电塔的横截面积，ρ 为塔身材料的质量密度。$u(y,t)$ 为风力发电塔的水平横向位移，风力发电塔的振动主模态函数 $\tilde{\varphi}$ 和特征值 $\tilde{\lambda}$ 满足下列变系数常微分方程：

$$\frac{\partial^2}{\partial y^2}\left[EI(y)\frac{\mathrm{d}^2\tilde{\varphi}(y)}{\partial y^2}\right]+\tilde{\lambda}[m(y)+m_s(y)]\tilde{\varphi}(y)=0 \tag{5-93}$$

把风力发电塔在 y 截面处的抗弯刚度 $EI(y)$ 和线密度 $\rho A(y)$ 表示为：

$$EI(y)=EI_0+\Delta EI(y) \tag{5-94a}$$

$$m(y)=m_0+\Delta m(y) \tag{5-94b}$$

式中，常量的抗弯刚度 EI_0 和线密度 m_0 可取为下式表示的平均值：

$$EI_0=\frac{1}{l}\int_0^l EI(y)\mathrm{d}y \tag{5-95a}$$

$$m_0=\frac{1}{l}\int_0^l m(y)\mathrm{d}y \tag{5-95b}$$

这样：

$$\Delta EI(y)=EI(y)-EI_0 \tag{5-96a}$$

$$\Delta m(y)=m(y)-m_0 \tag{5-96b}$$

显然，基于以常数 EI_0 和 m_0 为截面特性的等截面均匀悬臂梁的模态特性，应用直接模态摄动法可通过求解非线性代数方程组求得风力发电塔的水平横向振动的各阶特征值 $\tilde{\lambda}_i$ 和对应的模态函数 $\tilde{\varphi}_i(y)$。

在实际工程中，风力发电机组中的桅塔有时是分段制造的，常采用分段等厚的筒体结构形式，则诸如式(5-49) 中有关定积分公式可表示为分段定积分的形式，后续相关的计算过程不变。

二、应用

以某一风力发电结构系统作为研究对象，其基本信息如下：塔身为钢结构，高 64.65 m；塔底截面外径 3.9 m，壁厚 16 mm；塔顶截面外径 2.55 m，壁厚 12 mm；塔身高度范围内壁厚和直径按线性变化。3 片桨叶质量为 12962 kg，轮毂质量为 16500 kg，机舱质量为 52000 kg。

应用直接模态摄动法时，保留等截面均匀悬臂梁的前 10 阶模态函数参与摄动计算，即取 $m=10$，计算得到的具有附加质量的变截面悬臂梁横向弯曲振动的模态频率如表 5-12 所示，表中也列出了风力发电塔所对应的等效等截面梁的横向振动自振频率。

表 5-12　风力发电塔的前 5 阶模态振频率　(Hz)

振动系统	f_1	f_2	f_3	f_4	f_5
等截面均匀悬臂梁	0.634	3.966	11.12	21.77	36.02
风力发电塔	0.344	2.743	8.145	28.16	42.90

风力发电塔的前5阶模态函数的组合系数矩阵如下所示，矩阵中从第1列至第5列分别是风力发电塔第1阶至第5阶模态函数的组合系数 $\{q_i\}$ 。

$$
[Q]=\begin{bmatrix}
1.0 & 0.6822 & -0.4060 & -0.2993 & 0.2272 \\
-0.0957 & 1.0 & 0.7289 & 0.3849 & -0.2873 \\
0.0104 & -0.1830 & 1.0 & -0.3421 & 0.2893 \\
-0.0028 & 0.0345 & -0.3057 & 1.0 & -0.2371 \\
0.0010 & -0.0138 & 0.0786 & 1.2431 & 1.0 \\
-0.0004 & 0.0053 & -0.0357 & -0.6234 & 1.1291 \\
0.0002 & -0.0029 & 0.0155 & 0.2133 & -0.6728 \\
-0.0001 & 0.0015 & -0.0092 & -0.1053 & 0.2475 \\
0.0001 & -0.0009 & 0.0048 & 0.0504 & -0.1220 \\
-0.0 & 0.0004 & -0.0027 & -0.0263 & 0.0482
\end{bmatrix}
$$

从表5-12中可以看出，风力发电塔的前3阶模态频率各自要低于对应的等截面均匀悬臂梁的前3阶模态频率，分别降低了45.74%、30.84%和26.73%，而风力发电塔第4和第5阶模态频率各自要高于对应的等截面均匀悬臂梁第4和第5阶模态频率，分别提高29.35%和19.10%。由于等截面均匀悬臂梁上部截面大于风力发电塔的上部截面，使风力发电塔上部的截面抗弯刚度相对于等截面均匀悬臂梁变弱，而且风力发电塔顶部还有叶片等附加质量，所以质量惯性效应增强和截面抗弯刚度减弱的共同作用使以风力发电塔上部振动为主的低阶模态频率低于等截面均匀悬臂梁，尤其体现在风力发电塔基频相比于等截面均匀悬臂梁的基频减低最大。而等截面均匀悬臂梁下部截面小于风力发电塔的下部截面，风力发电塔下部截面抗弯刚度增强的弹性效应主要影响风力发电塔高阶模态特性而升高高阶模态频率。从参与摄动模态的组合系数矩阵的分布特征也可以看出上述模态频率变化趋势的原因：如前3阶模态组合系数中，参与模态的组合系数值都小于1.0，对于第2和第3阶模态来说，相邻的前一低阶参与摄动的模态影响要远大于其他参与模态的影响，因而风力发电塔的前3阶模态频率要低于等截面均匀悬臂梁的前3阶模态频率；对于第4和第5阶模态而言，相邻的后一高阶参与摄动的模态组合系数不仅大于其他参与模态的组合系数，而且其值大于1.0，表明相邻的后续高阶参与摄动的模态的影响很大，因而使风力发电塔的相应模态频率升高。

为了验证直接模态摄动法的有效性，采用有限元法进行数值计算。根据桅塔结构特点，在桅塔有限元建模中采用了壳单元和梁单元两种单元，塔身以上风轮转子结构部分采用集中质量模拟。在壳单元模型中，钢管的厚度在整个塔高64.65 m内仅减小4 mm，故可以用等厚度壳单元模拟塔身，积分算得其等效厚度为15 mm。

在梁单元模型中，用变截面梁单元模拟塔身，梁单元的横截面为薄壁圆环，即为变截面圆管梁单元。采用壳单元建立的风塔模型时，塔身共划分 1560 个单元，塔顶的质量均布在塔身顶端的 24 个节点上，这种模型一共有 1848 个节点。采用梁单元建立的风塔模型时，塔身分为 65 个单元，塔顶一个集中质量单元，该模型一共有 132 个节点。

对如上的两种有限元模型进行模态分析，由于从该结构系统有限元模型计算所得的所有模态中包含桅塔结构系统的轴向振动和扭转振动模态，所以从中挑选出桅塔结构系统的横向弯曲振动模态，与前文得到的变截面悬臂梁的横向振动模态相比较。前 5 阶弯曲振型分别如图 5-1 和图 5-2 所示，对应的前 5 阶弯曲模态频率如表 5-13 所示。

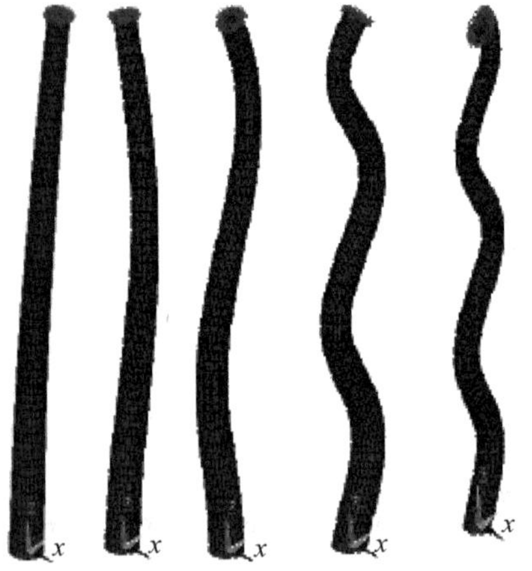

图 5-1　壳单元模型的前 5 阶模态位移

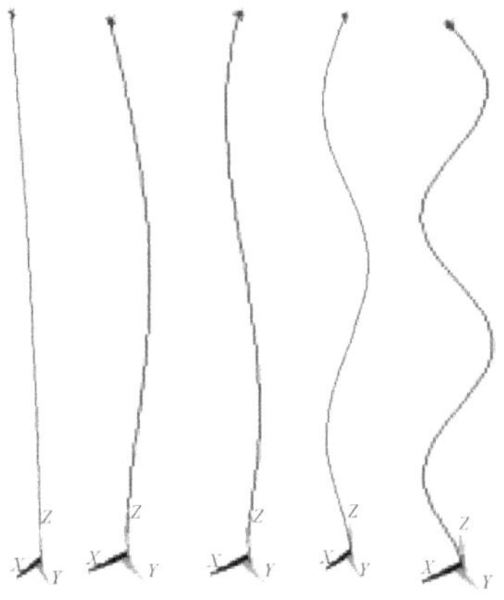

图 5-2　梁单元模型的前 5 阶模态位移

表 5-13　风力发电塔有限元模型的自振频率　(Hz)

塔身模拟单元	f_1	f_2	f_3	f_4	f_5
壳单元	0.394	3.669	10.63	32.33	44.85
梁单元	0.344	3.695	11.53	23.64	39.79

将由直接模态摄动法与两种有限元方法所得的风力发电塔的前 5 阶模态频率进行比较，如图 5-3 所示。

总体上，三种方法计算所得的第 1 阶模态频率基本相同，直接模态摄动法计算所得的第 2 和第 3 阶模态频率小于两种有限元方法所得的计算值，在第 4 和第 5 阶模态频率中直接模态摄动法所得计算结果介于两种有限元方法所得计算结果之间。相比之下，直接模态摄动法计算过程简单且得到的是半解析解，易于计算应变应力、截面内力等不同动态力学指标。

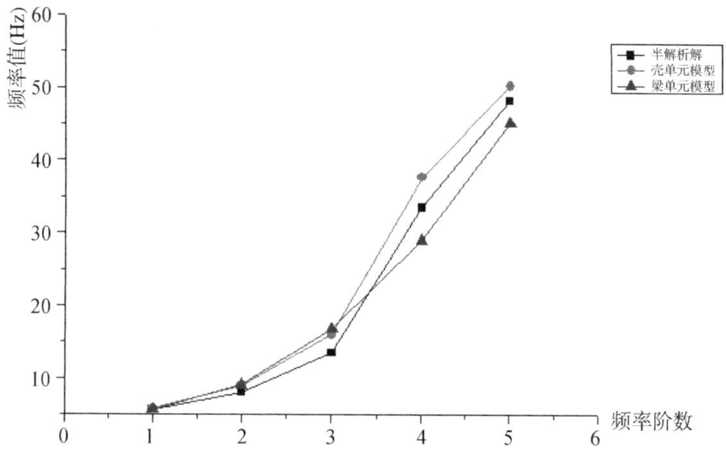

图 5-3　风力发电塔的模态频率比较

第五节　弯曲型剪力墙侧向振动的模态分析

剪力墙结构主要承受水平地震荷载，是多层和高层建筑结构中广泛应用的抗侧力构件，其截面形式和受力特点与由梁柱杆件构成的框架不同。《高层建筑混凝土结构技术规程》(JGJ 3— 2002)[30] 中推荐的剪力墙三种计算模型分别为薄壁杆系、墙板元和其他组合有限元。用有限元分析法分析剪力墙结构虽然可以获得良好的精度，但不可避免涉及大量而复杂的计算过程，且往往由于结构系统的复杂性和自由度数过多而导致建模和数据采集极为复杂，不便工程应用。

当剪力墙的高宽比值较小为低矮型时，剪力墙的横向水平振动呈现剪切振动状态，振动方程属二阶偏微分方程，当剪力墙的高宽比值较大为廋长型时，剪力墙的横向水平振动呈现弯曲型或弯剪型振动状态，振动方程为四阶偏微分方程。在第四章中已经讨论了应用直接模态摄动法进行低矮剪力墙动力分析计算的具体工程，本节讨论应用直接模态摄动法求解弯曲型剪力墙横向水平振动方程的求解问题[31]。

一、开口剪力墙的动力方程

假设剪力墙为竖向悬臂梁结构，由于墙内开口，所以沿墙高度的截面抗弯刚度、质量及阻尼特性是变化的，在地震作用下，剪力墙动力反应的分析方程为：

$$\frac{\partial^2}{\partial y^2}\left[EI(y)\frac{\partial^2 u(y,t)}{\partial y^2}\right]+c(y)\frac{\partial^3 u(y,t)}{\partial y^2\partial t}+m(y)\frac{\partial^2 u(y,t)}{\partial t^2}=-m(y)a_g(t) \tag{5-97}$$

式中，$EI(y)$、$c(y)$、$m(y)$ 分别为 y 断面处梁的抗弯刚度、阻尼系数和线质量密度，$u(y,t)$ 为该断面中性轴处相对于自由场地面运动的弯曲动力位移，$a_g(t)$ 是地震加速度时程。

从式(5-97) 可得求解开口剪力墙横向水平振动的无阻尼动力方程为：

$$\frac{\partial^2}{\partial y^2}\left[EI(y)\frac{\partial^2 u(y,t)}{\partial y^2}\right]+m(y)\frac{\partial^2 u(y,t)}{\partial t^2}=0 \tag{5-98}$$

对应的特征值方程为：

$$\frac{\mathrm{d}^2}{\mathrm{d}y^2}\left[EI(y)\frac{\mathrm{d}^2\varphi(y)}{\mathrm{d}y^2}\right]-\lambda m(y)\varphi(y)=0 \tag{5-99}$$

二、直接模态摄动法的应用

把不开口的剪力墙作为参考的基本系统，它是等截面均匀悬臂梁，截面抗弯刚度 EI_0 和质量密度 m_0 为常数，把开口剪力墙看作在基本系统上经过小参数 $[\Delta EI(y),\Delta m(y)]$ 修改后得到的新系统。因而这个新系统的模态函数及特征值可利用基本系统的模态特征进行简单的摄动分析而近似求得。

在等截面均匀悬臂梁上开口，成为开口剪力墙和双肢剪力墙(简称“剪力墙”)时，可把剪力墙的质量和刚度分别表示为：

$$m(y)=m_0+\Delta m(y) \tag{5-100}$$

$$EI(y)=EI_0+\Delta EI(y) \tag{5-101}$$

式(5-100) 中 $\Delta m(y)$ 为坐标 y 截面处单位梁长质量的变化量，若该截面处的开口宽度为 $2b$、墙体厚度和质量密度分别为 t 和 ρ，则：

$$\Delta m(y)=-\rho\Delta A(y)=-2\rho bt \tag{5-102}$$

式(5-101) 中 $\Delta EI(y)$ 为 y 截面处单位梁长抗弯刚度的变化量，若该截面处的开口关于轴线对称时，由下式计算：

$$\Delta EI(y)=-\frac{b^3t}{12} \tag{5-103}$$

当墙内开口关于墙中心线不对称时，可按材料力学方法计算，不再一一列出。当确定了 $\Delta EI(y)$ 和 $\Delta m(y)$，就不难应用直接模态摄动法，通过求解非线性代数方程组获得开口剪力墙横向弯曲振动的模态频率和模态函数。

三、算例

为了验证直接模态摄动法的合理性，采用 10 层的小开口剪力墙和双肢剪力墙作为算例，这两种剪力墙算例的立面几何尺寸如图 5-4 所示，其他物理参数：混凝土标号为 C30，弹性模量为 $E=3\times10^7\ kN/m^2$，质量密度为 $\rho=2500\,kg/m^3$，泊松比为0.31，墙厚 $t=160\,mm$。表 5-14 和表 5-15 中列出了用三种不同计算方法所得剪力墙的自振周期，图 5-5 和图 5-6 分别给出了前 2 阶振型。

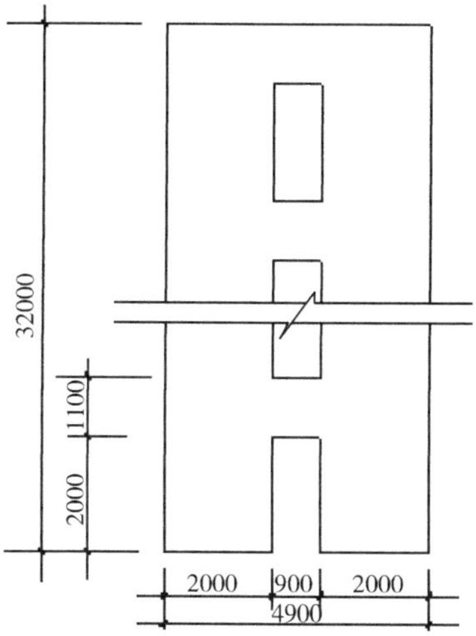

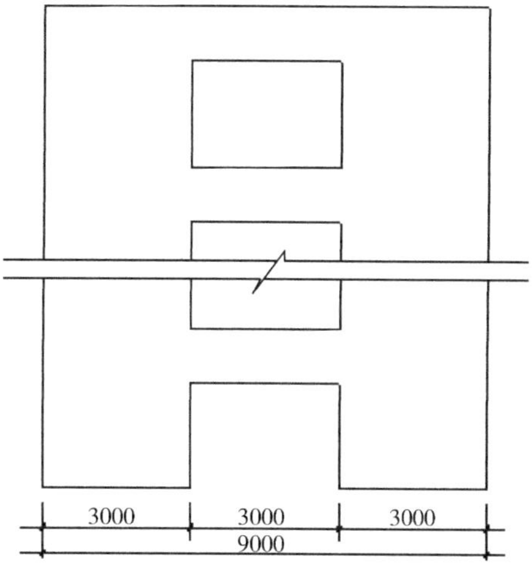

图 5-4　剪力墙的立面几何尺寸（单位：mm）

表 5-14　不同方法计算所得的小开口剪力墙的自振周期　(s)

自振周期	T_1	T_2	T_3	T_4	T_5	T_6
DMPM	0.3735	0.0592	0.0204	0.0104	0.0064	0.0043
折算刚度法	0.3737	0.0596	0.0213	0.0109	0.0066	0.0044
设计软件	0.4082	0.0623	0.0255	0.0114	0.0108	0.0101

表 5-15　不同方法计算所得的双肢剪力墙的自振周期　(s)

自振周期	T_1	T_2	T_3	T_4	T_5	T_6
DMPM	0.2033	0.0320	0.0105	0.0055	0.0034	0.0023
折算刚度法	0.2033	0.0324	0.0116	0.0059	0.0036	0.0024
设计软件	0.2566	0.0423	0.0157	0.0153	0.0145	0.0118

从表 5-14 和表 5-15 可知，对于小开口剪力墙（开孔率为 12.1%），直接模态摄动法与折算刚度法计算所得的第一阶模态周期间相对误差仅为 0.05%，除第 3 阶模态周期相对误差为 4.2% 外，其他各阶模态周期也非常接近。对于双肢剪力墙（开孔率为 16.1%），除第 3 阶模态周期相对误差为 9.5% 外，直接模态摄动法与折

算刚度法计算所得的其他各阶模态周期误差也很小。从图 5-5 和图 5-6 可以看出这两种方法所得的前两阶模态也很一致，但从表和图中可看出设计软件计算结果与前两种方法的计算结果相差甚远。

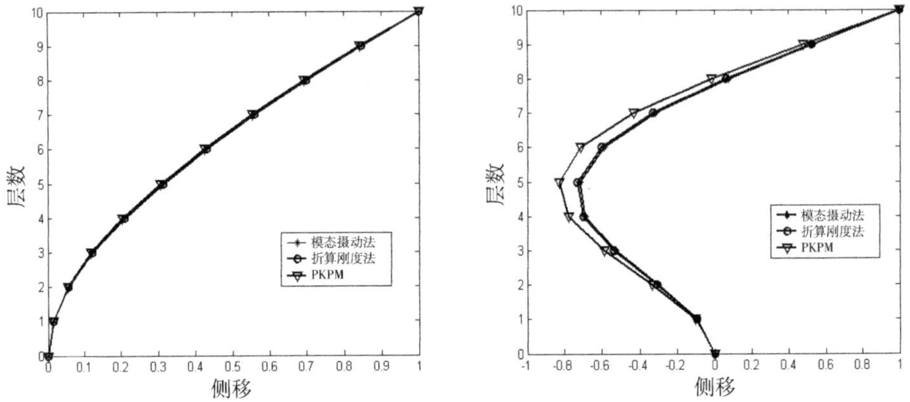

(a) 第1阶模态比较图　　(b) 第2阶模态比较图

图 5-5　小开口剪力墙的振型位移比较

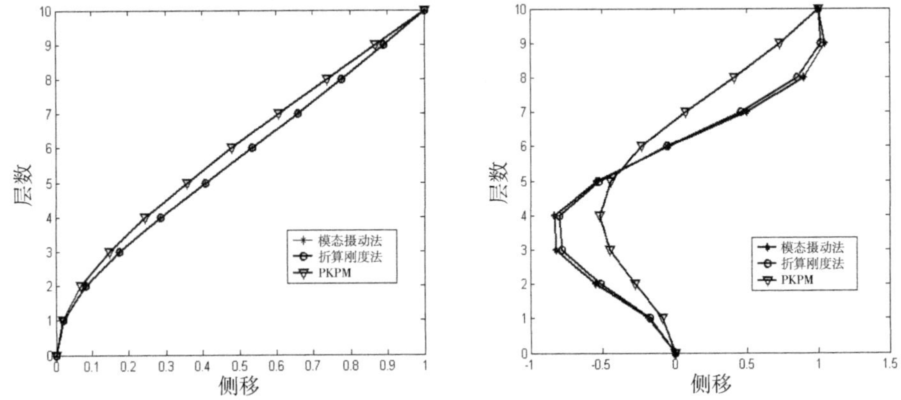

(a) 第1阶模态比较图　　(b) 第2阶模态比较图

图 5-6　双肢剪力墙的水平模态位移比较

四、开孔率对摄动精度的影响

与小参数模态摄动法相比，直接模态摄动法避免了逐阶逼近的计算过程且具有不低于 2 阶精度的特点，而且适度放大了系统摄动限度，但其适用性仍然受系统摄动范畴的影响。在剪力墙模态特性分析中，把开孔率作为系统摄动的度量，下面通过具体计算，讨论以剪力墙上分别开门和开窗两种情况下开孔率对模态摄动精度的影响。

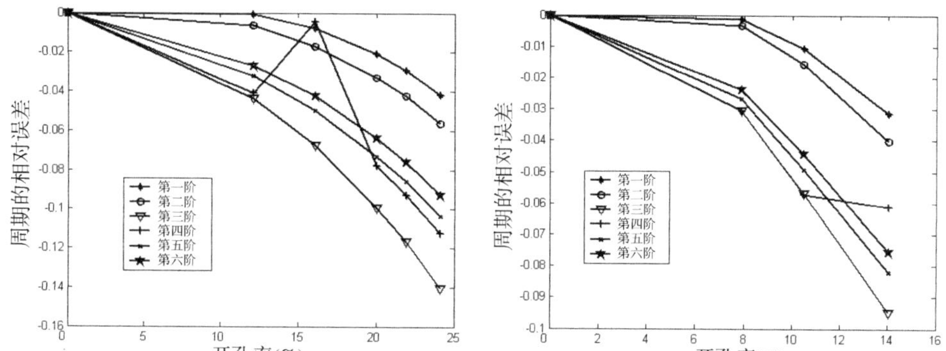

(a) 墙上开门　　(b) 墙上开窗

图 5-7　摄动量和模态周期计算误差间的关系图

图 5-7 给出了应用直接模态摄动法计算所得墙上开门和墙上开窗两种开口形式在不同开孔率下的剪力墙周期的相对误差，其中以折算刚度法的计算结果作为比较基准，并以图 5-4(a) 为基准结构调整开孔率。从图可知，随着开孔率的增加和模态阶序的升高，模态周期误差越来越大并且呈现越来越无序状。在相似的摄动量下，墙上开窗要比墙上开门误差小，即开口率相对影响小。另外，在墙上开门的摄动量达到 15% 时，前 6 阶的周期误差仍然比较小。前 2 阶自振周期的计算误差在 2% ～ 5% 之间。因而直接模态摄动法对于计算这两类剪力墙的动力特性，特别是低阶的动力特性是有效而且准确的。

第六节　预应力梁横向振动分析的模态摄动方法

预应力技术已经广泛地应用于工业民用建筑和交通运输建筑中。预应力的存在，对结构的静力和动力特性均会产生影响。由于预加力对梁的竖向弯曲振动的影响较为复杂，本节应用直接模态摄动法建立求解预应力梁弯曲振动模态特性的半解析方法[32,33]，进一步把这一方法与模态叠加法相结合，建立求解预应力桥梁的竖向地震反应的计算方法。

一、预应力梁横向弯曲振动方程

如图 5-8 所示，在预应力钢筋混凝土简支梁的两端钢筋的锚固点作用一对预加力，偏心距为 e。

由于是偏心受压，那么在两端面上除了一个轴压力 p_0 外，还有一个附加力偶，其初始值为 $M = p_0 e$。梁的振动过程中，由于梁的动态变形，使梁两端的预加力有

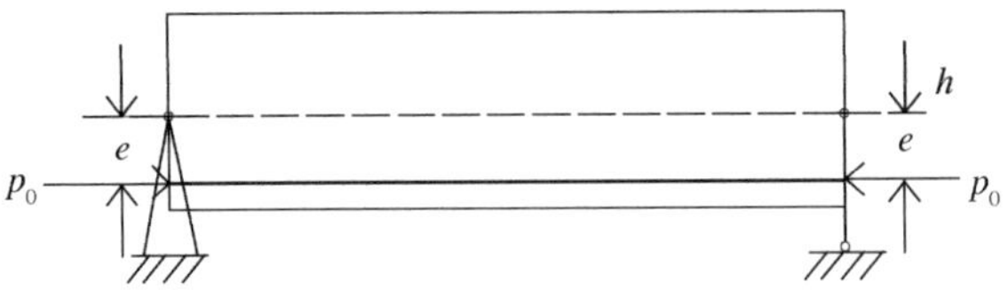

图 5-8　预应力梁示意图

一定的变化。因此，可设：

$$p(x)=p_0+\Delta p(x) \tag{5-104a}$$

$$M(x)=p(x)e=[p_0+\Delta p(x)]e \tag{5-104b}$$

在无阻尼自由振动条件下，预应梁的横向弯曲振动微分方程[34] 为：

$$\frac{\partial^2}{\partial x^2}\left[EI(x)\frac{\partial^2 v(x,t)}{\partial x^2}\right]+\frac{\partial^2(pv(x,t))}{\partial x^2}-\frac{\partial^2 M(x,t)}{\partial x^2}+m(x)\frac{\partial^2 v(x,t)}{\partial t^2}=0 \tag{5-105}$$

式中，$EI(x)$ 和 $m(x)$ 为坐标 x 处的梁断面抗弯刚度和单位长度质量，$v(x,t)$ 为预应力梁的竖向振动位移。把式(5-104) 代入式(5-105) 得到：

$$\frac{\partial^2}{\partial x^2}\left[EI(x)\frac{\partial^2 v(x,t)}{\partial x^2}\right]+\frac{\partial^2[p_0 v(x,t)]}{\partial x^2}+\frac{\partial^2[\Delta p(x)v(x,t)]}{\partial x^2}$$

$$-\frac{\partial^2(p_0 e)}{\partial x^2}-\frac{\partial^2[\Delta p(x)e]}{\partial x^2}+m(x)\frac{\partial^2 v(x,t)}{\partial t^2}=0 \tag{5-106}$$

若假定所考虑的是均匀梁，则梁的截面抗弯刚度 $EI(x)$ 和单位梁长的质量 $m(x)$ 都为常数，即为 EI_0 和 m_0，同时 p_0 和 e 也为常数，而 $\Delta p(x)$ 和 $v(x,t)$ 为坐标 x 的函数。一般认为 $v(x,t)$ 远小于 e，因此 $\Delta p(x)v(x,t)$ 远小于 $\Delta p(x)e$，可以忽略不计。这样，式(5-106) 为：

$$EI_0\frac{\partial^4 v(x,t)}{\partial x^4}+m_0\frac{\partial^2 v(x,t)}{\partial t^2}+p_0\frac{\partial^2 v(x,t)}{\partial x^2}-e\frac{\partial^2 \Delta p(x)}{\partial x^2}=0 \tag{5-107}$$

二、$\Delta p(x)$ 的计算模型

$\Delta p(x)$ 是随振动位移的变化而变化的预加力改变量，它对梁振动的影响表现在式(5-107) 中的最后一项，减小了梁截面上的剪力，这一剪力的大小还与偏心距成比例。为使方程可解，需建立起 $\Delta p(x)$ 与 $v(x,t)$ 间的联系。这一关系较为复杂，假定 $\Delta p(x)$ 与梁的振动位移 $v(x,t)$ 成正比：

$$v(x,t)=D(x)\Delta p(x) \tag{5-108}$$

式中系数 $D(x)$ 在不同截面 x 处是不同的，可通过结构力学中的图乘法[34]加以确定。下面以简支梁为例，说明图乘法的实施过程，对于其他端部条件，图乘法的实施过程是类同的。

在梁上任一点作用横向集中力 F，则由图乘法可得锚固点产生的水平位移：

$$\delta(x)=\int\frac{m_1M}{EI_0}\mathrm{d}x=\frac{1}{2EI_0}x(l-x)eF \tag{5-109}$$

而在锚固点作用单位力引起该锚固点的水平位移可由下式计算：

$$\delta_1=\int\frac{m_1^2}{EI_0}\mathrm{d}x+\int\frac{N_1^2}{EA_0}\mathrm{d}x=\frac{le^2}{EI_0}+\frac{l}{EA_0} \tag{5-110}$$

由力 F 引起锚固力变化为：

$$\Delta p(x)=\frac{\delta(x)}{\delta_1}=\frac{ex(l-x)}{2l(e^2+r_G^2)}F \tag{5-111}$$

式中，$r_G=\sqrt{\dfrac{I}{A}}$，为截面惯性半径。

力的作用点处梁的位移为：

$$y_F(x)=\frac{x^2(l-x)^2}{3EI_0l}F \tag{5-112}$$

由式(5-111)和式(5-112)可得：

$$y_F(x)=\frac{2x(l-x)(e^2+r_G^2)}{3EI_0e}\Delta p(x) \tag{5-113}$$

同时根据位移互等定律，$\Delta p(x)$ 在 F 作用点处产生的向上位移 $y_{\Delta p}(x)$ 为：

$$y_{\Delta p}(x)=\frac{x(l-x)e}{2EI_0}\Delta p(x) \tag{5-114}$$

由 $y_{F-\Delta p}=y_F-y_{\Delta p}$ 与式(5-113)和式(5-114)，可得梁 x 处的实际位移为：

$$y_{F-\Delta p}=\frac{x(l-x)(e^2+4r_G^2)}{6EI_0e}\Delta p(x) \tag{5-115}$$

所以：

$$D(x)=\frac{(e^2+4r_G^2)}{6EI_0e}x(l-x)=\frac{1}{K}x(l-x) \tag{5-116}$$

其中，$K=\dfrac{6EIe}{(e^2+4r_G^2)}$。

将式(5-108)和式(5-116)代入式(5-107)可得：

$$EI_0\frac{\partial^4 v(x,t)}{\partial x^4}+m_0\frac{\partial^2 v(x,t)}{\partial t^2}+\left(p_0-\frac{eK}{lx-x^2}\right)\frac{\partial^2 v(x,t)}{\partial x^2}$$

$$+\frac{2Ke(l-2x)}{(lx-x^2)^2}\frac{\partial v(x,t)}{\partial x}-2Ke\frac{3x^2-3lx+l^2}{(lx-x^2)^3}v(x,t)=0 \quad (5\text{-}117)$$

式(5-117)为梁在预加力作用时的横向无阻尼自由振动方程。可以看出，由于预加力的作用，使梁的横向弯曲振动比 Bernouli-Euler 梁要复杂得多。即使是均匀梁，其横向弯曲振动方程也成为变系数的复杂微分方程，求解难度增加。众所周知，均匀等截面的 Bernouli-Euler 梁的横向弯曲自由振动方程为：

$$EI_0\frac{\partial^4 v(x,t)}{\partial x^4}+m_0\frac{\partial^2 v(x,t)}{\partial t^2}=0 \quad (5\text{-}118)$$

显然，偏心施加预应力的影响在式(5-117)中表现为最后3项，因此不考虑预应力对梁弯曲振动特性的影响是不尽合理的，但影响程度如何需要深入研究。

三、预应力梁的动力特性

获得式(5-117)的解析解是十分困难的，假定 $\Delta p(x)$ 与梁中点振动位移 y 成正比[34]，即在式(5-115)中取 $x=0.5$，从而得到振动方程为：

$$EI_0\frac{\partial^4 v(x,t)}{\partial x^4}+m_0\frac{\partial^2 v(x,t)}{\partial t^2}+\left[p_o-\frac{24EI_0e^2}{l^2(e^2+4r_G^2)}\right]\frac{\partial^2 v(x,t)}{\partial x^2}=0$$

$$(5\text{-}119)$$

此时，可解得梁的模态频率为：

$$\omega_i=\sqrt{\frac{EI_0}{m_0}}\left(\frac{i\pi}{l}\right)^2\xi_i \quad (5\text{-}120)$$

其中：

$$\xi_i=\sqrt{1-\left(\frac{l}{i\pi}\right)^2\frac{p_0}{EI_0}+\left(\frac{1}{i\pi}\right)^2\frac{24e^2}{(e^2+4r_G^2)}} \quad (5\text{-}121)$$

对式(5-121)作一些讨论。从式(5-18)可以看出，预加压力 p_o 使梁的自振频率减小，而预加力的偏心距 e 使梁的自振频率增大；将式(5-121)写成如下形式：

$$\xi_i=\sqrt{1-\left(\frac{l}{i\pi}\right)^2\frac{p_0}{EI_0}\left[1-\frac{24EI_0}{p_0}\frac{e^2}{l^2(e^2+4r_G^2)}\right]}$$
$$\approx 1-\frac{1}{2}\left(\frac{l}{i\pi}\right)^2\frac{p_0}{EI_0}(1-\beta) \tag{5-122}$$

其中，$\beta=\frac{24EI_0}{p_0}\frac{e^2}{l^2(e^2+4r_G^2)}$。

从式(5-122)可以看出，由于模态阶序 i 在分母中，所以随着振型阶序 i 的升高，预应力对梁自振频率影响迅速减小。同时还可以看出，当 $\beta>1$ 时，偏心距 e 的影响大于预加压力 p_o 的影响，预应力的总效应使梁的模态频率增大，反之当 $\beta<1$ 时，预加压力 p_o 的影响大于偏心距 e 的影响，预应力的总效应使梁自振频率减小。

对比式(5-117)和式(5-119)可以看出，偏心距的影响还出现在式(5-117)中的第 4 和第 5 项中，特别是 $v(x,t)$ 前的系数为负值，表明此项相当于沿梁有一作用系数为负的分布弹簧，它使梁的模态频率减小。这就说明偏心距对梁振动特性的影响是复杂的，为更为全面地了解这种影响，应直接求得方程(5-117)的解。下文将不采用上述假定，而是应用直接模态摄动法建立求解式(5-117)的近似方法。

四、直接模态摄动法的应用

把预应力梁看成均匀等截面的 Bernouli-Euler 梁经过参数修改后的新系统，依照直接模态摄动法，取 m 个低阶模态进行摄动计算，最终可得一个 m 维非线性代数方程组：

$$([A]+\Delta\lambda_i[B])\{q\}=\{p_i\} \tag{5-123}$$

式中共有 m 个未知数，即模态频率摄动值 $\Delta\lambda_i$ 和参与摄动解的$(m\text{-}1)$个模态组合系数 $q_j(j=1,2,\cdots,m;j\neq i)$，且有：

$$[A]=[Q_1]+[Q_2]+[Q_3]+EI_0[Q_5]-\lambda_i m_0[Q_4] \tag{5-124a}$$

$$[B]=-m_0[Q_6] \tag{5-124b}$$

$$\{p_i\}=-\begin{Bmatrix}Q_{11i}+Q_{21i}+Q_{31i}\\ Q_{12i}+Q_{22i}+Q_{32i}\\ \cdots\\ Q_{1mi}+Q_{2mi}+Q_{3mi}\end{Bmatrix} \tag{5-124c}$$

其中：

$$[Q_1]=\begin{bmatrix} Q_{111} & Q_{112} & \cdots & 0 & \cdots & Q_{11m} \\ Q_{121} & Q_{122} & \cdots & 0 & \cdots & Q_{12m} \\ \cdots & \cdots & \cdots & \cdots & \cdots & \cdots \\ Q_{1i1} & Q_{1i2} & \cdots & 0 & \cdots & Q_{1im} \\ \cdots & \cdots & \cdots & \cdots & \cdots & \cdots \\ Q_{1m1} & Q_{1m2} & \cdots & 0 & \cdots & Q_{1mm} \end{bmatrix} \tag{5-125a}$$

$$[Q_2]=\begin{bmatrix} Q_{211} & Q_{212} & \cdots & 0 & \cdots & Q_{21m} \\ Q_{221} & Q_{222} & \cdots & 0 & \cdots & Q_{22m} \\ \cdots & \cdots & \cdots & \cdots & \cdots & \cdots \\ Q_{2i1} & Q_{2i2} & \cdots & 0 & \cdots & Q_{2im} \\ \cdots & \cdots & \cdots & \cdots & \cdots & \cdots \\ Q_{2m1} & Q_{2m2} & \cdots & 0 & \cdots & Q_{2mm} \end{bmatrix} \tag{5-125b}$$

$$[Q_3]=\begin{bmatrix} Q_{311} & Q_{312} & \cdots & 0 & \cdots & Q_{31m} \\ Q_{321} & Q_{322} & \cdots & 0 & \cdots & Q_{32m} \\ \cdots & \cdots & \cdots & \cdots & \cdots & \cdots \\ Q_{3i1} & Q_{3i2} & \cdots & 0 & \cdots & Q_{3im} \\ \cdots & \cdots & \cdots & \cdots & \cdots & \cdots \\ Q_{3m1} & Q_{3m2} & \cdots & 0 & \cdots & Q_{3mm} \end{bmatrix} \tag{5-125c}$$

$$[Q_4]=\mathrm{diag}[Q_{411},Q_{422},\cdots,Q_{4ii},\cdots,Q_{4mm}] \tag{5-125d}$$

$$[Q_5]=\mathrm{diag}[Q_{511},Q_{522},\cdots,0,\cdots,Q_{5mm}] \tag{5-125e}$$

$$[Q_6]=\mathrm{diag}[Q_{411},Q_{422},\cdots,0,\cdots,Q_{4mm}] \tag{5-125f}$$

$$\{q\}=\left\{q_1 \quad q_2 \quad \cdots \quad q_{i-1} \quad \frac{\Delta\lambda_i}{\lambda_i} \quad q_{i+1} \quad \cdots \quad q_m\right\}^{\mathrm{T}} \tag{5-126}$$

其中：

$$Q_{1ki}=\int_0^l\left(P_0-\frac{ek}{lx-x^2}\right)\varphi_k(x)\varphi''_i(x)\mathrm{d}x \tag{5-127a}$$

$$Q_{2ki}=\int_0^l\left[\frac{2ke(l-2x)}{(lx-x^2)^2}\right]\varphi_k(x)\varphi'_i(x)\mathrm{d}x \tag{5-127b}$$

$$Q_{3ki}=\int_0^l\frac{-2ke(3x^2-3lx+l^2)}{(lx-x^2)^3}\varphi_k(x)\varphi_i(x)\mathrm{d}x \tag{5-127c}$$

$$Q_{4ki}=\int_o^l \varphi_k(x)\varphi_i(x)\mathrm{d}x \tag{5-127d}$$

$$Q_{5ki}=\int_o^l \varphi_k(x)\varphi_i^{(4)}(x)\mathrm{d}x \tag{5-127e}$$

在求得式(5-122)中的未知数后,不难利用均匀等截面的 Bernouli-Euler 梁的模态频率和模态函数获得预应力梁的各阶模态频率 $\tilde{\omega}_i$ 和模态函数 $\tilde{\varphi}_i(x)$。

五、参数影响分析

取简支梁的截面宽度 $b=300\,\mathrm{mm}$,高度 $h=600\,\mathrm{mm}$,其他计算参数如梁长 L、预加力 p_0 和偏心距 e 在计算中取不同值,以讨论这些参数的影响。在此算例中采用 3 种不同方法计算预应力简支梁的自振频率。这 3 种方法分别是:方法 1—— 不考虑预应力影响,即按 Bernouli-Euler 梁计算;方法 2—— 文献[34]中建议方法;方法 3—— 直接模态摄动法,表 5-16 至表 5-22 中给出了相关的计算结果。在各表中,误差 1=(方法 2 计算结果 - 直接模态摄动法计算结果)/ 直接模态摄动法计算结果,上述误差分析表示两种方法结果间差别的大小并不是表示直接模态摄动法计算结果为精确解,但相比之下,直接模态摄动法的解更接近于式(5-107)的实际解;误差 2=(方法 1 计算结果 - 直接模态摄动法计算结果)/ 直接模态摄动法计算结果,误差 3=(方法 1 计算结果 - 方法 2 计算结果)/ 方法 2 计算结果。因为 Bernouli-Euler 梁分析结果分别与其他两种分析方法结果之间的比较,能够反映不考虑预应力影响所能产生的误差趋势。

表 5-16 至表 5-18 中列出了不同大小的预加力 p_0 对梁的弯曲振动模态频率的影响,其中 $L=10\,\mathrm{m}$, $e=100\,\mathrm{mm}$, $\dfrac{L}{r_G}=57.735$。"误差 1"一栏中的数据表明,按方法 2 和方法 3 计算所得的低阶模态频率间将有较大的差别。从表中"误差 2"和"误差 3"两组数据可看出:当偏心距较小时,按直接模态摄动法计算,预加力大小变化对梁的各阶模态频率的影响不大,按 Bernouli-Euler 梁计算不会产生较大的误差。但按方法 2 计算,预加力大小变化对梁的基频有较大的影响。

表 5-16　预加力 $p_0=200\mathrm{kN}$ 时对梁弯曲振动模态频率 $\tilde{\omega}_i$ 的影响

模态阶序	模态频率值			误差		
	方法 1	方法 2	方法 3	误差 1	误差 2	误差 3
1	60.44	65.53	61.32	6.86%	-1.44%	-7.76%
2	241.75	247.00	244.54	1.01%	-1.14%	-2.13%
3	543.95	549.23	547.88	0.247%	-0.707%	-0.96%
4	967.02	972.31	971.75	0.057%	-0.487%	-0.54%

表 5-17　预加力 $p_0 = 500\text{kN}$ 时对梁弯曲振动模态频率 $\tilde{\omega}_i$ 的影响

模态阶序	模态频率值			误差		
	方法 1	方法 2	方法 3	误差 1	误差 2	误差 3
1	60.44	65.04	60.80	6.97%	−0.60%	−7.07%
2	241.75	246.49	244.03	1.01%	−0.93%	−1.92%
3	543.95	548.71	547.36	0.247%	−0.62%	−0.87%
4	967.02	971.79	971.23	0.057%	−0.43%	−0.48%

表 5-18　预加力 $p_0 = 800\text{kN}$ 时对梁弯曲振动模态频率 $\tilde{\omega}_i$ 的影响

模态阶序	模态频率值			误差		
	方法 1	方法 2	方法 3	误差 1	误差 2	误差 3
1	60.44	64.56	60.28	7.09%	0.26%	−6.38%
2	241.75	245.98	243.51	1.01%	−0.71%	−1.72%
3	543.95	548.19	546.84	0.248%	−0.53%	−0.77%
4	967.02	971.27	970.71	0.057%	−0.38%	−0.44%

对于矩形截面梁，$r_G = h/2\sqrt{3}$，则 $K = 6EI_0 e/(e^2 + 4r_G^2) = 1.5Ebh^2/(3e/h + h/e)$，可见 e/h 是影响梁模态频率的参数之一。表 5-19、表 5-20 中给出了不同大小的偏心距 e 对梁模态频率的影响，其中 $p_0 = 500\,\text{kN}$，$L = 10\,\text{m}$，$\dfrac{L}{r_G} = 57.735$。分别取偏心距 $e = 50\,\text{mm}$，$100\,\text{mm}$ 和 $200\,\text{mm}$，其中 $e = 100\,\text{mm}$ 时的计算结果已在表 5-17 中列出，其他两种计算工况的结果列于表 5-19、表 5-20 中。从表 5-19、表 5-20 和表 5-17 中的数据可看出：预加力 p_0 偏心距的大小对梁的各阶模态频率的影响较大，偏心距越大，按 Bernouli-Euler 梁计算产生的误差也越大。

表 5-19　不同偏心距 e 对梁模态频率的影响($e = 50\,\text{mm}, e/h = 0.083$)

模态阶序	模态频率值			误差		
	方法 1	方法 2	方法 3	误差 1	误差 2	误差 3
1	60.44	61.06	59.89	1.95%	0.91%	−1.02%
2	241.75	242.38	241.72	0.27%	0.91%	−0.26%
3	543.95	544.58	544.21	0.067%	−0.049%	−0.12%
4	967.02	967.65	967.50	0.015%	−0.050%	−0.07%

表 5-20　不同偏心距 e 对梁自振频率的影响($e=200\,\mathrm{mm}, e/h=0.3333$)

模态阶序	模态频率值			误差		
	方法 1	方法 2	方法 3	误差 1	误差 2	误差 3
1	60.44	75.95	63.53	19.55%	−4.86%	−20.42%
2	241.75	258.66	250.98	3.06%	−3.68%	−6.54%
3	543.95	561.17	556.89	0.77%	−2.32%	−3.07%
4	967.02	984.36	982.57	0.18%	−1.58%	−1.76%

下面进一步考察不同长细比对梁自振频率的影响，计算中取 $p_0=500\,\mathrm{kN}$，$e=100\,\mathrm{mm}$。梁长 $L=10\,\mathrm{m}$，$18\,\mathrm{m}$ 和 $24\,\mathrm{m}$，其中 $L=10\,\mathrm{m}$ 时的计算结果已在表 5-17 中列出，其他两种计算工况的结果列于表 5-21、表 5-22 中。从表 5-21、表 5-22 和表 5-17 中的数据可看出：随着梁的长细比增大，预加力对梁的基频的影响加大，按 Bernouli-Euler 梁计算产生的误差也越大。

表 5-21　不同长细比 $\frac{L}{r_G}$ 对梁自振频率的影响($L=18\,\mathrm{m}, \frac{L}{r_G}=103.923$)

模态阶序	模态频率值			误差		
	方法 1	方法 2	方法 3	误差 1	误差 2	误差 3
1	18.65	19.51	18.16	7.43%	2.74%	−4.44%
2	74.62	75.48	74.72	1.03%	−0.135%	−1.14%
3	167.89	168.76	168.34	0.249%	−0.268%	−0.52%
4	298.46	299.33	299.16	0.574%	0.234%	−0.29%

表 5-22　不同长细比 $\frac{L}{r_G}$ 对梁自振频率的影响($L=24\,\mathrm{m}, \frac{L}{r_G}=138.56$)

模态阶序	模态频率值			误差		
	方法 1	方法 2	方法 3	误差 1	误差 2	误差 3
1	10.49	10.60	9.81	8.03%	6.92%	−1.04%
2	41.97	42.08	41.65	1.04%	0.78%	−0.26%
3	94.44	94.54	94.31	0.25%	0.14%	−0.11%
4	167.89	167.99	167.90	0.058%	−0.01%	−0.06%

由以上几组数据可得到一些初步认识，预加力对预应力梁的动力特性有一定的影响，特别在预加力的偏心距较大或梁的长细比较大时，对梁的基频影响较大。因此，在比较重要的大型预应力结构的动力反应分析中应关注预加力的影响。在不同计算方法中，文献[34]方法较为简便，但仅适用对预加力偏心距或长细比较大

的预应力结构，在计算梁的第 1 阶模态频率时，该方法有可能会产生较大误差，建议在重要的预应力结构中可采用直接模态摄动方法。

第七节　预应力桥梁竖向地震反应分析

前一节中已介绍了应用直接模态摄动法求解预应力梁的模态特性，下面进一步把这一方法与模态叠加法相结合，建立求解预应力桥梁的竖向地震反应的计算方法，并深入讨论高阶竖向模态对预应力桥梁竖向地震反应的贡献以及竖向地震反应对预应力桥梁抗震设计的影响[35]。

一、预应力桥梁的竖向地震反应方程

在分析直梁型桥梁的竖向地震反应时，通常可忽略桥梁支撑结构的竖向弹性变形的影响。此时，桥梁简化为简支梁和连续梁等，竖向地震直接从支座处输入。本节以单跨简支梁为研究对象进行分析和讨论，并采用目前工程中通用的均匀截面假定。

在预应力桥梁中，梁的两端作用有一对预加力 p_0，偏心矩为 e，如图 5-8 所示。一般情况下，桥梁的竖向地震反应 $v(x,t)$ 远小于 e，因此 $\Delta p v(x,t)$ 远小于 $\Delta p e$，可以忽略不计。据此可得出在竖向地震作用下等截面均匀预应力桥梁的弯曲振动微分方程为：

$$EI_0 \frac{\partial^4 v(x,t)}{\partial x^4} + c\frac{\partial v(x,t)}{\partial t} + m_0 \frac{\partial^2 v(x,t)}{\partial t^2} + p_0 \frac{\partial^2 v(x,t)}{\partial x^2} - e\frac{\partial^2 \Delta p(x,t)}{\partial x^2}$$
$$= -m_0 \ddot{u}_g(t) \tag{5-128}$$

式中，EI_0 为桥梁横截面的抗弯刚度，c 为阻尼系数，m_0 为单位长度质量，$v(x,t)$ 为桥梁的竖向动位移，$\ddot{u}_g(t)$ 为输入的竖向地震加速度。

基于线性小变形的前提下，x 截面处的预加力的变化是由预应力筋的局部伸长引起的，因此假定 x 截面处的预加力的变化 $\Delta p(x,t)$ 与该截面处的竖向振动位移 $v(x,t)$ 成正比：

$$\Delta p(x,t) = \frac{v(x,t)}{D(x)} = k(x)v(x,t) \tag{5-129}$$

式中，$k(x)$ 的计算可采用图乘法，如式(5-116) 所示。

将式(5-129) 代入式(5-128) 可得等截面预应力桥梁在竖向地震作用下的振动微分方程：

$$EI_0 \frac{\partial^4 v(x,t)}{\partial x^4} + c \frac{\partial v(x,t)}{\partial t} + m_0 \frac{\partial^2 v(x,t)}{\partial t^2} + [p_0 - k(x)] \frac{\partial^2 v(x,t)}{\partial x^2}$$

$$+ a(x) \frac{\partial y}{\partial x} + b(x) v(x,t) = -m_0 \ddot{u}_g(t) \tag{5-130}$$

式中，$a(x) = \dfrac{2Ke(l-2x)}{(lx-x^2)^2}$，$b(x) = -2Ke\dfrac{3x^2-3lx+l^2}{(lx-x^2)^3}$，其中 $K = \dfrac{6EIe}{(e^2+4r_G^2)}$，此处 $r_G = \sqrt{\dfrac{I}{A}}$，为截面惯性半径。

线性条件下，可采用模态叠加法[4] 求解式(5-130)，设

$$v(x,t) = \sum_{i=1}^{m} \tilde{\varphi}_i(x) q_i(t) \tag{5-131}$$

式中，$\tilde{\varphi}_i(x)$ 为预应力梁的第 i 阶模态函数，m 为参与模态叠加计算所保留的低阶模态函数的数量，$q_i(t)$ 为对应于第 i 阶模态函数的广义坐标。基于模态函数关于阻尼正交的假定，利用模态函数的正交性可将偏微分方程式(5-130) 的求解转换为 m 个针对广义坐标 $q_i(t)$ 的单自由度系统常微分方程求解：

$$\ddot{q}_i(t) + 2\xi_i \tilde{\omega}_i \dot{q}_i(t) + \tilde{\omega}_i^2 q_i(t) = -\tilde{\eta}_i \ddot{u}_g(t) \tag{5-132}$$

式中，$\tilde{\omega}_i$，ξ_i，$\tilde{\eta}_i$ 分别为预应力梁的第 i 阶模态的自振频率、振型阻尼比和竖向地震激励时的模态参与系数。其中：

$$\tilde{\eta}_i = \frac{\int_0^l m_0 \tilde{\varphi}_i(x) \mathrm{d}x}{\tilde{m}_i^*} \tag{5-133}$$

式中，$\tilde{m}_i^*$ 为预应力梁的第 i 阶模态的广义质量，为：

$$\tilde{m}_i^* = \int_0^l m_0 \tilde{\varphi}_i^2(x) \mathrm{d}x \tag{5-134}$$

很显然，在求得预应力桥梁的前阶模态函数 $\tilde{\varphi}_i(x)$ 后，不难按照常规方法求得预应力梁的地震反应。

由式(5-46a) 和式(5-47b) 并令 $c_{ii} = 1.0$，则有

$$\tilde{\varphi}_i(x) \approx \sum_{j=1}^{m} \varphi_j(x) c_{ji} \tag{5-135}$$

把式(5-135) 代入式(5-134)，并利用 Bernouli-Euler 梁模态函数间的正交性，可以得到：

$$\widetilde{m}_i^* = \sum_{k=1}^{m}\sum_{j=1}^{m}\left[\int_0^l m_0\varphi_k(x)\varphi_j(x)\mathrm{d}x\right]c_{ki}c_{ji}$$

$$= \sum_{k=1}^{m} m_k^* c_{ki}^2 = m_i^* + \sum_{\substack{j=1 \\ j\neq i}}^{m} m_k^* c_{ki}^2 \tag{5-136}$$

把式(5-135)和式(5-136)代入式(5-133),则有:

$$\widetilde{\eta}_i = \frac{\sum\limits_{k=1}^{m}\int_0^l m_0\varphi_k(x)c_{ki}\mathrm{d}x}{m_i^* + \sum\limits_{\substack{j=1 \\ j\neq i}}^{m} m_k^* c_{ki}^2} = \frac{\sum\limits_{k=1}^{m}\frac{\int_0^l m_0\varphi_k(x)\mathrm{d}x}{m_i^*}c_{ki}}{1+\sum\limits_{\substack{j=1 \\ j\neq i}}^{m}\frac{m_k^*}{m_i^*}c_{ki}^2}$$

$$= \frac{\sum\limits_{k=1}^{m}\eta_k c_{ki}}{1+\sum\limits_{\substack{j=1 \\ j\neq i}}^{m}\frac{m_k^*}{m_i^*}c_{ki}^2} \tag{5-137}$$

式中,η_k 为 Bernouli-Euler 梁的第 j 阶模态函数在竖向地震激励时的模态参与系数。

上述二式表明,可以由 Bernouli-Euler 梁的各阶模态函数的广义质量、模态参与系数和直接模态摄动法得到的模态摄动组合系数来计算预应力桥梁的各阶模态函数的广义质量和模态参与系数,能大为简化计算过程。

二、算例

下面直接应用模态摄动法和模态叠加法相结合的近似求解方法,进行预应力桥梁的竖向地震反应分析,其中式(5-132)的求解采用 Newmark 法,数值积分中系数 $\alpha=1/6$,$\delta=1/2$。求得各个时刻的 $q_i(t)$ 后,再代入式(5-131)便可由模态连续函数解出预应力桥梁在地震作用下各个时刻的位移连续函数 $v(x,t)$,同样可从 $\dot{q}_i(t)$、$\ddot{q}_i(t)$ 求得速度 $\dot{v}(x,t)$ 和加速度 $\ddot{v}(x,t)$。进而由位移 $v(x,t)$ 可求出预应力桥梁的跨中弯矩 M、剪力 V 等工程关心的作用在桥梁横截面上的地震内力。例如桥梁的动弯矩连续函数为:

$$M(x) = -EI\times v''(x,t) = -EI\times\sum_{j=1}^{m}\widetilde{\varphi}_j''(x)q_j(t) \tag{5-138}$$

1. 工程参数与模态特性

所选工程实例为预制预应力混凝土铁路桥梁，跨度分别为 32 m 和 20 m，分别称为 A 梁和 B 梁[36]，截面形式如图 5-9 和图 5-10 所示。

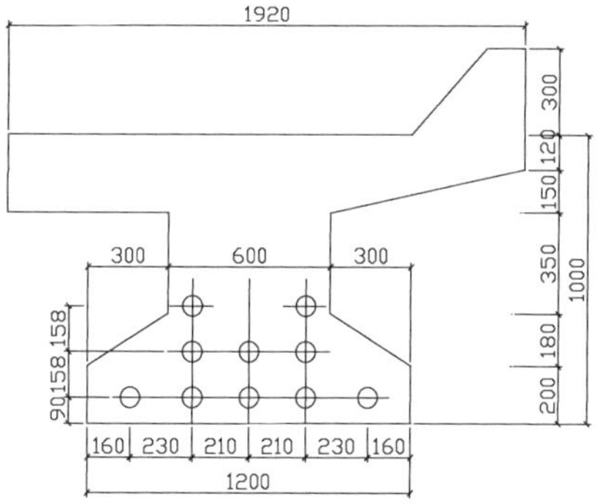

图 5-9　A 梁的横截面示意图(单位：mm)

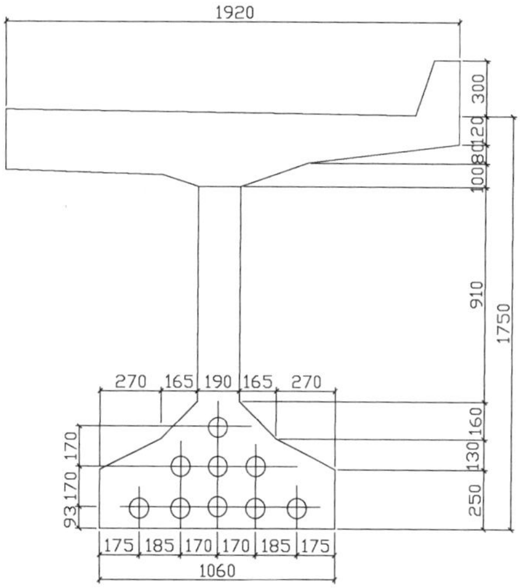

图 5-10　B 梁的横截面示意图(单位：mm)

按直接模态摄动法可求得预应力桥梁的各阶特征值为 $\tilde{\lambda}_i$ 和对应的主模态函数为 $\tilde{\varphi}_i(x)$ 以及各阶模态函数的振型参与系数 $\tilde{\eta}_i$，有关计算结果列于表 5-23 中。表中同时列出不考虑预应力时同一桥梁的自振特性，以作比较。

表 5-23　A 梁和 B 梁各阶模态的自振频率和振型参与系数

模态阶序	A 梁				B 梁			
	预应力桥梁		无预应力桥梁		预应力桥梁		无预应力桥梁	
	$\tilde{\omega}_i$	$\tilde{\eta}_i$	ω_i	η_i	$\tilde{\omega}_i$	$\tilde{\eta}_i$	ω_i	η_i
1	21.22	1.273	19.97	1.273	28.84	1.273	27.40	1.273
2	83.26	0	79. 90	0	113.6	0	109.6	0
3	184.4	0.398	179. 8	0.424	252.2	0.401	246.6	0.424
4	325.2	0	319. 6	0	446.1	0	438.4	0
5	505.6	0.244	500.5	0.255	692.6	0.245	685.0	0.255
6	725.9	0	719.1	0	994.7	0	986.5	0
7	986. 1	0.176	984.9	0.182	1351.6	0.177	1342.7	0.182
8	1286.1	0	1278.4	0	1763.1	0	1753.7	0
9	1626.1	0.138	1617.9	0.141	2229.4	0.138	2219.5	0.141
10	2005.9	0	1997.5	0	2750.4	0	2740. 2	0

从表中数据可看出：无论是 A 梁还是 B 梁，预加力使桥梁的自振频率升高，影响主要体现在低阶模态的自振频率上，随着模态阶序的增加，预加力的影响变小。如预加力使 A 梁的前 5 阶模态和第 10 阶模态的自振频率分别升高 6.26%、4.21%、2.56%、1.75%、1.02%和0.42%，使B梁前5阶模态和第10阶模态的自振频率分别升高 5.26%、3.64%、2.27%、1.76%、1.11% 和 0.38%，但预加力对桥梁各阶模态参与系数影响不大。

2. 地震反应

在地震反应计算中，输入某二类工程场地地震安全性评价报告中提出的 50 年 2% 概率下的场地地表自由场地震波（峰值加速度为 189.96 cm/s^2，简称“人工地震波”），还输入实测 El Centro 波（峰值加速度调整为 189.96 cm/s^2）。输入地震波的时程和傅立叶幅值谱如图 5-11 和图 5 12 所示。

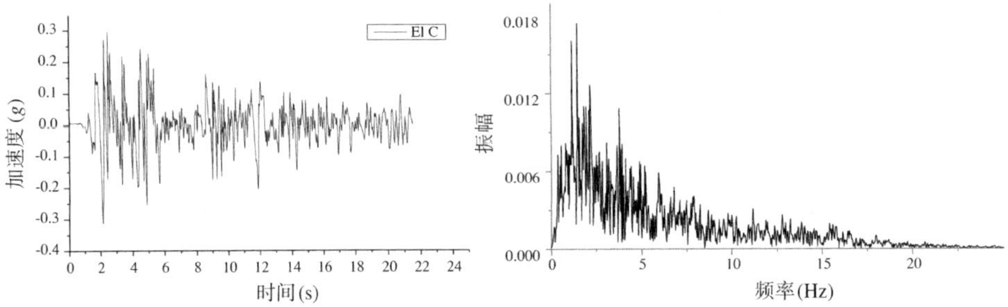

图 5-11　El Centro 波时程曲线、傅立叶幅值谱

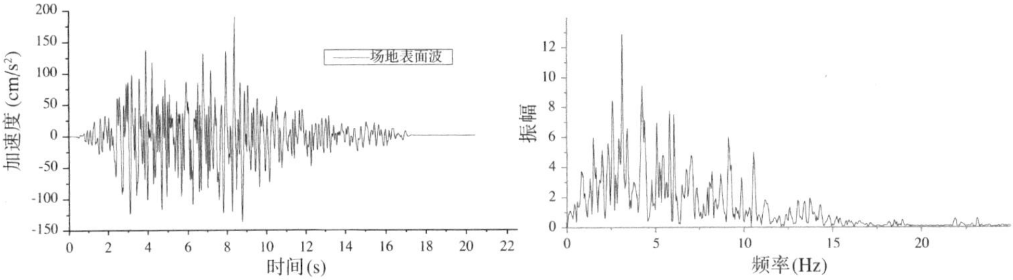

图 5-12　人工地震波的时程曲线、傅立叶幅值谱

按前 10 阶模态叠加得到的有关地震反应的峰值如表 5-24 和表 5-25 所示，表中分别给出了在施加预加力后的桥梁竖向地震反应峰值和不施加预加力的桥梁竖向地震反应分析峰值，表中也给出了二者之间的相对误差 e_1、e_2。相对误差 e_1、e_2 分别定义如下：

$$e_1=\frac{\text{施加预加力梁的地震反应峰值}-\text{不施加预加力梁的地震反应峰值}}{\text{不施加预加力梁的地震反应峰值}}\times 100\%$$

(5-139)

$$e_2=\frac{\text{不计预应力影响的地震反应峰值}-\text{计入预应力影响的地震反应峰值}}{\text{计入预应力影响的地震反应峰值}}\times 100\%$$

(5-140)

式(5-139)表明：e_1 值为正时，表示对桥梁施加预加力后，使桥梁的地震反应增大；e_1 值为负时，表示对桥梁施加预应力，减少了桥梁的地震反应。式(5-140)表明：e_2 值为正时，表示在计算预应力桥梁竖向地震反应时，不计预应力影响将使桥梁的地震反应计算值比实际反应值要大；e_2 值为负则计算值比实际反应值要小。

表 5-24　在 El Centro 波作用下跨中截面地震反应峰值比较

梁的类型	A 梁				B 梁			
地震反应量	位移 (cm)	速度 (m/s)	加速度 (m/s^2)	弯矩 (kN·m)	位移 (cm)	速度 (m/s)	加速度 (m/s^2)	弯矩 (kN·m)
施加预应力	1.33	0.29	7.62	1917.6	0.69	0.20	6.14	692.0
不施加预应力	1.89	0.34	7.63	2713.0	0.83	0.321	6.15	820.0
e_1(%)	−29.66	−15.79	−0.10	−29.32	−16.33	−6.61	−0.08	−15.61
e_2(%)	42.17	18.75	0.10	41.48	19.51	7.08	0.08	18.49

表 5-25　在人工地震波作用下跨中截面地震反应峰值比较

梁的类型	A 梁				B 梁			
地震反应量	位移 (cm)	速度 (m/s)	加速度 (m/s^2)	弯矩 (kN·m)	位移 (cm)	速度 (m/s)	加速度 (m/s^2)	弯矩 (kN·m)
考虑预应力	1.88	0.41	8.626	2734.1	0.95	0.27	7.95	949.93
不考虑预应力	2.52	0.50	10.81	3639.2	1.45	0.40	11.40	1443.1
e_1(%)	−25.24	−17.46	−20.22	−24.87	−34.19	−31.15	−30.30	−34.18
e_2(%)	33.76	21.16	25.34	33.10	51.94	45.24	43.46	51.92

从表中数据可以得出如下认识。

(1) e_1 的数值结果表明：施加预加力对桥梁的竖向地震反应有较大影响，尤其是能有效减小桥梁跨中截面竖向位移和弯矩。在 El Centro 波和人工地震波激励时，桥梁实施预应力技术后，可使 A 梁跨中截面动弯矩分别减小了 29% 和 25%，使 B梁跨中截面动弯矩分别减小了 16% 和 34%。跨中截面的竖向位移和弯矩是简支桥梁抗震设计中的主要技术指标，表明预应力技术能有效提高 A 梁和 B 梁的抗地震能力。图 5-13 和图 5-14 所示分别为输入人工地震波时，A 梁和 B 梁跨中截面弯矩的时程反应，虚线为无预加力时的反应，实线为施加了预加力后的反应。

(2) 从 e_2 值可以看出：若不考虑预应力影响按常规梁的方法计算预应力桥梁的竖向地震反应时，将高估桥梁的竖向地震反应，使预应力桥梁的设计偏于保守。

(3) 在相同的峰值加速度的条件下，A 梁和 B 梁对 El Centro 波的竖向地震反应要小于对人工地震波的反应，差异还很大。由此可见，El Centro 地震波并不是最不利的地震波，对于大型桥梁抗震设计来说，通过工程场地地震安全性评价来确定输入地震动参数是非常必要的。

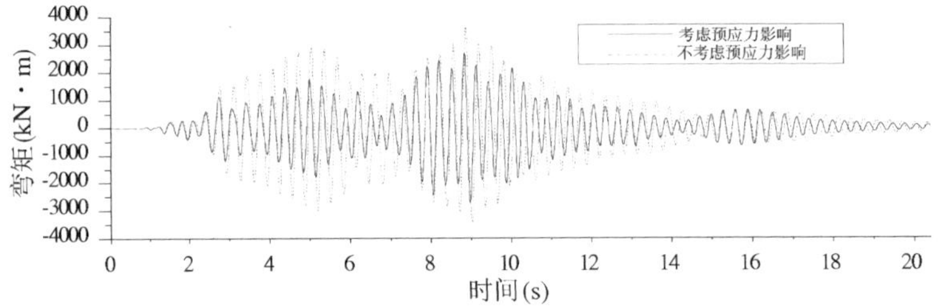

图 5-13　人工地震波作用下 A 梁跨中弯矩时程反应

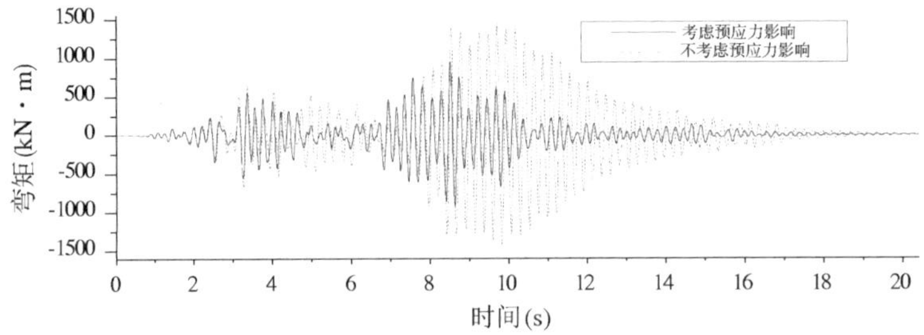

图 5-14　人工地震波作用下 B 梁跨中弯矩时程反应

3. 高阶模态的影响

为了考察高阶模态对预应力桥梁竖向地震反应的贡献，进一步按只取第 1 阶模态进行叠加的工况计算了 A 梁的地震反应。计算结果表明：无论输入 El Centro 波还是人工地震波，A 梁竖向地震反应中第 1 阶模态占主导地位，高阶模态影响很小，位移、速度、加速度和弯矩的相对误差分别小于 0.1%、0.3%、2.5% 和 0.8%，加速度的误差相比之下最大，也不到3%。两种工况的地震反应的时程曲线几乎重合，限于篇幅不再一一列出。从表 5-23 中可看出，A 梁的基频高于 3Hz，处于输入地震波的主要频率分量区间内，而第 2 阶自振频率高于 12Hz，表明该梁的高阶自振频率已远大于地震波中的主要频率分量，它们对梁的地震反应的贡献自然就很小了。B 梁的情况更是这样，相关结果不再列出。对于这类刚度较大的预应力桥梁，当预应力梁第 2 阶竖向自振频率高于输入地震波主要分量的迫振频率时，在计算竖向地震反应时可以只考虑第 1 阶模态的贡献。

4. 竖向地震反应对预应力桥梁总反应的贡献

目前工程场地地震安全性评价往往只给出工程场地的水平地震波及其峰值，如图 5-12 所示的人工地震波。在实际工程地震反应计算分析中，竖向地震加速度峰值取水平地震加速度峰值的 2/3，因此由表 5-24 和表 5-25 中的数据乘以 2/3 得到：在 El Centro 波作用下，A 梁的跨中截面处的弯矩和位移分别为1278.4kN·m 和 0.89cm，B 梁的跨中截面处的弯矩和位移分别为 461.3kN·m 和 0.46cm；在人工地震波作用下，A 梁的跨中截面处的弯矩和位移分别为 1922.7kN·m 和 1.25cm，B梁的跨中截面处的弯矩和位移分别为633.3kN·m 和0.63cm。而在自重作用下，A 梁的跨中截面处的弯矩和位移分别为 2332.7kN·m 和 1.94cm，B 梁的跨中截面处的弯矩和位移分别为 754.3kN·m 和 0.70cm。

水平人工地震波的加速度峰值表明该场地的设防地震烈度为 8 度，在相应竖向地表波作用下 A 梁和 B 梁跨中截面弯矩峰值已达自重作用下跨中截面弯矩值的 78% 和 85%。按规范要求，对自重和竖向地震作用进行荷载效应组合计算，在 A 梁和 B 梁的跨中截面的组合弯矩值中竖向地震作用效应所占比例分别为 38.93% 和41.46%。如果设防地震烈度为7度，所占比例分别也达24.56%和26.15%。上述分析表明对于这类跨度为 20～30m 的预应力桥梁抗震设计来说，竖向地震反应的影响不容忽略。

本节通过算例表明：采用直接模态摄动法和模态叠加法相结合的方法，是求解预应力桥梁竖向地震反应的一个有效方法，由于所得预应力桥梁地震反应是基于连续函数线性组合的表达式，和目前工程设计中常用的梁的力学分析方法相一致，所得数据结果便于工程应用。

第八节 预应力渡槽的竖向振动特性和地震反应

由于我国水资源分布极不均衡，跨流域的调水工程已成为我国水利建设中的重要方面，其中南水北调工程举世瞩目。渡槽是输水网络中跨越河川和交通干线的重要水工建筑物，在南水北调中线工程中修建了许多大型渡槽。一般来说，渡槽是桥式结构，由于渡槽输水的特殊功能，使渡槽槽身的结构型式与桥梁有很大不同，多为开口的薄壁结构，以尽可能减小结构自重荷载，增加输水承重能力。在众多的渡槽结构方案中，预应力 U 形薄壳渡槽是一种较优的结构形式，是大型渡槽的备选设计方案之一。本节以 U 形渡槽为例，应用直接模态摄动法建立预应力渡槽的动力反应的分析方法，并且讨论轴向预应力对渡槽自振特性和地震反应的影响[37]。

一、预应力渡槽的竖向振动方程及其求解

渡槽是桥式结构，预应力渡槽中轴向预应力的力学模型和在竖向地震作用下预应力渡槽的弯曲振动微分方程与预应力桥梁相同，如式(5-128)或式(5-130)所示。同样可以应用直接模态摄动法建立预应力渡槽的模态函数的半解析解，进一步通过模态叠加法求解预应力渡槽在竖向地震作用下的竖向弯曲振动反应，为抗震设计提供基本依据。直接模态摄动法的本质是 Ritz 展开，因此在摄动计算中模态截断的准则与部分特征值问题求解中应保留数量准则相同，即可取 $m=\min(2r, r+8)$，其中 r 是模态叠加法中所需的模态函数数量。

二、U 形渡槽的动力特性

某工程 U 形渡槽为钢筋混凝土薄壁结构，跨度为 24 m，其横截面如图 5-15 所示，在截面底部沿渡槽轴向布置有 10 索内置预应力钢索。计算中不考虑渡槽横截面内环向预应力的影响，并仍采用材料力学中平截面假定。按材料力学方法，可确定U形渡槽截面特性，其中形心位置距槽底外壁为 $h=2230.3\,\text{mm}$；预应力偏心矩 $e=1990.32\,\text{mm}$；截面惯性矩为 $I=25.87443\times10^{12}\,\text{mm}^4$。按直接模态摄动法可求得

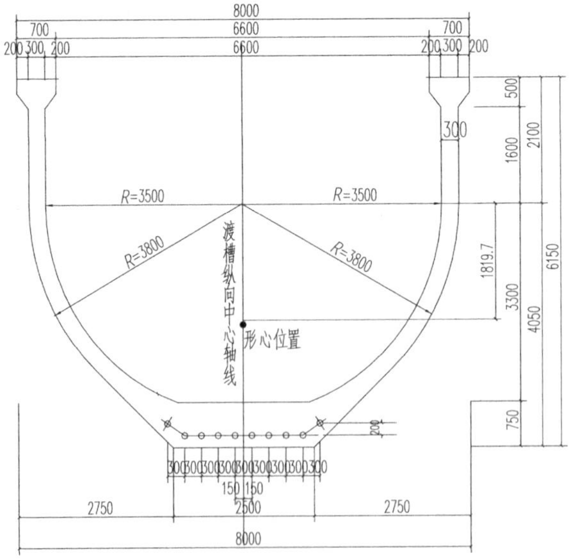

图 5-15　U 形渡槽横截面示意图(单位：mm)

梁的各阶特征值为 $\widetilde{\lambda}_i(\widetilde{\lambda}_i=\widetilde{\omega}_i^2)$ 和对应的主模态函数为 $\widetilde{\varphi}_i(x)$ 以及各阶模态参与系数 $\widetilde{\eta}_i$，有关计算结果列于表 5-26 中。在满槽工况中只考虑设计水位下的水体质量，不考虑槽水与槽壁间的动力相互作用。表中同时列出不考虑预应力时同一渡槽的自振特性，以作比较。

表 5-26　　U 形渡槽的动力特性

模态阶序	空槽				满槽			
	预应力渡槽		无预应力渡槽		预应力渡槽		无预应力渡槽	
	$\widetilde{\omega}_i$	$\widetilde{\eta}_i$	ω_i	η_i	$\widetilde{\omega}_i$	$\widetilde{\eta}_i$	ω_i	η_i
1	124.17	1.273	118.02	1.273	79.55	1.273	75.61	1.273
2	487.89	0	472.07	0	312.58	0	302.45	0
3	1083.81	0.404	1062.16	0.424	694.38	0.404	680.51	0.424
4	1914.08	0	1888.29	0	1226.32	0	1209.79	0
5	2979.46	0.246	2950.45	0.255	1908.89	0.246	1890.30	0.254
6	4280.29	0	4248.65	0	2742.30	0	2722.03	0
7	5816.75	0.177	5782.88	0.182	3726.68	0.177	3704.99	0.182

从表中数据可看出，无论在空槽和满槽工况下，预应力使渡槽的自振频率升高，影响主要体现在低阶自振频率上，随着模态阶序的增加，预应力的影响变小；槽内水体对渡槽自振频率的影响很大，满槽时，使渡槽的各阶自振频率降低 30% 以上。在均匀截面的前提下，预应力和槽内水体对渡槽的模态参与系数影响不大。

三、梁式渡槽地震反应的时程分析

在渡槽地震反应分析中，输入地震波为 El Centro 波（峰值加速度为326 cm/s^2）之外，还输入由该工程场地地震安全性评价报告中提出的场地地表自由场地震波，输入地震波的加速度时程分别如图 5-11 和图 5-12 所示。

按前 10 阶模态叠加得到的有关地震反应的峰值如表 5-27 至表 5-30 所示，表中给出了在渡槽地震反应分析中考虑预应力影响和不考虑预应力影响时的最大峰值及其二者之间的相对误差 e_1、e_2。相对误差 e_1、e_2 分别如式(5-139) 和式(5-140) 所示。e_1 值为正时，表示在计算预应力渡槽地震反应中，不计预应力影响将使渡槽的地震反应计算值比实际反应要大；e_1 值为负则计算值比实际值要小。e_2 值为正时，表示对渡槽施加预应力，反而使渡槽的地震反应增大；e_2 值为负时，表示对渡槽施加预应力，减少了渡槽的地震反应。

表 5-27　　El Centro 波作用下跨中截面地震反应峰值比较(空槽)

地震反应	位移(cm)	速度(m/s)	加速度(m/s^2)	弯矩(kN·m)
考虑预应力影响	0.045	0.0353	3.8719	5912.31
不考虑预应力影响	0.047	0.0401	4.18457	6158.13
e_1	4.44%	13.63%	8.08%	4.16%
e_2	-4.26%	-12.00%	-7.47%	-3.99%

表 5-28　　El Centro 波作用下跨中截面地震反应峰值比较(满槽)

地震反应量	位移(cm)	速度(m/s)	加速度(m/s^2)	弯矩(kN·m)
考虑预应力影响	0.180	0.1187	9.5826	23843.8
不考虑预应力影响	0.195	0.1328	9.8645	25742.4
e_1	8.33%	11.88%	2.94%	7.96%
e_2	-7.69%	-10.62%	-2.86%	-7.38%

表 5-29　　人工地震波作用下跨中截面地震反应峰值比较(空槽)

地震反应量	位移(cm)	速度(m/s)	加速度(m/s^2)	弯矩(kN·m)
考虑预应力影响	0.0182	0.00998	1.0604	2389.57
不考虑预应力影响	0.0203	0.01176	1.0883	2646.68
e_1	11.54%	17.84%	2.63%	10.76%
e_2	-10.34%	-15.14%	-2.56%	-9.71%

表 5-30　　人工地震波作用下跨中截面地震反应峰值比较(满槽)

地震反应量	位移(cm)	速度(m/s)	加速度(m/s^2)	弯矩(kN·m)
考虑预应力影响	0.070	0.03935	2.92404	9256.16
不考虑预应力影响	0.077	0.04469	3.24772	10211.58
e_1	10%	13.57%	11.07%	10.32%
e_2	-9.09%	-11.95%	-9.97%	-9.36%

从表中数据可以看出,不论渡槽处于空槽状态和满槽状态、输入何种地震波,不施加预应力的渡槽和施加预应力的渡槽地震反应的峰值是有差别的,有时相差比较大。从 e_1 值可以看出,在计算预应力渡槽的地震反应时,若不考虑预应力影响,将高估渡槽的地震反应,使渡槽的设计偏于安全,造成工程投资增加。从 e_2 值可以看出,对渡槽实施预应力后,将能减少梁的地震反应,提高了渡槽的抗地震能力。其中梁的最大位移相对减少了 4.26% ~ 10.34 %,梁的最大速度相对减少了 10.62% ~ 15.14%,最大加速度相对减少了 2.56% ~ 9.97%,而跨中弯矩相对减

少了 3.99% ～ 9.71%。应该说，输入地震波选为安评得出的地表波最为合理，因为通过工程场地地震安全性评价得到的场地地表地震波，既考虑了工程场址的实际地震环境，又反映了工程场地土层对地震波传递的影响。从输入人工地震波分析所得到的数据可看出：对渡槽实施预应力技术后，可使渡槽竖向地震位移和跨中动弯矩减小 10% 左右。图 5-16 为输入人工地震波时，在空槽状态下渡槽跨中截面弯矩的时程比较，图 5-17 为满槽状态下渡槽跨中截面弯矩的时程比较。

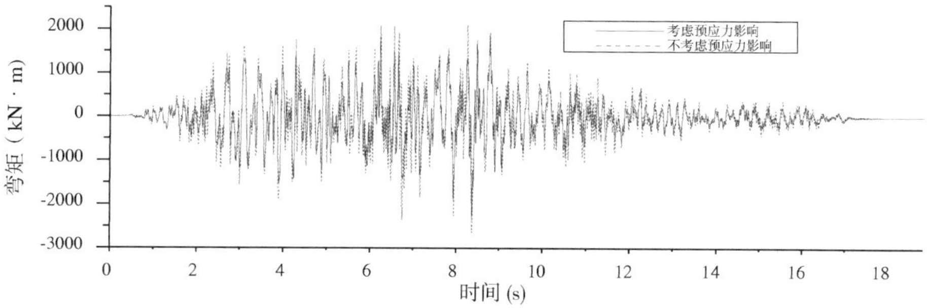

图 5-16　人工地震波作用下空槽跨中弯矩时程反应

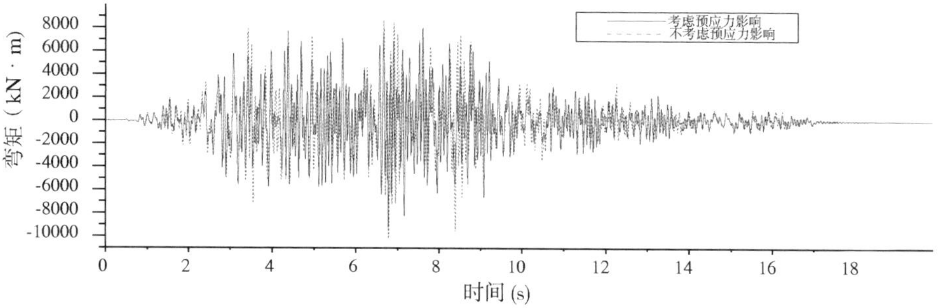

图 5-17　人工地震波作用下满槽跨中弯矩时程反应

1. 槽内水体影响

为了比较槽内水体对渡槽竖向地震反应的影响，把同一地震波作用下的渡槽地震反应的时程绘于同一图中，输入人工地震波时的时程比较如图 5-18 至图 5-20 所示，图中实线为空槽时的地震反应，虚线为满槽时的地震反应。表 5-31 中列出输入不同地震波时满槽与空槽时渡槽竖向地震反应峰值的比值，由此可看出槽内水体对渡槽地震反应的影响是很大的，比值达到 4 左右。这与文献[38] 的计算结果相类似，有关槽内水体与渡槽结构间的相互作用需进一步研究。

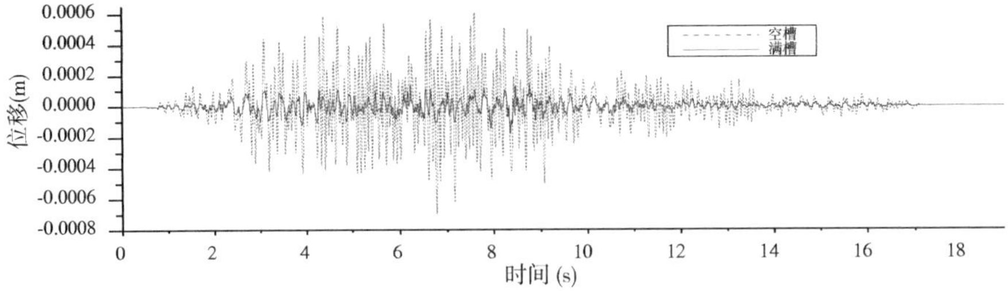

图 5-18　人工地震波作用下渡槽跨中竖向位移时程反应比较

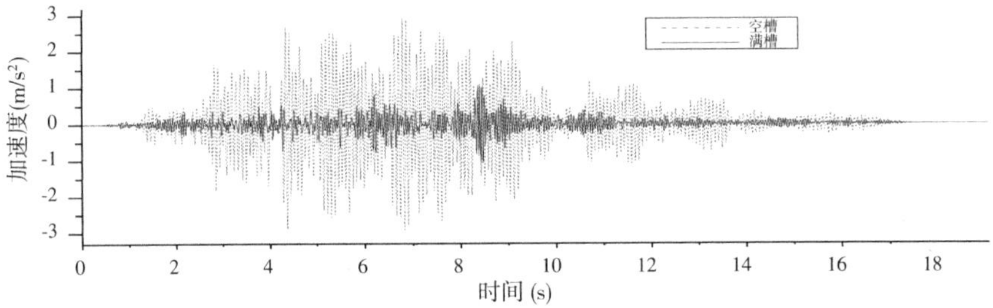

图 5-19　人工地震波作用下渡槽跨中竖向加速度时程反应比较

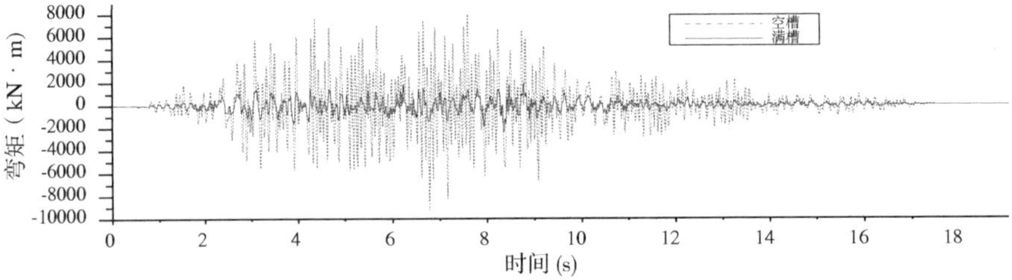

图 5-20　人工地震波作用下渡槽跨中弯矩时程反应比较

表 5-31　　满槽和空槽状态下渡槽地震反应峰值之比

输入地震波	位移	速度	加速度	跨中弯矩
El Centro 波	4	3.36	2.47	4.03
人工地震波	3.89	3.94	2.76	3.87

2. 渡槽高阶模态的影响

在渡槽的地震反应过程中，低阶振型占主导地位，高阶振型相对影响比较小，表 5-32 列出了只考虑第 1 阶模态的地震反应峰值和前 10 阶模态叠加的地震反应峰值间的相对误差。从表中的数据可以看出，两种情况的差别很小，相对而言，误差较大的为跨中弯矩的误差，也只在 2% 左右。两种工况的跨中弯矩时程曲线几乎重合，限于篇幅不再列出。所以为简便起见，在计算渡槽的竖向地震反应时可以只考虑第 1 阶模态的贡献。

表 5-32 按第 1 阶模态计算所得渡槽地震反应峰值的相对误差

地震波	工况	位移	速度	加速度	跨中弯矩
El Centro 波	无预应力渡槽	0.21%	0.10%	−0.41%	1.35%
	预应力渡槽	0.20%	0.06%	0.23%	1.46%
人工地震波	无预应力渡槽	0.07%	0.08%	0%	1.83%
	预应力渡槽	−0.07%	−0.22%	−1.73%	1.07%

3. 竖向地震反应对渡槽总反应的贡献

表 5-33 中列出了在自重和不同竖向地震波作用下预应力渡槽跨中截面处的弯矩和竖向位移，其中 El Centro 波的加速度峰值已调整到 189.96 cm/s^2，与人工地震波相同，以便相互比较。

表 5-33 预应力渡槽跨中截面处的弯矩(kN · m) 和竖向位移(mm)

工况	El Centro 波		人工地震波		自重	
	弯矩	位移	弯矩	位移	弯矩	位移
空槽	3445.10	0.26	2389.57	0.18	10088.4	0.68
满槽	13893.8	1.05	9256.16	0.70	31568.2	2.07

从表中数据可看出：在相同的峰值加速度的条件下，渡槽对 El Centro 波的反应要大于对人工地震波的反应，约增大 50%，差异很大。由此可见，合理地选择输入地震波是科学估计渡槽地震反应的前提。对于大型渡槽抗震设计来说，通过工程场地地震安全性评价来确定输入地震动参数是非常必要的。

目前，工程场地地震安全性评价往往只给出工程场地的水平地震波，如本节中的人工地震波(按地表水平加速度峰值 189.96 cm/s^2 考虑，该工程场地为 8 度地震设防区域)。按当前工程中的通用方法，竖向地震加速度峰值取水平地震加速度峰值的 2/3。按表 5-33 中数据的 2/3 计算，在竖向人工地震波的作用下，渡槽的竖向地震反应峰值与渡槽自重作用下渡槽反应之比(简称“竖向地震系数”)列于表 5-34 中。

表 5-34 预应力渡槽跨中截面处弯矩和竖向位移的竖向地震系数

工况	El Centro 波		人工地震波	
	弯矩	位移	弯矩	位移
空槽	0.228	0.255	0.158	0.176
满槽	0.293	0.338	0.195	0.225

而对于 El Centro 波来说，所占比重要达 30% 左右。由此可见，对于大型渡槽抗震设计来说，竖向地震反应的影响不容忽略。

第六章 Timoshenko 梁模态特性的求解

梁的初等振动方程(即 Bernoulli-Euler 梁振动方程)中忽略了梁中的剪切变形和转动惯量,仅适用于梁的横截面尺寸对比其长度来说是很小的情况,如果要考虑梁的这一尺寸效应,必须运用 Timoshenko 梁理论计算梁的动力特性[4]。但是一般情况下基于 Timoshenko 梁理论的振动方程很难获得解析解,采用级数解法来求解 Timoshenko 方程[39] 较繁琐,而且级数仅取前两项,精度受到影响。近年来,对于不同 Timoshenko 梁的振动问题,提出了各种求解方法,有的过程较为复杂[40-43]。本章将应用连续系统的直接模态摄动法建立求解 Timoshenko 梁动力特性的简便解法。

第一节 Timoshenko 梁的自由振动方程

Timoshenko 梁在横向弯曲变形时,除了纯弯曲变形外,还会产生剪切变形和转动,它们会对梁的振动产生影响,需在建立梁横向弯曲振动方程时考虑这些效应。

一、无阻尼自由振动方程的一般形式

梁转动的角度等于中性轴挠度曲线的斜度,对应的角速度和角加速度分别由挠度 $v(x,t)$ 表出,即$\dfrac{\partial^2 v(x,t)}{\partial x\partial t}$ 和$\dfrac{\partial^3 v(x,t)}{\partial x\partial t^2}$,当仅考虑截面转动惯量影响时,变截面均匀 Timoshenko 梁的无阻尼自由振动方程为:

$$\frac{\partial}{\partial x}\left\{\frac{\partial}{\partial x}\left[EI(x)\frac{\partial^2 v(x,t)}{\partial x^2}\right]-\rho I(x)\frac{\partial^3 v(x,t)}{\partial x\partial t^2}\right\}+\rho A(x)\frac{\partial^2 v(x,t)}{\partial t^2}=0 \tag{6-1}$$

式中,E 为弹性模量,$I(x)$ 为 x 截面处的转动惯性矩,ρ 为质量密度,$A(x)$ 为 x 截面面积。与 Bernoulli-Euler 梁的无阻尼自由振动方程相比,式中左端第 2 项代表转动惯量的效应。

为了得到更为精确的梁的振动微分方程,不仅需要考虑转动惯量的影响,还要计入梁截面上剪力产生的挠度。令 $\psi(x)$ 表示忽略剪力时的挠度曲线斜率,$\beta(x)$

表示同一截面内中性轴处的剪切角，这样 x 截面处梁的总斜率为：

$$\frac{\mathrm{d}v(x,t)}{\mathrm{d}x}=\psi(x,t)+\beta(x,t) \tag{6-2}$$

从初等弯曲理论可以得到如下弯矩和剪力方程：

$$M(x)=EI(x)\frac{\mathrm{d}\psi(x)}{\mathrm{d}x} \tag{6-3}$$

$$V(x)=-k'\beta GA(x)=-k'GA(x)\left[\frac{\mathrm{d}v(x)}{\mathrm{d}x}-\psi(x)\right] \tag{6-4}$$

式中，k' 为取决于梁的横截面形状的参数（简称“截面形状系数”），G 为剪切模量。由此得到 x 截面处的转动微分方程和竖向平动微分方程分别为：

$$\frac{\partial}{\partial x}\left[EI(x)\frac{\partial\psi(x,t)}{\partial x}\right]+k'GA(x)\left[\frac{\partial v(x,t)}{\partial x}-\psi(x,t)\right]-\rho I(x)\frac{\partial^2\psi(x,t)}{\partial t^2}=0 \tag{6-5a}$$

$$\frac{\partial}{\partial x}\left\{k'GA(x)\left[\frac{\partial v(x,t)}{\partial x}-\psi(x,t)\right]\right\}-\rho A(x)\frac{\partial^2 v(x,t)}{\partial t^2}=0 \tag{6-5b}$$

式(6-5) 为 Timoshenko 梁的无阻尼自由振动方程，一般情况下很难获得解析解。

二、等截面均匀 Timoshenko 梁的特征方程

当梁的横截面相同且沿梁长材料特性均匀分布时，从式(6-5) 两方程中消去 $\psi(x,t)$，可得到等截面均匀 Timoshenko 梁的无阻尼自由振动方程为：

$$EI_0\frac{\partial^4 v(x,t)}{\partial x^4}+\rho A_0\frac{\partial^2 v(x,t)}{\partial t^2}-\rho I_0\left(1+\frac{E}{k'G}\right)\frac{\partial^4 v(x,t)}{\partial x^2\partial t^2}+\frac{\rho^2 I_0}{k'G}\frac{\partial^4 v(x,t)}{\partial t^4}=0 \tag{6-6}$$

式中，I_0、A_0 分别为梁的横截面转动惯量和面积。引入截面回转半径 $r_g^2=\frac{I_0}{A_0}$，并在方程两端同时除以 ρA_0 后可得到：

$$a^2\frac{\partial^4 v(x,t)}{\partial x^4}+\frac{\partial^2 v(x,t)}{\partial t^2}-r_g^2\left(1+\frac{E}{k'G}\right)\frac{\partial^4 v(x,t)}{\partial x^2\partial t^2}+r_g^2\frac{\rho}{k'G}\frac{\partial^4 v(x,t)}{\partial t^4}=0 \tag{6-7}$$

设：

$$v(x,t)=\tilde{\varphi}(x)g(t) \tag{6-8}$$

式中：

$$g(t)=A\cos\tilde{\omega}t+B\sin\tilde{\omega}t \tag{6-9a}$$

相应地有：

$$\dot{g}(t)=\tilde{\omega}(-A\sin\tilde{\omega}t+B\cos\tilde{\omega}t) \tag{6-9b}$$

$$\ddot{g}(t)=-\tilde{\omega}^2(A\cos\tilde{\omega}t+B\sin\tilde{\omega}t)=-\tilde{\omega}^2g(t) \tag{6-9c}$$

$$g^{(4)}(t)=\tilde{\omega}^4(A\cos\tilde{\omega}t+B\sin\tilde{\omega}t)=\tilde{\omega}^4g(t) \tag{6-9d}$$

把式(6-8) 代入式(6-7) 并利用式(6-9) 可得：

$$\left[a^2\tilde{\varphi}^{(4)}(x)-\tilde{\omega}^2\tilde{\varphi}(x)+\tilde{\omega}^2r_g^2\left(1+\frac{E}{k'G}\right)\tilde{\varphi}''(x)+\tilde{\omega}^4r_g^2\frac{\rho}{k'G}\tilde{\varphi}(x)\right]g(t)=0 \tag{6-10}$$

由于 $g(t)$ 不等零，因此得到等截面均匀 Timoshenko 梁的特征方程：

$$a^2\tilde{\varphi}^{(4)}(x)-\tilde{\omega}^2\tilde{\varphi}(x)+\tilde{\omega}^2r_g^2\left(1+\frac{E}{k'G}\right)\tilde{\varphi}''(x)+\tilde{\omega}^4r_g^2\frac{\rho}{k'G}\tilde{\varphi}(x)=0 \tag{6-11}$$

上述方程也可表述为：

$$\tilde{\varphi}^{(4)}(x)-\tilde{k}^4\tilde{\varphi}(x)+\tilde{k}^4r_g^2\left(1+\frac{E}{k'G}\right)\tilde{\varphi}''(x)+\tilde{k}^8r_g^4\frac{E}{k'G}\tilde{\varphi}(x)=0 \tag{6-12}$$

其中，$\tilde{k}^4=\dfrac{\tilde{\omega}^2}{a^2}=\dfrac{\rho A_0\tilde{\omega}^2}{EI_0}$。

式(6-12) 中前 2 项组成 Bernoulli-Euler 梁的特征方程，显然考虑了剪切变形和转动惯量的影响后，等截面均匀 Timoshenko 梁的特征方程的求解要比 Bernoulli-Euler 梁复杂。

三、等截面均匀 Timoshenko 简支梁的模态特性

根据边界条件，两端简支的等截面均匀 Timoshenko 梁的模态函数取为：

$$\tilde{\varphi}_i(x)=c\sin\frac{i\pi x}{l} \tag{6-13}$$

代入式(6-12) 得到等截面均匀 Timoshenko 简支梁的频率方程：

$$\left(\frac{i\pi}{l}\right)^4-\tilde{k}_i^4-\tilde{k}_i^4r_g^2\left(\frac{i\pi}{l}\right)^2-\tilde{k}_i^4r_g^2\left(\frac{i\pi}{l}\right)^2\frac{E}{k'G}+\tilde{k}_i^8r_g^4\frac{E}{k'G}=0 \tag{6-14}$$

式中前2项对应于Bernoulli-Euler梁的纯弯曲效应，第3项为转动惯量效应，后2项代表剪切变形效应。若令 $y=\widetilde{k}_i^4$，则式(6-14) 为一元二次代数方程，只要明确梁的几何和物理参数，不难得到其中的正数解，从中获得等截面均匀 Timoshenko 简支梁的各阶模态频率。

若只考虑转动惯量效应，即取式(6-14) 中的前 3 项组成特征方程，从中解得 Timoshenko 简支梁的各阶模态特征值为：

$$\widetilde{\lambda}_i=\widetilde{\omega}_i^2=\frac{\left(\frac{i\pi}{l}\right)^4\frac{EI_0}{\rho A_0}}{1+\left(\frac{i\pi r_g}{l}\right)^2}=\frac{\lambda_i}{1+\left(\frac{i\pi r_g}{l}\right)^2} \tag{6-15}$$

应用二项展开式得到：

$$\widetilde{\omega}_i=\left(\frac{i\pi}{l}\right)^2\left[1-\frac{1}{2}\left(\frac{i\pi r_g}{l}\right)^2\right]\sqrt{\frac{EI_0}{\rho A_0}} \tag{6-16}$$

为了进一步考察剪切变形效应，以式(6-14) 中的前 2 项所表征的 Bernoulli-Euler 简支梁的模态特征值 $k_i^4=\left(\frac{i\pi}{l}\right)^4$ 作为第一近似值代入式(6-14) 中最后一项：

$$\widetilde{k}_i^8 r_g^4\frac{E}{k'G}=\widetilde{k}_i^4 r_g^2\left(\frac{i\pi}{l}\right)^2\frac{E}{k'G}\left(\frac{i\pi r_g}{l}\right)^2 \tag{6-17}$$

因此，当 $\frac{i\pi r_g}{l}\ll 1$ 时，式(6-14) 中最后一项远小于第 4 项。若不计最后一项时，可近似得到式(6-14) 的解：

$$\widetilde{k}_i^4=\frac{\left(\frac{i\pi}{l}\right)^4}{1+r_g^2\left(\frac{i\pi}{l}\right)^2\left(1+\frac{E}{k'G}\right)} \tag{6-18}$$

从中得到：

$$\widetilde{\omega}_i^2=\frac{\left(\frac{i\pi}{l}\right)^4\frac{EI_0}{\rho A_0}}{1+r_g^2\left(\frac{i\pi}{l}\right)^2\left(1+\frac{E}{k'G}\right)} \tag{6-19}$$

应用二项展开式得到：

$$\tilde{\omega}_i = \left(\frac{i\pi}{l}\right)^2 \left[1 - \frac{1}{2}\left(\frac{i\pi r_g}{l}\right)^2 \left(1 + \frac{E}{k'G}\right)\right] \sqrt{\frac{EI_0}{\rho A_0}} \tag{6-20}$$

从式(6-20)可以看出，考虑剪切变形效应和转动惯量效应后简支梁的各阶模态频率减小，减小的程度不仅与梁的物理特性和截面几何参数有关，也取决于模态函数的半波长 $\lambda_i = \frac{l}{i}$，而不是梁长 l。

假设泊松比 $\mu = \frac{1}{3}$，若梁横截面为矩形，其截面形状系数 $k' = \frac{5}{6}$，则 $\frac{E}{k'G} = 3.2$，说明此时剪切变形效应是转动惯量效应的 3.2 倍。假设第 i 阶模态函数的半波长 λ_i 是梁高 h 的 10 倍，即 $\frac{l}{i} = 10h$，此外对于矩形截面，有 $r_g^2 = \frac{I_0}{A_0} = \frac{h^2}{12}$，因此有：

$$\frac{1}{2}\left(\frac{i\pi r_g}{l}\right)^2 = \frac{1}{2}\left(\frac{\pi^2}{12}\right)\left(\frac{1}{100}\right) \approx 0.0041$$

$$\frac{1}{2}\left(\frac{i\pi r_g}{l}\right)^2 \left(1 + \frac{E}{k'G}\right) = (1 + 3.2) \times 0.0041 = 0.01722$$

由此可见，考虑剪切变形效应和转动惯量效应对简支梁模态频率的总修正约为 1.72%。

第二节　求解等截面均匀 Timoshenko 梁模态特性的直接模态摄动法

前述讨论表明，等截面均匀 Timoshenko 简支梁的模态特性可以获得解析解，但是对于具有固定端或自由端边界的 Timoshenko 梁来说，很难通过理论分析获得的模态特性的解析解，而直接模态摄动法提供了获得半解析解的一种简便方法[44-46]。

一、直接模态摄动法求解的基本方程

按照连续系统直接模态摄动法的基本原理，首先取与 Timoshenko 梁具有相同几何尺寸、材料常数及边界条件的 Bernoulli-Euler 梁作为参考系统，该 Bernoulli-Euler 梁的特征方程由式(6-12)中的前两项组成：

$$\varphi^{(4)}(x) - k^4\varphi(x) = 0 \tag{6-21}$$

对应的模态特征参数为各阶特征值 λ_i 及相应的模态函数 $\varphi_i(x)$，且满足正交性：

$$\int_0^l \varphi_i(x)\varphi_j(x)\mathrm{d}x = \delta_{ij} \tag{6-22}$$

$$\int_0^l \varphi_i(x)\varphi_j^{(4)}(x)\mathrm{d}x = \int_0^l \varphi_i^{(4)}(x)\varphi_j(x)\mathrm{d}x = a_j^4\delta_{ij} \tag{6-23}$$

式中：$\varphi_i(x)$ 已经正则化，$a_j^4 = \dfrac{\rho A_0 \omega_j^2}{EI_0} = \dfrac{m_0 \omega_j^2}{EI_0}$。

按直接模态摄动法，Timoshenko 梁的第 i 阶模态函数和对应的特征值为：

$$\tilde{\varphi}_i(x) = \varphi_i(x) + \Delta\varphi_i(x) \tag{6-24a}$$

$$\tilde{\lambda}_i = \lambda_i + \Delta\lambda_i \tag{6-24b}$$

其中：

$$\Delta\varphi_i(x) \approx \sum_{\substack{j=1\\ j\neq i}}^{m} \varphi_k(x)c_{ki} \tag{6-24c}$$

为表述方便，设 $A = \dfrac{\rho A_0}{EI_0}$，$B = \dfrac{\rho}{E}\left(1 + \dfrac{E}{k'G}\right)$，$C = \dfrac{\rho^2}{k'GE}$，则式(6-6) 变为：

$$\frac{\partial^4 v(x,t)}{\partial x^4} + A\frac{\partial^2 v(x,t)}{\partial t^2} - B\frac{\partial^4 v(x,t)}{\partial x^2 \partial t^2} + C\frac{\partial^4 v(x,t)}{\partial t^4} = 0 \tag{6-25}$$

对应的确定模态频率和模态函数的特征方程为：

$$\tilde{\varphi}^{(4)}(x) + B\tilde{\lambda}\tilde{\varphi}''(x) + \tilde{\lambda}(C\tilde{\lambda} - A)\tilde{\varphi}(x) = 0 \tag{6-26}$$

把式(6-24) 代入式(6-26) 得到：

$$\varphi_i^{(4)}(x) + \sum_{\substack{j=1\\ j\neq i}}^{m} \varphi_k^{(4)}(x)c_{ki} + B(\lambda_i + \Delta\lambda_i)\left[\varphi_i''(x) + \sum_{\substack{j=1\\ j\neq i}}^{m} \varphi_k''(x)c_{ki}\right]$$

$$+ (\lambda_i + \Delta\lambda_i)\left[C(\lambda_i + \Delta\lambda_i) - A\right]\left[\varphi_i''(x) + \sum_{\substack{j=1\\ j\neq i}}^{m} \varphi_k''(x)c_{ki}\right] = 0 \tag{6-27}$$

式(6-27) 两端同乘 $\varphi_j(x)(j = 1,2,\cdots,m)$，沿全梁进行积分，并设 $D_{ij} = \int_0^l \varphi_i''(x)\varphi_j(x)\mathrm{d}x$，则分别得到当 $j = i$ 和当 $j \neq i$ 时的计算公式分别为：

$$C\Delta\lambda_i^2 + B\Delta\lambda_i \sum_{\substack{j=1\\ j\neq i}}^{m} c_{ki}D_{jk} + (BD_{ii} + 2C\lambda_i - A)\Delta\lambda_i$$

$$+ B\lambda_i \sum_{\substack{j=1\\ j\neq i}}^{m} c_{ki}D_{ki} + \lambda_i(BD_{ii} + C\lambda_i) = 0 \tag{6-28a}$$

$$C\Delta\lambda_i^2 c_{ji} + (2C\lambda_i - A)c_{ji}\Delta\lambda_i + B\Delta\lambda_i \sum_{\substack{j=1\\ j\neq i}}^{m} c_{ki} D_{ki} + BD_{ij}\Delta\lambda_i$$

$$+ (C\lambda_i^2 - A\lambda_i + A\lambda_k)c_{ji} + B\lambda_i \sum_{\substack{j=1\\ j\neq i}}^{m} c_{ki} D_{ki} + B\lambda_i D_{ij} = 0 \tag{6-28b}$$

将式(6-28) 写成矩阵形式：

$$C\Delta\lambda_i^2 [E]\{q_i\} + \Delta\lambda_i [F]\{q_i\} + [G]\{q_i\} + \{H\} = 0 \tag{6-29}$$

式中：

$$[E] = \mathrm{diag}(1 - \delta_{ij}) \quad (j = 1, 2, \cdots, m) \tag{6-30a}$$

$$[F] = \begin{bmatrix} 2C\lambda_i - A + BD_{11} & \cdots & BD_{i-1,1} & 0 & BD_{i+1,1} & \cdots & BD_{m,1} \\ \cdots & \cdots & \cdots & \cdots & \cdots & \cdots & \cdots \\ BD_{1,i} & \cdots & BD_{i-1,i} & C & BD_{i+1,i} & \cdots & BD_{m,i} \\ \cdots & \cdots & \cdots & \cdots & \cdots & \cdots & \cdots \\ BD_{1,m} & \cdots & BD_{i-1,m} & 0 & BD_{i+1,m} & \cdots & 2C\lambda_i - A + BD_{mm} \end{bmatrix} \tag{6-30b}$$

$$[G] = \begin{bmatrix} C\lambda_i^2 - A\lambda_i + A\lambda_1 + B\lambda_i D_{11} & \cdots & B\lambda_i D_{i-1,1} & BD_{i,1} & B\lambda_i D_{i+1,1} & \cdots & B\lambda_i D_{m1} \\ \cdots & \cdots & \cdots & \cdots & \cdots & \cdots & \cdots \\ B\lambda_i D_{1,i} & \cdots & B\lambda_i D_{i-1,i} & 2C\lambda_i - A + BD_{ii} & B\lambda_i D_{i+1,i} & \cdots & B\lambda_i D_{m,i} \\ \cdots & \cdots & \cdots & \cdots & \cdots & \cdots & \cdots \\ B\lambda_i D_{1,m} & \cdots & B\lambda_i D_{i-1,m} & BD_{i,m} & B\lambda_i D_{i+1,m} & \cdots & C\lambda_i^2 - A\lambda_i + A\lambda_m + B\lambda_i D_{mm} \end{bmatrix} \tag{6-30c}$$

$$\{H\} = \{B\lambda_i D_{i1} \quad B\lambda_i D_{i2} \quad \cdots \quad B\lambda_i D_{i,i-1} \quad \lambda_i(BD_{ii} + C\lambda_i) \quad B\lambda_i D_{i,i+1} \quad \cdots \quad B\lambda_i D_{im}\}^{\mathrm{T}} \tag{6-30d}$$

$$\{q_i\} = \{c_{1i} \quad c_{2i} \quad \cdots \quad c_{i-1,i} \quad \Delta\lambda_i \quad c_{i+1,i} \quad \cdots \quad c_{mi}\}^{\mathrm{T}} \tag{6-31}$$

式(6-29) 是直接模态摄动法应用于等截面均匀 Timoshenko 梁时所建立的求解方程,从中解出式(6-31) 所示的 m 个未知数,便可获得等截面均匀 Timoshenko 梁的模态特性。显然,未知数 $\Delta\lambda_i$ 出现在系数矩阵中,式(6-29) 为 m 维非线性代数方程组,可用迭代法求解。

二、Timoshenko 简支梁模态特性正确性的验证

对于等截面 Bernoulli-Euler 简支梁来说,其振动模态函数为正弦函数,因此设 $\varphi_i(x)=\sqrt{\frac{2}{l}}\sin(\frac{i\pi x}{l})$,易知 $D_{ij}=-\frac{(i\pi)^2}{l^2}\delta_{ij}$,$\lambda_i=\omega_i{}^2=\left(\frac{i\pi}{l}\right)^4\frac{EI_0}{\rho A_0}$,则由式(6-28) 可得:

$$A(\lambda_k-\lambda_i)c_{ki}=0 \tag{6-32a}$$

$$C\Delta\lambda_i^2+(BD_{ii}+2C\lambda_i-A)\Delta\lambda_i+\lambda_i(BD_{ii}+C\lambda_i)=0 \tag{6-32b}$$

因为当 $k\neq i$ 时,$\lambda_k\neq\lambda_i$,因此由式(6-32a) 知 $c_{ki}=0(k=1,\cdots,m,k\neq i)$,进一步由式(6-24) 可得 $\tilde{\varphi}_i(x)=\varphi_i(x)$,它表明,剪切变形和转动惯量对简支梁的弯曲振动的模态函数没有影响。但对模态频率有影响,频率变化的摄动量 $\Delta\lambda_i$ 可由式(6-32b) 求得,考虑剪切变形与转动惯量的影响使频率减小,$\Delta\lambda_i$ 取负值,应为:

$$\Delta\lambda_i=\frac{1}{2C}\left[(A-BD_{ii}-2C\lambda_i)-\sqrt{(A-BD_{ii}-2C\lambda_i)^2-4C\lambda_i(BD_{ii}+C\lambda_i)}\right] \tag{6-33}$$

当不考虑剪切变形和转动惯量对梁的弯曲振动影响时,由式(6-25) 可知,$B=0$,$C=0$。把式中参数 B 表示为参数 C 的比例关系:$B=\gamma C$(γ 为一常数),则应用罗必塔(L'Hopital) 法则,由式(6-33) 则有:

$$\lim_{B=\gamma C\to 0}\Delta\lambda_i=\lim_{C\to 0}\left[\frac{-(\gamma D_{ii}+2\lambda_i)+(\gamma D_{ii}+2\lambda_i)}{2}\right]=0 \tag{6-34}$$

式(6-34) 表明:当 $B=0$,$C=0$ 时,$\Delta\lambda_i=0$,说明由直接模态摄动法得到等截面均匀 Bernoulli-Euler 简支梁的模态频率值与解析解一致。下面进一步验证由式(6-33) 和式(6-24b) 所得的等截面均匀 Timoshenko 简支梁的模态频率值也与解析解一致。

根据式(6-24b),可得到:

$$\tilde{k}_i^4=\frac{\tilde{\omega}_i^2}{a^2}=\frac{\rho A_0\tilde{\lambda}_i}{EI_0}=\frac{\rho A_0(\lambda_i+\Delta\lambda_i)}{EI_0} \tag{6-35}$$

代入等截面均匀 Timoshenko 简支梁的特征值方程[式(6-14)]得：

$$\left(\frac{i\pi}{l}\right)^4-\frac{\rho A_0(\lambda_i+\Delta\lambda_i)}{EI_0}-\frac{\rho A_0(\lambda_i+\Delta\lambda_i)}{EI_0}r_g^2\left(\frac{i\pi}{l}\right)^2\left(1+\frac{E}{k'G}\right)$$

$$+\left(\frac{\rho A_0(\lambda_i+\Delta\lambda_i)}{EI_0}\right)^2 r_g^4\frac{E}{k'G}=0 \tag{6-36}$$

利用等截面均匀 Bernoulli-Euler 简支梁特征值关系式 $k_i^4=\frac{\rho A_0\lambda_i}{EI_0}=\left(\frac{i\pi}{l}\right)^4$，并按 $\Delta\lambda_i$ 的幂次合并同类项后，式(6-36)为：

$$\frac{\rho^2}{k'EG}\Delta\lambda_i^2+\left[-\frac{\rho}{E}\left(1+\frac{E}{k'G}\right)\left(\frac{i\pi}{l}\right)^2+\frac{2\rho^2}{k'EG}\lambda_i-\frac{\rho A_0}{EI_0}\right]\Delta\lambda_i$$

$$-\frac{\rho}{E}\left(1+\frac{E}{k'G}\right)\left(\frac{i\pi}{l}\right)^2\lambda_i+\frac{\rho^2}{k'EG}\lambda_i^2=0 \tag{6-37}$$

引入 $\Lambda-\frac{\rho A_0}{EI_0}$，$B=\frac{\rho}{E}\left(1+\frac{E}{k'G}\right)$，$C=\frac{\rho^2}{k'GE}$ 和 $D_{ii}=-\left(\frac{i\pi}{l}\right)^2$，则式(6-37)可写为：

$$C\Delta\lambda_i^2+(BD_{ii}+2C\lambda_i-A)\Delta\lambda_i+\lambda_i(BD_{ii}+C\lambda_i)=0 \tag{6-38}$$

式(6-38)与式(6-32b)完全一致。由于从式(6-32b)所解得的等截面均匀 Timoshenko 简支梁各阶特征值摄动是准确的，从而说明直接模态摄动法求解得到的等截面均匀 Timoshenko 简支梁各阶模态频率是准确的，与解析解一致。

三、算例

下面通过算例来讨论把直接模态摄动法应用于 Timoshenko 简支梁、悬臂梁和固端梁模态特性分析时的计算精度。

算例中等截面均匀梁的弹性模量 $E=2.06\times10^{11}\,\mathrm{N/m^2}$、质量密度 $\rho=7.85\,\mathrm{kg/m^3}$、横截面几何尺寸 $b\times h=0.3\,\mathrm{m}\times0.9\,\mathrm{m}$、泊松比 $\mu=0.33$，梁长 l 考虑 4 种情况，使细长比 $\eta=l/r_g$ 分别取值为 10，20，30 和 40。表 6-1 至表 6-3 中分别列出了由直接模态摄动法(DMPM 法)计算得到的 Timoshenko 简支梁、悬臂梁和固端梁的模态频率，此外表中还列出了应用基于深梁理论的有限单元法(FEM 法)计算所得到的模态频率以及对应的 Bernoulli-Euler 梁的模态频率，可作为比较，从中可以验证直接模态摄动法的计算准确性以及深梁效应的影响规律。

表 6-1 **Timoshenko 简支梁前 6 阶模态频率** (Hz)

η	计算方法	f_1	f_2	f_3	f_4	f_5	f_6
10	DMPM	262.2	789.9	1372	1960	2542	3119
	FEM	265.7	810.6	1400	1984	2557	3124
	Euler 梁	309.3	1237	2783	4948	7732	11133
20	DMPM	73.66	262.2	512.1	789.9	1079	1372
	FEM	74.09	267.0	527.9	822.5	1133	1450
	Euler 梁	77.32	309.3	695.8	1237	1933	2783
30	DMPM	33.60	126.6	262.2	424.5	602.7	789.9
	FEM	33.70	127.8	267.0	435.9	623.5	822.5
	Euler 梁	34.36	137.5	309.3	549.8	859.1	1237
40	DMPM	19.08	73.66	157.2	262.2	382.1	512.1
	FEM	19.12	74.09	159.0	267.0	391.5	527.9
	Euler 梁	19.33	77.32	174.0	309.3	483.2	695.8

表 6-2 **Timoshenko 固端梁前 6 阶模态频率** (Hz)

η	计算方法	f_1	f_2	f_3	f_4	f_5	f_6
10	DMPM	435.0	921.6	1492	2058	2717	3343
	FEM	453.6	944.1	1515	2094	2957	3745
	Euler 梁	701.1	1933	3788	6263	9355	13066
20	DMPM	148.3	354.1	601.8	873.4	1190	1500
	FEM	150.6	359.0	613.5	892.8	1515	1829
	Euler 梁	175.3	483.1	947.1	1566	2339	3267
30	DMPM	71.82	182.2	326.4	491.8	670.5	857.5
	FEM	72.37	183.8	329.9	500.0	690.0	893.6
	Euler 梁	77.89	214.7	420.9	695.8	1039	1452
40	DMPM	41.98	110.0	203.2	315.7	443.0	582.9
	FEM	43.14	114.3	203.3	316.7	446.5	589.3
	Euler 梁	43.82	120.8	236.8	391.4	584.7	816.6

表 6-3　　Timoshenko 悬臂梁前 6 阶模态频率　　(Hz)

η	计算方法	f_1	f_2	f_3	f_4	f_5	f_6
10	DMPM	102.0	468.6	1029	1583	2091	2253
	FEM	102.8	485.2	1070	1685	2322	2960
	Euler 梁	110.2	690.4	1933	3789	6262	9355
20	DMPM	26.68	151.8	374.2	639.9	930.6	1232
	FEM	27.05	153.9	382.5	659.1	964.5	1286
	Euler 梁	27.54	172.6	483.3	947.2	1566	2339
30	DMPM	12.03	72.14	188.2	338.8	513.3	704.5
	FEM	12.14	72.67	190.8	346.1	527.9	728.4
	Euler 梁	12.24	76.71	214.8	421.0	695.8	1039
40	DMPM	6.80	41.15	111.6	206.9	322.1	452.7
	FEM	6.85	41.83	112.7	210.1	329.0	464.9
	Euler 梁	6.89	43.65	120.8	236.8	391.4	584.7

根据有限单元法的基本原理和结构动力分析的基础理论可知，由有限单元法计算所得的结构模态频率值特别是基频不会低于理论值，通常要高于理论值，而且模态阶序越高，误差越大。从表 6-1 中数据可以看出，直接模态摄动法和有限单元法所得 Timoshenko 梁的模态频率基本相近，后者高于前者，且模态阶序越高，两种方法计算结果相差越大，符合基本规律。表 6-2 和表 6-3 中数据也具有表6-1 中数据所体现出的相同特征。对于 Timoshenko 简支梁来说，前面已证明了由直接模态摄动法得到的模态频率是准确的，表中数据表明由直接模态摄动法计算所得的等截面 Timoshenko 固端梁和悬臂梁的模态频率应比有限元方法更为准确。

从表中数据可以看出：在长细比 $l/r_g \geqslant 30$ 时，Timoshenko 梁的第一阶频率才与 Euler 梁符合较好。而当 l/r_g 较小且模态函数的阶序较高时，由于剪切变形和转动惯量不可忽略，Timoshenko 梁的频率与 Euler 梁相差很大。因此，在计算梁的横向弯曲振动反应时，应根据外部激励的频谱特性和梁的模态频率特性间的联系，确定是否考虑剪切变形和转动惯量的影响。

四、不同横向振动状态下简支梁模态频率的比较

由于梁的几何特性不同，特别是梁的跨度和梁高不同，在横向自由振动时简支梁会呈现三种不同的振动形态，分别是横向纯剪切振动、不考虑剪切变形和转动惯量影响的纯弯曲振动和考虑剪切变形和转动惯量影响的弯曲振动。尽管三种状态

的振动模态函数都是正弦函数，但对应的模态频率各不相同。

(1) 横向纯剪切振动时的简支梁(简称"S 梁")的模态频率为：

$$\omega_i^{\mathrm{S}}=\frac{i\pi}{l}\sqrt{\frac{k'G}{\rho}}=\left(\frac{i\pi}{l}\sqrt{\frac{E}{\rho}}\right)\sqrt{\frac{k'}{2(1+\nu)}} \tag{6-39a}$$

(2) 横向纯弯曲振动时的 Bernoulli-Euler 简支梁(简称"E 梁")的模态频率为：

$$\omega_i^{E}=\left(\frac{i\pi}{l}\right)^2\sqrt{\frac{EI_0}{\rho A_0}}=\left(\frac{i\pi}{l}\sqrt{\frac{E}{\rho}}\right)\left(\frac{i\pi}{l}\sqrt{\frac{I_0}{A_0}}\right)$$
$$=\left(\frac{i\pi}{l}\sqrt{\frac{E}{\rho}}\right)\pi\left(\frac{ir_g}{l}\right) \tag{6-39b}$$

(3) Timoshenko 简支梁(简称"T 梁")的模态频率为：

$$\omega_i^{\mathrm{T}}=\left(\frac{i\pi}{l}\sqrt{\frac{E}{\rho}}\right)$$
$$\sqrt{\frac{k'}{4(1+\nu)}\left[\frac{1}{\pi^2\left(\frac{ir_g}{l}\right)^2}+1\right]+\frac{1}{2}-\sqrt{\left\{\frac{k'}{4(1+\nu)}\left[\frac{1}{\pi^2\left(\frac{ir_g}{l}\right)^2}+1\right]+\frac{1}{2}\right\}^2-\frac{k'}{2(1+\nu)}}} \tag{6-39c}$$

为了便于直观地比较处于三种不同振动状态的简支梁模态频率，在数值计算中，取泊松比 $\nu=\frac{1}{3}$、剪切折合系数 $k'=\frac{5}{6}$，并以 $\omega/\left(\frac{i\pi}{l}\sqrt{\frac{E}{\rho}}\right)$ 作为纵坐标 y，$\left(\frac{ir_g}{l}\right)$ 作为横坐标 x。代入具体数据后，在 x-y 坐标系中，式(6-39) 可写为：

$$y^{\mathrm{S}}=0.5583 \tag{6-40a}$$

$$y^{\mathrm{B-E}}=\pi x\approx 3.1416x \tag{6-40b}$$

$$y^{\mathrm{T}}=\sqrt{\left(\frac{0.01583}{x^2}+0.65625\right)-\sqrt{\left(\frac{0.00025}{x^4}+\frac{0.02078}{x^2}+0.11816\right)}} \tag{6-40c}$$

图 6-1 表示了纯剪切简支梁、Bernoulli-Euler 简支梁及 Timoshenko 简支梁三者频率的变化情况。

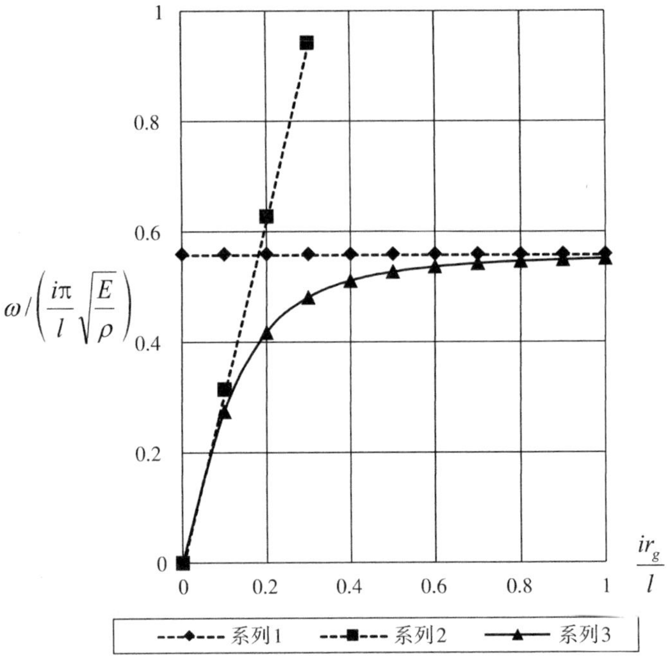

图 6-1　不同振动状态梁的模态频率变化

(系列 1 为 S 梁,系列 2 为 E 梁,系列 3 为 T 梁)

五、深梁效应的影响因素

以 Timoshenko 固端梁为例,通过数值分析讨论深梁效应的影响因素。在计算中,取泊松比 $\mu=\frac{1}{3}$,$k'=\frac{5}{6}$,$m=10$。表 6-4 中列出了在不同$\frac{l}{r_g}$条件下 Timoshenko 固端梁的各阶模态频率参数$(a_i l)^2$ 的具体数值,表 6-5 中列出了固端梁各阶模态频率的深梁效应影响系数 $\beta_i=\frac{\tilde{\omega}_i}{\omega_i}$。

表 6-4　　Timoshenko 固端梁模态频率参数表$(a_i l)^2=\tilde{\omega}_i l^2\sqrt{\frac{m}{EI}}$

l/r_g	模态阶序 i						
	1	2	3	4	5	6	7
5	14.330	26.368	33.378	45.168	54.257	62.916	73.582
10	18.855	39.199	60.615	80.815	100.21	120.14	134.11
15	20.386	46.900	77.117	108.20	143.44	173.74	194.19

续表

l/r_g	模态阶序 i						
	1	2	3	4	5	6	7
20	21.135	51.509	88.113	127.17	167.59	208.95	238.79
25	21.538	54.371	95.887	141.80	190.04	239.43	290.33
30	21.776	56.227	101.41	152.93	208.16	265.47	324.42
35	21.927	57.479	105.40	161.43	222.67	287.11	353.85
40	22.027	58.357	108.35	168.00	234.31	305.03	378.91
Euler 梁	22.373	61.673	120.90	199.86	298.56	416.99	555.17

表 6-5　　Timoshenko 固端梁模态频率的深梁效应影响系数 β_i

l/r_g	模态阶序 i						
	1	2	3	4	5	6	7
5	0.6405	0.4276	0.2761	0.2260	0.1817	0.1509	0.1325
10	0.8427	0.6356	0.5014	0.4044	0.3357	0.2881	0.2416
15	0.9112	0.7605	0.6378	0.5414	0.4804	0.4167	0.3498
20	0.9447	0.8352	0.7288	0.6363	0.5613	0.5011	0.4301
25	0.9627	0.8816	0.7931	0.7095	0.6365	0.5742	0.5230
30	0.9733	0.9117	0.8388	0.7652	0.6972	0.6366	0.5844
35	0.9800	0.9320	0.8718	0.8077	0.7458	0.6885	0.6374
40	0.9845	0.9462	0.8962	0.8406	0.7848	0.7315	0.6825

从表中的数值计算结果可以看出:① 随着长细比$\frac{l}{r_g}$的增加,剪切变形和转动惯量的影响逐渐减小。例如,当长细比$\frac{l}{r_g}$等于 20 时,Timoshenko 梁的第 1 阶模态频率与 Bernoulli-Euler 梁第 1 阶模态频率间的误差为 5.86%。当长细比$\frac{l}{r_g}$等于 30 时,二者之间的误差为 2.67%。② 随着模态阶序的增大,剪切变形和转动惯量的影响逐渐增大。例如,当长细比$\left(\frac{l}{r_g}\right)$等于 20 时,Timoshenko 梁的第 2 阶主频率与 Euler 梁第二阶主频率的误差为 19.733%。当长细比$\left(\frac{l}{r_g}\right)$等于 30 时,二者误差为 9.686%,都比相应第一阶主频率的误差大许多。从计算结果可以看出更高阶模态频率的误差还要增大,因此若要保证高阶模态频率的计算精度时,只有长细比

$\left(\frac{l}{r_g}\right)$取值更大时，才能忽略剪切变形和转动惯量的影响，即深梁效应才可以忽略。③ 从上述结果可以进一步认识到，在梁的动力反应计算中是否忽略深梁效应，不仅要考虑梁的几何物理特性(主要表现为长细比的影响)，而且还与外部动力载荷的频谱分布特性有关，也就是说要考虑外部载荷是否会激发出梁的高阶主模态，不能仅仅根据第 1 阶主模态的计算误差来确定。

为了考察 Timoshenko 固端梁的模态函数的特点，表 6-6 列出了在不同$\frac{l}{r_g}$条件下 Timoshenko 固端梁第 1 阶模态函数的组合系数 c_{k1}。由于固端梁第 1 阶模态函数的正对称性，Bernoulli-Euler 梁的偶数阶序的模态函数对其没有贡献，因此对应的组合系数 c_{k1} 为 0。从表中可以看出：① 随着长细比的增加，模态函数的组合系数的绝对值减小，这从另一侧面说明了 Timoshenko 固端梁的模态函数受剪切变形和转动惯量的影响减小；②Bernoulli-Euler 梁各阶模态函数对其贡献中，相邻阶序的主模态函数影响最大，模态阶序相距越远，则影响越小。

表 6-6　　Timoshenko 固端梁第 1 阶模态函数中的组合系数表

l/r_g	组合系数 c_{k1}						
	c_{11}	c_{21}	c_{31}	c_{41}	c_{51}	c_{61}	c_{71}
5	1.0	0	−0.0572	0	−0.0045	0	−0.0009
10	1.0	0	−0.0113	0	−0.0013	0	−0.0003
15	1.0	0	−0.0056	0	−0.0007	0	−0.0002
20	1.0	0	−0.0033	0	−0.0004	0	−0.0001
25	1.0	0	−0.0022	0	−0.0003	0	−0.0001
30	1.0	0	−0.0016	0	−0.0002	0	−0.0000
35	1.0	0	−0.0012	0	−0.0001	0	−0.0000
40	1.0	0	−0.0009	0	−0.0001	0	−0.0000

第三节　变截面 Timoshenko 梁的模态特性

本节针对工程中常采用变截面形式的梁式结构，进一步讨论应用直接模态摄动法建立求解变截面 Timoshenko 梁的模态特性的半解析方法[47-49]。

一、变截面 Timoshenko 梁的特征方程

变截面 Timoshenko 梁的无阻尼自由振动方程如式(6-5) 所示，采用分离变量

法，可以得到求解变截面 Timoshenko 梁模态特性的特征方程。

令：

$$v(x,t)=\tilde{\varphi}(x)\sin(\tilde{\omega}t+\theta) \tag{6-41a}$$

$$\psi(x,t)=\tilde{\psi}(x)\sin(\tilde{\omega}t+\theta) \tag{6-41b}$$

从式(6-5)可得到以梁的振动模态函数为变量的特征方程：

$$\frac{\mathrm{d}^2}{\mathrm{d}x^2}\left[EI(x)\frac{\mathrm{d}\tilde{\psi}(x)}{\mathrm{d}x}\right]+k'GA(x)\left[\frac{\mathrm{d}\tilde{\varphi}(x)}{\mathrm{d}x}-\tilde{\psi}(x)\right]+\tilde{\lambda}\frac{\mathrm{d}}{\mathrm{d}x}[\rho I(x)\tilde{\psi}(x)]=0 \tag{6-42a}$$

$$\frac{\mathrm{d}}{\mathrm{d}x}\left\{k'GA(x)\left[\frac{\mathrm{d}\tilde{\varphi}(x)}{\mathrm{d}x}-\tilde{\psi}(x)\right]\right\}+\tilde{\lambda}\rho A(x)\tilde{\varphi}(x)=0 \tag{6-42b}$$

式中，$\tilde{\lambda}=\tilde{\omega}^2$ 为变截面 Timoshenko 梁的特征值。对于任意变截面梁，求解式(6-42)的解析解通常是很困难的，原因是式(6-42)是变系数的微分方程组。求解这类方程组，一般采用近似数值分析方法。下文应用直接模态摄动法，利用等截面 Bernoulli-Euler 梁的计算结果，形成一个求解式(6-42)的较简单的半解析解方法。

二、应用直接模态摄动法的基本过程

取一与 Timoshenko 梁具有相同长度、材料常数及边界条件的等截面均匀 Bernoulli-Euler 梁，令：

$$\rho A_0=\frac{\int_0^l \rho A(x)\mathrm{d}x}{l} \tag{6-43a}$$

$$EI_0=\frac{\int_0^l EI(x)\mathrm{d}x}{l} \tag{6-43b}$$

因而有：

$$\Delta\rho A(x)=\rho A(x)-\rho A_0 \tag{6-44a}$$

$$\Delta EI(x)=EI(x)-EI_0 \tag{6-44b}$$

直接模态摄动法的基本思想是把式(6-42)所表示的变截面 Timoshenko 梁看成是具有式(6-43)所描述的截面参数的等截面均匀 Bernoulli-Euler 梁经过参数修改后得到的新系统，这个新系统的模态函数及特征值可以在 Bernoulli-Euler 梁模态特征的基础上进行简单的摄动分析而近似地求得。即设：

$$\tilde{\lambda}_i=\lambda_i+\Delta\lambda_i \tag{6-45a}$$

$$\tilde{\varphi}_i(x)\approx\varphi_i(x)+\sum_{\substack{k=1\\k\neq i}}^{m}\varphi_k(x)a_{ki} \tag{6-45b}$$

$$\widetilde{\psi}_i(x) \approx \sum_{k=1}^{m} \psi_k(x) b_{ki} = \sum_{k=1}^{m} \varphi'_k(x) b_{ki} \tag{6-45c}$$

从理论上讲，梁有无穷多个主模态，即式(6-45b)和式(6-45c)中的 m 应为∞，但在实际计算时，可取 Bernoulli-Euler 梁的有限数量低阶模态函数进行近似计算。因此，只要求得 $\Delta\lambda_i$，a_{ki} 和 b_{ki} 共 $2m$ 个未知数，即可求得变截面 Timoshenko 梁的第 i 阶特征值 $\widetilde{\lambda}_i$ 及对应的主模态函数 $\widetilde{\varphi}_i(x)$ 和 $\widetilde{\psi}_i(x)$。将式(6-45)诸式代入方程组(6-42)可得：

$$\begin{aligned}&\frac{\mathrm{d}^2}{\mathrm{d}x^2}\left\{[EI_0+\Delta EI(x)]\sum_{k=1}^{m}\varphi''_k(x)b_{ki}\right\}\\&-\frac{\mathrm{d}}{\mathrm{d}x}\left\{k'GA(x)\left[\sum_{k=1}^{m}\varphi'_k(x)b_{ki}-\varphi'_i(x)-\sum_{\substack{k=1\\k\neq i}}^{m}\varphi'_k(x)a_{ki}\right]\right\}\\&+(\lambda_i+\Delta\lambda_i)\frac{\mathrm{d}}{\mathrm{d}x}\left[\rho I(x)\sum_{k=1}^{m}\varphi'_k(x)b_{ki}\right]=0\end{aligned} \tag{6-46a}$$

$$\begin{aligned}&-\frac{\mathrm{d}}{\mathrm{d}x}\left\{k'GA(x)\left[\sum_{k=1}^{m}\varphi'_k(x)b_{ki}-\varphi'_i(x)-\sum_{\substack{k=1\\k\neq i}}^{m}\varphi'_k(x)a_{ki}\right]\right\}\\&+(\lambda_i+\Delta\lambda_i)[\rho A_0+\Delta\rho A(x)]\left[\varphi_i(x)+\sum_{\substack{k=1\\k\neq i}}^{m}\varphi_k(x)a_{kj}\right]=0\end{aligned} \tag{6-46b}$$

在方程两边乘以 $\varphi_j(x)(j=1,2,\cdots,m)$，然后沿梁的全长积分，利用 Bernoulli-Euler 梁的模态函数正交性，可得：

$$\begin{aligned}&-\sum_{k=1}^{m}s_{jk}b_{ki}+\sum_{\substack{k=1\\k\neq i}}^{m}s_{jk}a_{ki}+(\lambda_i+\Delta\lambda_i)\sum_{\substack{k=1\\k\neq i}}^{m}(m_j^*\delta_{jk}+\Delta m_{jk})a_{ki}\\&+\Delta\lambda_i(m_j^*\delta_{ji}+\Delta m_{ji})=-s_{ji}-\lambda_i(m_j^*\delta_{ji}+\Delta m_{ji})\end{aligned} \tag{6-47a}$$

$$\begin{aligned}&\sum_{k=1}^{m}(\lambda_j m_j^*\delta_{jk}+\Delta k_{jk})b_{kj}-\sum_{k=1}^{m}s_{jk}b_{ki}+\sum_{\substack{k=1\\k\neq i}}^{m}s_{jk}a_{ki}\\&+(\lambda_i+\Delta\lambda_i)\sum_{k=1}^{m}r_{jk}b_{ki}=-s_{ji}\end{aligned} \tag{6-47b}$$

式中：

$$m_i^* = \int_0^l \rho A_0 \varphi_i^2(x)\mathrm{d}x = \frac{\rho A_0 l}{2} \tag{6-48a}$$

$$\Delta m_{jk} = \int_0^l \Delta\rho A(x)\varphi_j(x)\varphi_k(x)\mathrm{d}x \tag{6-48b}$$

$$s_{jk} = \int_0^l k'GA(x)\varphi_j(x)\varphi''_k(x)\mathrm{d}x \tag{6-48c}$$

$$\Delta k_{jk} = \int_0^l \varphi_j(x)\frac{\mathrm{d}^2}{\mathrm{d}x^2}[\Delta EI(x)\varphi''_k(x)]\mathrm{d}x \tag{6-48d}$$

$$r_{jk} = \int_0^l \rho I(x)\varphi_j\varphi''_k(x)\mathrm{d}x \tag{6-48e}$$

令 $j=1,2,\cdots,m$ 重复利用式(6-48),可得代数方程组:

$$\left(\begin{bmatrix} \boldsymbol{C}^{11} & \boldsymbol{C}^{12} \\ \boldsymbol{C}^{21} & \boldsymbol{C}^{22} \end{bmatrix} + \Delta\lambda_j \begin{bmatrix} \boldsymbol{D}^{11} & \boldsymbol{0} \\ \boldsymbol{0} & \boldsymbol{D}^{22} \end{bmatrix}\right)\begin{Bmatrix} \boldsymbol{q}_1 \\ \boldsymbol{q}_2 \end{Bmatrix} = \begin{Bmatrix} \boldsymbol{p}_1 \\ \boldsymbol{p}_2 \end{Bmatrix} \tag{6-49}$$

式中,$\boldsymbol{C}^{11}$、$\boldsymbol{C}^{12}$、$\boldsymbol{C}^{21}$、$\boldsymbol{C}^{22}$、$\boldsymbol{D}^{11}$ 和 $\boldsymbol{D}^{22}$ 都为 m 阶方阵,$\boldsymbol{q}_1$、$\boldsymbol{q}_2$、$\boldsymbol{p}_1$ 和 $\boldsymbol{p}_2$ 为 m 阶向量。各方阵和向量中的各元素分别为:

$$c_{jk}^{11} = \begin{cases} \lambda_i m_j^* \delta_{jk} + \lambda_i \Delta m_{jk} + s_{jk}, & k \neq i \\ \lambda_i m_j^* \delta_{jk} + \lambda_i \Delta m_{jk}, & k = i \end{cases} \tag{6-50a}$$

$$c_{jk}^{21} = \begin{cases} s_{jk}, & k \neq i \\ 0, & k = i \end{cases} \tag{6-50b}$$

$$c_{jk}^{12} = -s_{jk} \tag{6-50c}$$

$$c_{jk}^{22} = \Delta k_{jk} + \lambda_j m_j^* \delta_{jk} - s_{jk} + \lambda_i r_{jk} \tag{6-50d}$$

$$d_{jk}^{11} = \begin{cases} m_j^* \delta_{jk} + \Delta m_{jk}, & k \neq i \\ 0, & k = i \end{cases} \tag{6-51a}$$

$$d_{jk}^{22} = r_{jk} \tag{6-51b}$$

$$\boldsymbol{q}_1 = \left\{ a_{1i}, \quad \cdots, \quad a_{(i-1)i}, \quad \frac{\Delta\lambda_i}{\lambda_i}, \quad a_{(i+1)i}, \quad \cdots, \quad a_{mi} \right\}^{\mathrm{T}} \tag{6-52a}$$

$$\boldsymbol{q}_2 = \{ b_{1i}, \quad b_{2i}, \quad \cdots, \quad b_{mi} \}^{\mathrm{T}} \tag{6-52b}$$

$$p_{1j} = -s_{ji} - \lambda_i(m_j\delta_{ji} + \Delta m_{ji}) \tag{6-53a}$$

$$p_{2j} = -s_{ji} \tag{6-53b}$$

从式(6-49) 的推导过程来看,利用直接模态摄动法将复杂的微分方程组求解转化为一组非线性代数方程组的求解。在求得未知向量 $\{q_1\}$ 和 $\{q_2\}$ 以后,从式(6-45) 不难得到变截面 Timoshenko 梁的第 i 阶模态特性。令 $i=1,2,\cdots,s(s \leqslant$

m)，可求得变截面 Timoshenko 梁的前 s 阶振动模态。显然，通过应用直接模态摄动法把变系数微分方程组转化为 s 组 $2m$ 阶非线性方程组的求解。

三、算例

1. 变截面 Timoshenko 简支梁

考虑一长为 l、宽为 b 的变截面简支梁，梁截面的高度沿梁长线性变化，其变化表示 $h(x)=\bar{h}(1+\frac{\alpha x}{l})(0\leqslant x\leqslant l)$。因此截面的惯性矩 $I(x)$ 和面积 $A(x)$ 分别为：

$$I(x)=\frac{1}{12}b\bar{h}^3\left(1+\frac{\alpha x}{l}\right)^3 \tag{6-54a}$$

$$A(x)=b\bar{h}\left(1+\frac{\alpha x}{l}\right) \tag{6-54b}$$

在应用直接模态摄动法时，等截面 Bernoulli-Euler 梁的高度取为 $h_0=\bar{h}(1+0.5\alpha)$，这样，$I_0=bh_0^3/12$，$A_0=bh_0$。取等截面均匀梁的前 13 阶模态，计算变截面 Timoshenko 梁的前 5 阶频率。计算中引入以下无量纲参数：$\Omega_i=\tilde{\omega}_i l^2\sqrt{\rho\bar{A}/E\bar{I}}$，$r=\frac{r_g}{l}$。其中，$\bar{I}=\frac{b\bar{h}^3}{12}$，$\bar{A}=b\bar{h}$，$r_g=\sqrt{\frac{\bar{I}}{\bar{A}}}$。

表 6-7 所列为不同 α 值时变截面 Timoshenko 梁的前 5 阶无量纲频率 Ω_i 的计算结果。计算中 Timoshenko 梁的参数为：$E/G=2.6$，$k'=\frac{5}{6}$，$r=0.0707$。表 6-7 中也列出了分别采用有限元法(FEM)[50] 和动刚度有限元法(DFEM)[51] 的分析结果，数值结果表明：三种方法所得数值基本一致，相比之下直接模态摄动法求解自由度极低，且可得到连续函数解。

表 6-7　变截面 Timoshenko 简支梁前 5 阶模态 Ω_i

Ω_i	$\alpha=-0.5$			$\alpha=0$		
	DMPM	FEM	DFEM	DMPM	FEM	DFEM
Ω_1	6.764	6.765	6.754	9.021	9.023	9.023
Ω_2	24.353	24.462	24.539	29.900	29.914	29.912
Ω_3	47.290	47.371	47.302	55.173	55.201	55.207
Ω_4	72.629	72.674	72.672	81.753	81.817	81.815
Ω_5	98.980	99.231	99.039	108.60	108.86	108.70

2. 分段变截面 Timoshenko 悬臂梁

图 6-2 所示的阶跃悬臂梁，也即分段变截面 Timoshenko 悬臂梁。算例中梁的计算参数如下：$\frac{h_2}{h_1}=0.8,\frac{l_1}{l}=\frac{2}{3},\frac{E}{G}=2.6,k'=5/6$，截面宽度 b 为常量。定义无量纲频率 $\Omega_i=\tilde{\omega}_i l^2\sqrt{\frac{\rho A_1}{EI_1}},r=\frac{r_g}{l}=\sqrt{\frac{I_1}{A_1 l^2}}$。应用直接模态摄动法时，参考系统为等截面 Bernoulli-Euler 悬臂梁，其高度取为 $h_0=(2h_1+h_2)/3$。在不同的 r 值时，无量纲频率 Ω_i 前 3 阶的计算结果如表 6-8 所示。表中也列出了采用有限元法和动刚度有限元法所得的计算结果。

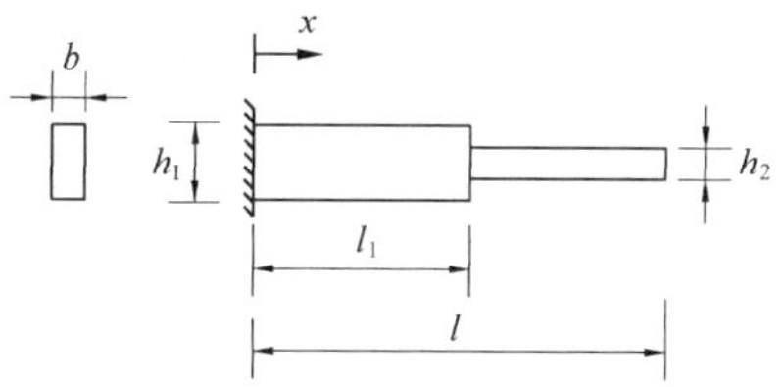

图 6-2　变截面 Timoshenko 阶跃悬臂梁

表 6-8　　阶跃悬臂梁前 3 阶模态对应的无量纲频率

r	频率	DMPM	FEM	DFEM
0.02	Ω_1	3.8188	3.82	3.8219
	Ω_2	21.354	21.35	21.354
	Ω_3	55.966	55.04	55.041
0.04	Ω_1	3.8058	3.80	3.8034
	Ω_2	20.702	20.72	20.728
	Ω_3	51.652	51.68	51.685
0.06	Ω_1	3.7706	3.77	3.7716
	Ω_2	19.797	19.80	19.804
	Ω_3	47.369	47.35	47.354

3. 渐变截面 Timoshenko 悬臂梁的频率特性

如图 6-3 所示截面高度呈现线性变化的悬臂梁。算例中梁的计算参数如下：$\frac{h_2}{h_1}=0.8,\frac{E}{G}=2.6,k'=5/6$，截面宽度 b 为常量。应用直接模态摄动法计算时，参考系统为等截面 Bernoulli-Euler 悬臂梁，梁的高度取为 $h_0=\frac{h_1+h_2}{2}$。表 6-9 中列出了不同 r 值时变截面 Timoshenko 悬臂梁的无量纲频率 Ω_i 前 3 阶的计算结果，同时表中也列出其他方法的计算结果，包括有限元法、Lagrangain 法(LM)[52] 和 Rayleigh-Ritz 法(RRM)[53]。

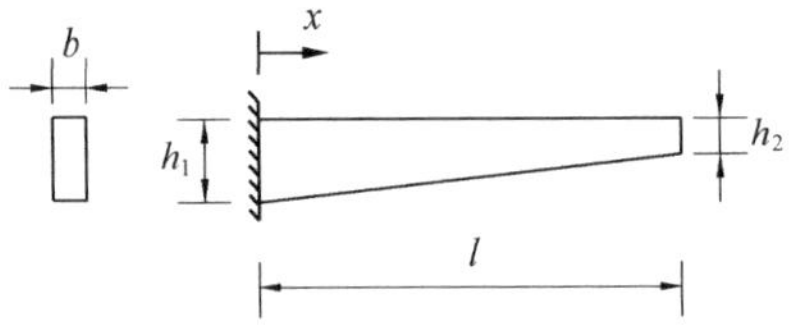

图 6-3　变截面 Timoshenko 渐变悬臂梁

表 6-9　　渐变悬臂梁前 3 阶无量纲频率计算结果

R	频率	DMPM	FEM	LM	RRM
0.02	Ω_1	3.5941	3.59	3.584	3.587
	Ω_2	20.181	20.17	19.984	20.18
	Ω_3	53.510	53.48	52.445	53.488
0.04	Ω_1	3.5572	3.56	3.552	3.558
	Ω_2	19.041	19.01	18.855	19.018
	Ω_3	47.451	47.43	46.693	47.398
0.08	Ω_1	3.4225	3.42	3.415	3.422
	Ω_2	15.904	15.84	15.744	15.84
	Ω_3	35.574	35.35	34.96	35.271

Timoshenko 梁特征值的求解通常采用近似解法。由有限元的理论可知，其计算结果的精度与单元划分有关，且大于精确解。应用直接模态摄动法求解变截面 Timoshenko 梁自由振动方程在本质上属于 Ritz 法，由于选取了与变截面 Timoshenko 梁密切相关的等截面 Bernoulli-Euler 梁的模态函数作为近似函数，因而具有半解析特点且计算结果具有较高的精度。

从直接模态摄动法的计算过程来看，涉及变参数的情况，只需计算 Δm_{jk}、Δk_{jk}、s_{jk}、r_{jk}、ρA_0 和 EI_0 等参数，这些参数为积分运算的结果。当无法采用解析积分时，可采用数值积分的手段进行。计算中对梁横截面的变化情况并无特殊要求，可以是解析函数，也可以不是解析函数，因此，具有较强的适用性。

第四节　深梁效应对钢筋混凝土梁频率特性的影响

钢筋混凝土梁是土木工程结构中常见的构件或结构形式，通常采用 Bernoulli-Euler 梁理论进行计算分析，在动力分析中常常不关注深梁效应对钢筋混凝土梁的模态特性和动力反应的影响。下文应用直接模态摄动法，重点将讨论深梁效应对钢筋混凝土梁模态特性的影响[54]。

由于钢筋混凝土梁内配置的纵向钢筋分布不同且有弯起，因此即使全梁横截面沿梁长不变，在力学性态上讲，钢筋混凝土梁属于变参数 Timoshenko 梁，与变截面 Timoshenko 梁的动力分析问题相一致。当弯起钢筋数量不多时，如前所述可不考虑梁中钢筋的弯起作用，把梁内纵向钢筋视为通长布置的钢筋，则梁单位长度的质量 m 和截面抗弯刚度 EI 都是常数，可按等截面 Timoshenko 梁理论讨论深梁效应对钢筋混凝土梁模态特性的影响。

算例中取一等截面梁，采用 C30 混凝土浇筑，内置钢筋 Ⅱ 级，跨度为 l，横截面面积为 $A = 300\ \text{mm} \times 600\ \text{mm}$，混凝土和钢筋的弹性模量分别为 $E_c = 3 \times 10^4\ \text{N/mm}^2$ 和 $E_s = 2 \times 10^5\ \text{N/mm}^2$。钢筋的配置情况为顶部和底部各置一层，钢筋距截面边缘为 $a_s = 30\text{mm}$。算例分析中以混凝土 Bernoulli-Euler 梁作为参考系统，把梁内配置的纵向钢筋引起的质量和抗弯刚度的变化作为摄动修改同时考虑截面转动惯量和剪切效应作用。定义相对误差如下：

$$e_i = \frac{\omega_i - \tilde{\omega}_i}{\tilde{\omega}_i} \tag{6-55}$$

式中，ω_i 为第 i 阶 Bernoulli-Euler 梁模态频率，$\tilde{\omega}_i$ 为第 i 阶 Timoshenko 梁模态频率，此数值表明采用混凝土 Bernoulli-Euler 梁模型计算得到的钢筋混凝土 Timoshenko 梁自振频率所产生的误差，正值表示高估，反之表示低估，绝对值越大离正确值差距越远。

一、不同钢筋布置的影响

取梁的跨度 $l = 3\text{m}$，考虑 7 种配筋工况，如表 6-10 所示。表 6-10 中列出了在不同配筋情况下，按混凝土 Bernoulli-Euler 梁计算钢筋混凝土 Timoshenko 梁模态频率所带来的误差 e_i。

表 6-10　不同配筋率下忽略深梁效应时钢筋混凝土梁各阶模态频率的 e_i

配筋情况		上部配筋	2Φ18	0	3Φ20	2Φ20	4Φ22	2Φ22	5Φ25
		下部配筋	2Φ18	4Φ18	3Φ20	4Φ20	4Φ22	6Φ22	5Φ25
		配筋率	0.566%	0.566%	1.047%	1.047%	2.182%	2.182%	2.727%
模态阶序	1	固端梁	2.70%	2.61%	4.76%	4.73%	7.21%	7.04%	10.60%
		简支梁	2.74%	2.64%	4.82%	4.79%	7.31%	7.14%	10.74%
		悬臂梁	3.14%	3.03%	5.55%	5.52%	8.44%	8.25%	12.48%

续表

模态阶序	2	固端梁	1.99%	1.92%	3.49%	3.46%	5.24%	5.12%	7.62%
		简支梁	2.02%	1.95%	3.54%	3.52%	5.33%	5.21%	7.76%
		悬臂梁	2.65%	2.56%	4.67%	4.63%	7.06%	6.90%	10.36%
	3	固端梁	1.47%	1.41%	2.55%	2.53%	3.78%	3.69%	4.90%
		简支梁	1.42%	1.36%	2.47%	2.45%	3.68%	3.58%	5.26%
		悬臂梁	2.03%	1.96%	3.57%	3.55%	5.39%	5.26%	7.86%

表中数值表明:① 钢筋和深梁效应对钢筋混凝土梁低阶模态频率的影响要大于对高阶模态频率的影响;② 对悬臂梁模态频率的影响要大一些,对固端梁和简支梁模态频率的影响相同,表明两端不同的约束型支撑形式影响不大;③ 配筋率越高,钢筋和深梁效应的影响越大;④ 对比同一配筋率下梁的各阶模态频率的误差,表明钢筋是否对称布置对梁的模态频率有影响但差别不是很大。

二、参数长细比$\frac{l}{r_g}$的影响

表 6-11 所列为不同长细比$\frac{l}{r_g}$下,配筋情况为顶部 5 ⌀25、底部 5 ⌀25 时,采用混凝土 Bernoulli-Euler 梁模型计算得到的钢筋混凝土 Timoshenko 梁自振频率所产生的误差。表中数据表明:随着长细比$\frac{l}{r_g}$的增大,完全按混凝土 Bernoulli-Euler 梁计算钢筋混凝土 Timoshenko 梁模态频率所带来的误差同步逐渐增大。

表 6-11　不同长细比下忽略深梁效应对钢筋混凝土梁各阶模态频率的 e_i

梁长 l(m)			3	4	5	6	7	8
长细比 l/r_g			15.87	21.16	26.45	31.73	37.02	42.31
模态阶序	1	固端梁	10.60%	11.26%	11.63%	11.85%	12.00%	12.09%
		简支梁	10.74%	11.41%	11.75%	11.95%	12.07%	12.15%
		悬臂梁	12.48%	12.45%	12.44%	12.44%	12.43%	12.43%
	2	固端梁	7.62%	9.04%	9.96%	10.56%	10.98%	11.28%
		简支梁	7.76%	9.24%	10.16%	10.74%	11.13%	11.41%
		悬臂梁	10.36%	11.16%	11.58%	11.82%	11.97%	12.07%
	3	固端梁	4.90%	7.12%	8.26%	9.12%	9.76%	10.25%
		简支梁	5.26%	7.07%	8.34%	9.24%	9.90%	10.38%
		悬臂梁	7.86%	9.10%	9.98%	10.57%	10.99%	11.28%

第七章　直接模态摄动法在工程场地力学分析中的应用

第一节　变参数土层的动力特性和地震反应分析

大量地震震害现象表明，工程场地的土层动力特性对于上部结构地震反应有着重要的影响。因此，工程场地土层的动力特性和地震反应特点成为地震工程领域中普遍关心的研究内容，也是构成大量工程结构抗震设计中应考虑的基本因素之一。

早期对于工程场地土层动力特性的研究，一般都基于水平均匀土层的假定，这样可通过波动理论获得解析解。实际工程中场地土层很多是水平分层的，即使土层是单一水平成层的或可以近似为单一水平成层的土层，土介质的力学特性也会随着土层深度而变化。这样就构成了变参数土层的动力分析问题，直接模态摄动法为求解这一问题提供了有效途径。

一、变参数水平土层的波动方程及其解的一般形式

图 7-1 表示置于岩层或类岩层上的变参数水平土层，其厚度为 H。

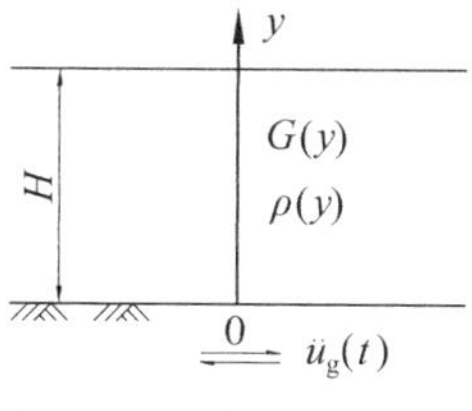

图 7-1　变参数水平土层

当下卧岩层受水平地震加速度 $\ddot{u}_g(t)$ 作用时，土层水平剪切振动的运动方程为：

$$\rho(y)\frac{\partial^2 u(y,t)}{\partial t^2}+c(y)\frac{\partial u(y,t)}{\partial t}-\frac{\partial}{\partial y}\left[G(y)\frac{\partial u(y,t)}{\partial y}\right]=-\rho(y)\ddot{u}_g(t) \tag{7-1}$$

式中，$u(y,t)$ 为土层中距离基岩表面 y 处的土介质相对于基岩表面的水平位移，$\rho(y)$、$c(y)$ 和 $G(y)$ 分别为竖向坐标 y 处的土介质的质量密度、黏滞阻尼系数和剪

切弹性模量，都是坐标 y 的函数。显然，上式是一个变参数的二阶偏微分方程。

若采用分离变量法，则式(7-1) 的解可表示为：

$$u(y,t)=\sum_{i=1}^{\infty}\tilde{\varphi}_i(y)g_i(t) \tag{7-2}$$

其中，第 i 阶模态函数 $\tilde{\varphi}_i(y)$ 满足下列方程：

$$\frac{\mathrm{d}}{\mathrm{d}y}\left[G(y)\frac{\mathrm{d}\tilde{\varphi}_i(y)}{\mathrm{d}y}\right]+\tilde{\lambda}_i\rho(y)\tilde{\varphi}_i(y)=0 \tag{7-3}$$

而广义坐标 $g_i(t)$ 由下式得出：

$$\ddot{g}_i(t)+2\xi_i\tilde{\omega}_i\dot{g}_i(t)+\tilde{\omega}_i^2g_i(t)=-\tilde{\eta}_i\ddot{u}_g(t) \tag{7-4}$$

在式(7-4) 中已引入了阻尼力关于模态函数具有正交性的假定。

当 $\rho(y)$ 和 $G(y)$ 为常数 ρ_0 和 G_0 时，不难得到均匀水平土层的模态函数及相对应的模态频率：

$$\varphi_i(y)=\sin\frac{(2i-1)\pi y}{2H} \tag{7-5a}$$

$$\lambda_i=\omega_i^2=\left[\frac{(2i-1)\pi}{2H}\right]^2\frac{G_0}{\rho_0} \tag{7-5b}$$

二、求解变参数水平土层模态特性的半解析方法

应用直接模态摄动求解变参数水平土层模态特性[55] 时，需首先选择水平均匀土层作为摄动求解的原始系统。设变参数水平成层土层的平均剪切弹性模量和质量密度分别为：

$$G_0=\frac{1}{H}\int_0^H G(y)\mathrm{d}y \tag{7-6a}$$

$$\rho_0=\frac{1}{H}\int_0^H \rho(y)\mathrm{d}y \tag{7-6b}$$

则有：

$$G(y)=G_0+\Delta G(y) \tag{7-7a}$$

$$\rho(y)=\rho_0+\Delta\rho(y) \tag{7-7b}$$

式(7-7) 表明，把变参数水平成层土层的平均剪切弹性模量和质量密度作为水平均匀土层的剪切弹性模量和质量密度，这样变参数水平土层可看作是在水平均匀土层系统的基础上经过参数摄动后的新系统，其剪切振动的模态特性可在水平

均匀土层系统剪切振动模态特性的基础进行摄动求解，即：

$$\widetilde{\lambda}_i = \lambda_i + \Delta\lambda_i \tag{7-8a}$$

$$\widetilde{\varphi}_i(y) = \varphi_i(y) + \Delta\varphi_i(y) \approx \varphi_i(y) + \sum_{\substack{k=1 \\ k\neq i}}^{m} \varphi_k(y) c_{ki} \tag{7-8b}$$

由于式(7-3)为二阶变系数微分方程，不难应用直接模态摄动法求得变参数水平土层剪切振动的模态特性，相关摄动求解过程不再重复介绍。其中在形成非线性代数方程组时，需要计算由于摄动所产生的如下系数：

$$\Delta m_{rs} = \int_0^H \Delta\rho(y)\varphi_r(y)\varphi_s(y)\mathrm{d}y \tag{7-9a}$$

$$\begin{aligned}
\Delta k_{rs} &= \int_0^H \varphi_r(y)\frac{\mathrm{d}}{\mathrm{d}y}\left[\Delta G(y)\varphi'_s(y)\right]\mathrm{d}y \\
&= \left[\varphi_r(y)\Delta G(y)\varphi'_s(y)\right]\Big|_0^H - \int_0^H \Delta G(y)\varphi'_s(y)\varphi'_r(y)\mathrm{d}y \\
&= -\int_0^H \Delta G(y)\varphi'_r(y)\varphi'_s(y)\mathrm{d}y
\end{aligned} \tag{7-9b}$$

式(7-9)中应用了土层底面固定约束和表面自由的边界条件：$\varphi_r(0)=0$ 和 $\varphi'_s(H)=0$。

变参数水平土层竖向振动的模态特性的求解如同剪切振动模态特性的求解过程，只是需把剪切弹性模量替换为杨氏弹性模量。

三、变参数水平土层的地震反应

当获得变参数水平土层的剪切模态特性后，在水平地震激励下，土层地震反应可由模态叠加法求得，关键是确定式(7-4)中的模态参与系数 $\widetilde{\eta}_i$。定义等厚度水平土层地震反应计算中的模态参与系数为：

$$\widetilde{\eta}_i = \frac{1}{\widetilde{m}_i^*}\int_0^H \rho(y)\widetilde{\varphi}_i(y)\mathrm{d}y \tag{7-10}$$

式中，$\widetilde{m}_i^*$ 为第 i 阶模态质量。

令 $c_{ii}=1.0$，则由式(7-8b)有：

$$\widetilde{\varphi}_i(y) = \sum_{k=1}^{m} \varphi_k(y) c_{ki} \tag{7-11}$$

这时模态质量 $\widetilde{m}_i^*$ 为：

$$\begin{aligned}\tilde{m}_i^* &= \int_0^H \rho(y)\tilde{\varphi}_i^2(y)\mathrm{d}y \\ &= \sum_{r=1}^m \sum_{s=1}^m c_{ri}c_{si}(m_i^*\delta_{rs} + \Delta m_{rs}) \\ &= \frac{\rho_0 H}{2}\sum_{r=1}^m \sum_{s=1}^m c_{ri}c_{si}\left(\delta_{rs} + \frac{2}{\rho_0 H}\Delta m_{rs}\right)\end{aligned} \tag{7-12}$$

式中,m_i^* 为等厚度均匀水平土层的第 i 阶模态质量,由下式计算:

$$m_i^* = \frac{\rho_0 H}{2} \quad (i = 1,2,\cdots,\infty) \tag{7-13}$$

由于

$$\begin{aligned}\int_0^H \rho(y)\tilde{\varphi}_i(y)\mathrm{d}y &\approx \int_0^H [\rho_0 + \Delta\rho(y)] \sum_{k=1}^m \varphi_k(y)c_{ki}\mathrm{d}y \\ &= \sum_{k=1}^m c_{ki}\left[m_k^*\eta_k + \int_0^H \Delta\rho(y)\varphi_k(y)\mathrm{d}y\right] \\ &= \frac{\rho_0 H}{2}\sum_{k=1}^m c_{ki}(\eta_k + \Delta\eta_k)\end{aligned} \tag{7-14}$$

式中,η_k 为等厚度均匀水平土层的第 k 阶模态的水平参与系数,由下式计算:

$$\eta_k = \frac{1}{m_k^*}\int_0^H \rho_0\varphi_k(y)\mathrm{d}y = \frac{4}{(2k-1)\pi} \tag{7-15}$$

$$\Delta\eta_k = \frac{2}{\rho_0 H}\int_0^H \Delta\rho(y)\varphi_k(y)\mathrm{d}y \tag{7-16}$$

因此在水平地震激励下等厚度变参数土层剪切振动的第 i 阶模态参与系数为:

$$\tilde{\eta}_i = \frac{\sum_{k=1}^m c_{ki}(\eta_k + \Delta\eta_k)}{\sum_{r=1}^m \sum_{s=1}^m c_{ri}c_{si}\left(\delta_{rs} + \frac{2}{\rho_0 H}\Delta m_{rs}\right)} \tag{7-17}$$

从上述计算过程可以看出,应用直接模态摄动法计算等厚度变参数土层的地震反应时,涉及变参数计算的只有式(7-6)、式(7-9) 和式(7-16) 等,用以得到 G_0、ρ_0、Δk_{rs}、Δm_{rs} 和$\Delta\eta_k$ 等参数的计算。式中所表示的定积分运算除可以完成解析运算外,也可通过数值积分手段完成,因此土层变参数$G(y)$ 和$\rho(y)$ 的表述方式并无特殊要求,它们既可以是连续解析函数,也可以不是连续解析函数或者离散数据,针对不同情况可以灵活采取相应的具有足够精度的数值积分方法来完成。这样,土层参数可直接利用现场勘探结果,而不必经过某种数学上的归纳处理形成解析表达式，避免人为因素的影响。

四、算例

算例 7-1　变模量单一介质水平土层是工程中常见场地类型之一，算例中取：土层厚度 $H=30\,\mathrm{m}$，$G(y)=G_b(H-y)^{\frac{1}{3}}$，$\rho(y)=\rho_0$。供参照的均匀水平土层的剪切弹性模量 $G_0=2.3304G_b$。设 α_i 为无量纲参数，表示为等厚度变模量土层 $[G(y),\rho_0]$ 第 i 阶模态频率与等厚度均匀土层 (G_b,ρ_0) 第 i 阶模态频率之比。表 7-1 中列出了由解析方法[56] 和直接模态摄动法求得的土层前 6 阶模态的 α_i 值，表中 $\tilde{\eta}_i$ 为等厚度变模量土层的模态参与系数，DMPM(m) 表示直接模态摄动法，括号内数字 m 表示截取了均匀水平土层的前 m 阶模态参与摄动计算。计算结果表明：① 直接模态摄动法具有很好的计算精度；② 变模量对土层模态频率的影响随模态阶序 i 升高略有减小；③ 随着模态阶序升高，模态参与系数迅速减小，说明低阶模态对土层地震反应的贡献一般是最主要的。

表 7-1　　等厚度变模量土层模态特性参数

计算参数	求解方法	模态阶序 i					
		1	2	3	4	5	6
α_i	解析解	1.63746	1.52072	1.49936	1.49051	1.48555	1.48248
	DMPM(14)	1.63745	1.52082	1.49965	1.49110	1.48679	1.48466
	DMPM(12)	1.63746	1.52087	1.49980	1.49146	1.48754	1.48617
	DMPM(10)	1.63742	1.52076	1.49939	1.49057	1.48577	1.52121
$\tilde{\eta}_i$	DMPM(14)	1.24960	0.44264	0.25976	0.17554	0.12518	0.09142

算例 7-2　水平分层均匀土层。这类土层也是工程中常见的场地类型，选取厚度为 20 m 的二层土层，其中表层厚 4 m，土介质波速为 $v_1=200\,\mathrm{m/s}$，底层层厚 16 m，土介质波速为 $v_2=\beta v_1$，β 取值 1.5 和 3.0。由直接模态摄动法（$m=16$）求得的土层的自振周期 $\tilde{T}_j$ 如表 7-2 所示，表中也列出了采用传递矩阵法[57] 求得的波动方程的解析解 $\tilde{T}_1$（括号内数值），以作比较。

表 7-2　　分层均匀土层的自振周期　　(s)

β	$\tilde{T}_1$	$\tilde{T}_2$	$\tilde{T}_3$	$\tilde{T}_4$	$\tilde{T}_5$	$\tilde{T}_6$
1.5	0.26627(0.264)	0.09462	0.06007	0.04212	0.02204	0.02639
3.0	0.13768(0.139)	0.06725	0.03635	0.02350	0.01537	0.01147

上述算例结果表明直接模态摄动法在计算变参数水平土层的模态频率时具有良好的精度，且计算简便。

五、不同方法的比较

某工程在进行场地地震危险性分析时，对不同场地条件的土层钻孔取样，测定了不同孔深处的土层剪切波速，并根据地面脉动测得各钻孔处场地土层的卓越周期。表 7-3 中列出了各孔土层自表面起沿深度的各层剪切波速 v_i 分布，表 7-4 中列出了对应的各层土层厚度 h_i，最后一行括号内数字为该土层的总厚度。表 7-5 中列出了采用脉动观测法实测得到的土层卓越周期，同时也列出了采用直接模态摄动法($m=8$) 计算所得的土层卓越周期。此外，在有关规范[58] 中规定，土层的等效剪切波速应按下列公式计算：$v_{\mathrm{eff}}=H/t$，其中，$t=\sum_{k=1}^{m}(h_k/v_k)$，再以等效剪切波速 v_{eff} 计算土层的卓越周期，相应的计算结果也列入表 7-5 中以作比较。

表 7-3　各孔土层不同深处的剪切波速 v_i　(m/s)

孔 1	孔 2	孔 3	孔 4	孔 5	孔 6	孔 7	孔 8	孔 9
195	217	204	190	187	213	180	293	207
201	198	180	195	194	277	195	388	159
215	205	207	204	147	369	200	419	164
254	230	181	222	201	392	240	436	250
303	242	297	254	207	401	245	460	442
334	260	312	275	257	414	450	634	637
390	286	306	302	268	436	660	687	676
412	292	315	388	438	666	—	—	—
419	304	336	417	674	—	—	—	—
432	397	459	464	—	—	—	—	—
445	435	646	661	—	—	—	—	—
471	659	—	—	—	—	—	—	—
687	—	—	—	—	—	—	—	—

表 7-4　各孔土层不同深处的层厚 h_i　(m)

孔 1	孔 2	孔 3	孔 4	孔 5	孔 6	孔 7	孔 8	孔 9
2	1	2	2	1.5	1	6	1	1.2
2	2	2	2	1.5	2	1.5	2	1.8

续表

孔 1	孔 2	孔 3	孔 4	孔 5	孔 6	孔 7	孔 8	孔 9
2	2	1	2	1.5	2.5	1.5	2	1
1	2	2.5	2	2.5	2.5	2	2	1
2	2	2.5	2.5	2	2.5	2	2.5	1.3
2	1.3	2.5	2	2	2.5	2	1.5	1.7
2	2.2	2.5	2	2	2.3	2	1.5	1.6
2.5	2.5	2.5	2	2.25	2.7	—	—	—
2.5	2.5	2.5	2	2.25	—	—	—	—
2.5	1.5	3	1	—	—	—	—	—
2.5	1.5	2	2	—	—	—	—	—
2	2	—	—	—	—	—	—	—
2	—	—	—	—	—	—	—	—
27m	22.5m	25m	23m	17.5m	17m	17m	12.5m	9.6m

表 7-5　　各钻孔处场地土层的卓越周期　　(s)

方法	孔 1	孔 2	孔 3	孔 4	孔 5	孔 6	孔 7	孔 8	孔 9
脉动观测法	0.24	0.26	0.26	0.28	0.27	0.16	0.26	0.12	0.13
DMPM	0.251	0.259	0.277	0.267	0.242	0.152	0.257	0.097	0.135
等效波速法	0.327	0.318	0.357	0.330	0.287	0.187	0.290	0.112	0.141

对比表 7-5 中脉动观测法和直接模态摄动法的数据结果可以看出，直接模态摄动法所得的各土层的卓越周期与实测的地面脉动结果有很好的一致性，总体上要好于等效波速法。

第二节　直接模态摄动法在土层地震反应非线性分析中的应用

在强地震作用下，土层地震反应时一般进入非线性状态，而等效线性化方法是土层非线性地震反应分析的常用方法。利用等效线性化的方法对土层进行动力反应分析时，一般将土介质视为黏弹性，通过剪切弹性模量 G 和等效阻尼比 λ 这两个参数来反映土介质的动应力－动应变关系的两个基本特征[59]：非线性与滞后性，并且将模量与阻尼比均表示为应变幅值的函数，即 $G_d = G(\gamma_d)$，$\lambda = \lambda(\gamma_d)$。在分析问题时，一般可先根据预估应变幅值大小假定 G、λ 值，据以求出土层的平均剪应变，然后根据上述关系由此剪应变计算相应的 G、λ 值，再进行线性计算，如此反复迭代，直到协调为止。可见利用等效线性化方法对土层进行非线性分析，其实质就是进行多次的线性计算，每次线性计算完成之后，调整土层的固有特性以反映地震作用下土的非线性特征，直至最终逼近真实解。每次迭代中需要重新计算土层的模态特性时，应用直接模态摄动法不仅可行而且有效。实际工程中，工程场地一般不能简化为水平分层土层，为合理确定重大工程结构的输入地震，一般需建立三维有限元数值模型进行计算分析，计算规模很大，采用子结构方法缩减动力分析自由度是一可行途径[60]。下面以复杂土层地震反应的计算为例，重点介绍在子结构模态综合法中如何应用直接模态摄动法。

一、复杂土层地震反应的子结构模态综合法

一般情况下，复杂土层地震反应计算中需将半无限空间的波动力学问题转化为有限范围土层的振动力学问题，然后应用有限元等方法将有限区域离散为多自由度系统进行分析计算。下面以二维问题为例，简单介绍复杂土层地震反应计算的子结构模态综合法，其基本原则不难推广到复杂三维土层地震反应计算。图7-2所示为土层地震反应的有限区域，若考察土层地表 A 点处的地震反应时，截取有限范围土层的左右两侧的人工边界需远离 A 点，当不设置弹性阻尼人工边界时，至少应使无量纲尺度$\dfrac{L}{H}\geqslant 5$以消除人工边界的波动反射效应对 A 点地震反应计算结果的影响[61]。为提高数值计算效率，可只考虑 A 点近场区（图中阴影部分）土介质的非线性动力特性，而忽略远场区的非线性动力特性。

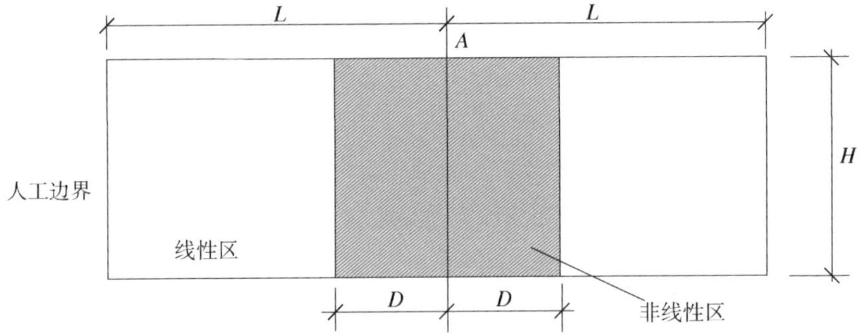

图 7-2 复杂土层示意图

利用约束子结构模态综合法[62]求解土层动力反应时，将有限范围的土层视为动力分析系统，首先将其分解成若干个子结构，比如近场区和远场区都可以划分为若干子结构系统，并形成各子结构特性矩阵 $\boldsymbol{K}$、$\boldsymbol{M}$、$\boldsymbol{C}$，进而对子结构进行模态分析，以获得各子结构的主模态和约束模态，然后根据频率截断准则将物理坐标系转换

到模态坐标系，形成有限范围土层多自由度系统在模态坐标系中的动力方程，这样就可以利用直接积分法求此动力方程得出各时刻的广义位移、速度、加速度。最后再将此模态坐标下的动力反应还原到子结构物理坐标下的动力反应，进而求出各单元的应力、应变等参数。其中主要计算工作为每一子结构内部所进行的模态坐标变换，也就是将物理坐标系中的动力反应用模态坐标来描述，即：

$$\{u(t)\}=\begin{Bmatrix}\boldsymbol{u}_{\mathrm{I}}(t)\\ \boldsymbol{u}_{\mathrm{J}}(t)\end{Bmatrix}=\begin{bmatrix}\boldsymbol{\varphi}_k & \boldsymbol{\varphi}_{\mathrm{c}}\\ \boldsymbol{0} & \boldsymbol{I}\end{bmatrix}\begin{Bmatrix}\boldsymbol{q}_k(t)\\ \boldsymbol{u}_{\mathrm{J}}(t)\end{Bmatrix}=[T]\{\eta(t)\} \tag{7-18}$$

式中，角标 I、J 分别对应于子结构的内部自由度和边界自由度，$[T]$ 为坐标转换矩阵，$\boldsymbol{\varphi}_k$ 为子结构保留的前 k 阶模态矩阵，$\boldsymbol{\varphi}_{\mathrm{c}}$ 为子结构约束模态矩阵。

由式(7-18) 中第一式可知子结构的内部位移可表示为：

$$\boldsymbol{u}_{\mathrm{I}}(t)=\boldsymbol{\varphi}_k\boldsymbol{q}_k(t)+\boldsymbol{\varphi}_{\mathrm{c}}\boldsymbol{u}_{\mathrm{J}}(t)=\sum_{i=1}^{k}\boldsymbol{\varphi}_i\boldsymbol{q}_i(t)+\boldsymbol{\varphi}_{\mathrm{c}}\boldsymbol{u}_{\mathrm{J}}(t) \tag{7-19}$$

经过坐标变换后子结构的广义特性矩阵表达式分别为：

$$[\overline{M}]=[T]^{\mathrm{T}}[M][T]=\begin{bmatrix}\boldsymbol{\varphi}_k^{\mathrm{T}}\boldsymbol{M}^{\mathrm{II}}\boldsymbol{\varphi}_k & \boldsymbol{\varphi}_k^{\mathrm{T}}(\boldsymbol{M}^{\mathrm{II}}\boldsymbol{\varphi}_{\mathrm{c}}+\boldsymbol{M}^{\mathrm{IJ}})\\ (\boldsymbol{M}^{\mathrm{JI}}+\boldsymbol{\varphi}_{\mathrm{c}}^{\mathrm{T}}\boldsymbol{M}^{\mathrm{II}})\boldsymbol{\varphi}_k & \boldsymbol{M}^{\mathrm{JJ}}+\boldsymbol{\varphi}_{\mathrm{c}}^{\mathrm{T}}\boldsymbol{M}^{\mathrm{II}}\boldsymbol{\varphi}_{\mathrm{c}}+\boldsymbol{\varphi}_{\mathrm{c}}^{\mathrm{T}}\boldsymbol{M}^{\mathrm{IJ}}+\boldsymbol{M}^{\mathrm{JI}}\boldsymbol{\varphi}_{\mathrm{c}}\end{bmatrix} \tag{7-20}$$

$$[\overline{K}]=[T]^{\mathrm{T}}[K][T]=\begin{bmatrix}\boldsymbol{\varphi}_{\mathrm{k}}^{\mathrm{T}}\boldsymbol{K}^{\mathrm{II}}\boldsymbol{\varphi}_k & \boldsymbol{0}\\ \boldsymbol{0} & \boldsymbol{K}^{\mathrm{JJ}}+\boldsymbol{K}^{\mathrm{JI}}\boldsymbol{\varphi}_{\mathrm{c}}\end{bmatrix} \tag{7-21}$$

$$[\overline{C}]=[T]^{\mathrm{T}}[C][T]=\begin{bmatrix}\boldsymbol{\varphi}_k^{\mathrm{T}}\boldsymbol{C}^{\mathrm{II}}\boldsymbol{\varphi}_k & \boldsymbol{\varphi}_k^{\mathrm{T}}(\boldsymbol{C}^{\mathrm{II}}\boldsymbol{\varphi}_{\mathrm{c}}+\boldsymbol{C}^{\mathrm{IJ}})\\ (\boldsymbol{C}^{\mathrm{JI}}+\boldsymbol{\varphi}_{\mathrm{c}}^{\mathrm{T}}\boldsymbol{C}^{\mathrm{II}})\boldsymbol{\varphi}_k & \boldsymbol{C}^{\mathrm{JJ}}+\boldsymbol{\varphi}_c^{\mathrm{T}}\boldsymbol{C}^{\mathrm{II}}\boldsymbol{\varphi}_{\mathrm{c}}+\boldsymbol{\varphi}_{\mathrm{c}}^{\mathrm{T}}\boldsymbol{C}^{\mathrm{IJ}}+\boldsymbol{C}^{\mathrm{JI}}\boldsymbol{\varphi}_{\mathrm{c}}\end{bmatrix} \tag{7-22}$$

当采用集中质量矩阵的假定时，可将 $\overline{M}$ 进一步简化为：

$$[\overline{M}]=\begin{bmatrix}I & \boldsymbol{\varphi}_k^{\mathrm{T}}\boldsymbol{M}^{\mathrm{II}}\boldsymbol{\varphi}_{\mathrm{c}}\\ \boldsymbol{\varphi}_{\mathrm{c}}^{\mathrm{T}}\boldsymbol{M}^{\mathrm{II}}\boldsymbol{\varphi}_k & \boldsymbol{M}^{\mathrm{JJ}}+\boldsymbol{\varphi}_{\mathrm{c}}^{\mathrm{T}}\boldsymbol{M}^{\mathrm{II}}\boldsymbol{\varphi}_{\mathrm{c}}\end{bmatrix} \tag{7-23}$$

通过子结构模态变换，可降低土层整体分析的计算自由度，有关子结构模态综合法的具体实施过程，可参见相关专著或文献。

综上所述，基于约束子结构模态综合法的土层等效线性化反应分析的基本步骤如图 7-3 所示。

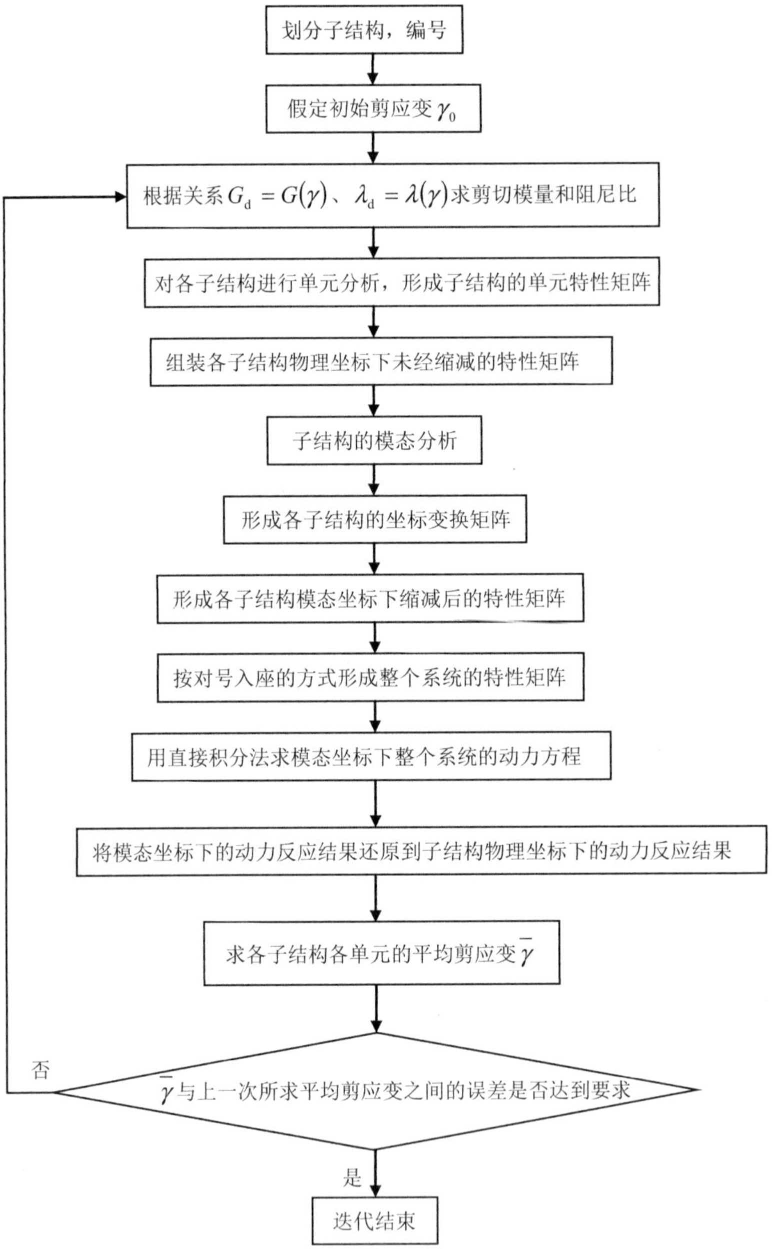

图 7-3　基于约束子结构模态综合法的等效线性化计算框图

二、基于直接模态摄动原理的土层等效线性化分析的一种改进

用等效线性化方法对土层进行动力反应分析时，每迭代一次相当于对一个线性系统进行分析，也就是在每一步迭代中，系统固有特性不随时间的变化而变化，只是在本步迭代完成后，根据土的动力本构的等效线性化模型来调整土层的力学特性矩阵(阻尼和刚度)以得到下一次迭代时线性系统的力学特性矩阵。由于前后两次计算中土介质的动力特性变化有限，可以认为等效线性化中后续迭代过程中的土层系统均由对初始系统的某些固有特性(剪切模量或阻尼比等)摄动而来，因此相邻两次迭代中各子结构的模态特性会改变但变化有限。一般来说，在土层地震反应计算中，土层系统的单元和子结构划分保持不变，这样后续迭代过程中只有当子结构中的单元动力应变发生变化时需重新计算该子结构的模态特性。从结构动力学理论可知，模态特性的计算时间与系统自由度数量和所需求解的模态数目密切相关，且具有指数级相关性，减少模态分析时间是提高复杂土层非线性地震反应分析的关键措施之一。

根据等效线性化原理，在后续迭代过程中，子结构的质量矩阵不变，而刚度矩阵可表示为：$[K]=[K_0]+[\Delta K]$，其中$[K_0]$为该子结构初始刚度矩阵。由直接模态摄动法的基本原理，迭代计算中的某一子结构新的模态特性$\boldsymbol{\varphi}_k$可由该子结构初始状态时模态特性$\boldsymbol{\varphi}_{k0}$来描述，通过非线性代数方程组的求解代替相同自由度的特性方程组的求解来获取，这样能有效减小子结构应刚度矩阵变化需重新计算子结构模态特性的计算时间，从而提高复杂土层非线性地震反应计算效率。详细实施过程不再介绍，可参阅相关文献[60,62]。

第三节　变参数土层一维固结的半解析解

土体的固结与压缩对土的工程性质有重要影响。下文基于直接模态摄动法的基本原理，建立求解变系数线性固结方程的半解析解法[63]。

一、变参数土层的固结方程

考虑图7-4所示饱和土层一维固结的分析模型，地表荷载随时间任意变化，土体的渗透系数和体积压缩系数随深度而变化，则变荷载下土层一维固结方程可表示为[64]：

$$\frac{\partial}{\partial z}\left[\frac{k(z)}{\gamma_{\mathrm{w}}}\frac{\partial u(z,t)}{\partial z}\right]=m_{\mathrm{v}}(z)\left[\frac{\partial u(z,t)}{\partial t}-\frac{\partial p(t)}{\partial t}\right] \tag{7-24}$$

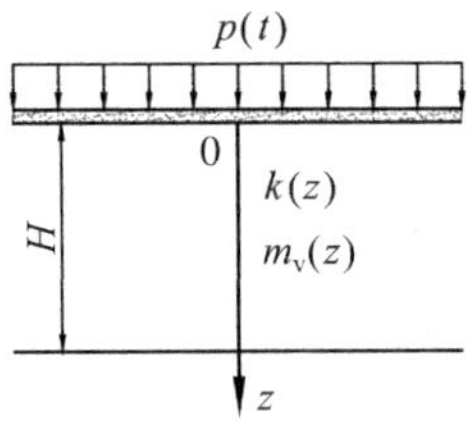

图 7-4　变参数土层

初始条件为：

$$t=0:\quad u(z,0)=u_0 \tag{7-25}$$

边界条件为：

$$t>0:\quad u(z,t)\big|_{z=0}=0 \tag{7-26}$$

$$t>0:\quad \left.\frac{\partial u(z,t)}{\partial z}\right|_{z=H}=0\text{（单面排水）} \tag{7-27}$$

$$u(z,t)\big|_{z=H}=0\text{（双面排水）} \tag{7-28}$$

以上公式中 $u(z,t)$ 为超孔隙水压力，$k(z)$、$m_v(z)$ 分别为 z 处土介质的渗透系数和体积压缩系数，是坐标 z 的函数，$p(t)$ 为表面压力，γ_W 为水的容重。

若采用分离变量法，式(7-24) 的解可表示为：

$$u(z,t)=\sum_{j=1}^{\infty}\bar{\varphi}_j(z)Y_j(t) \tag{7-29}$$

其中第 j 阶固有函数 $\bar{\varphi}_j(z)$ 和特征值 $\bar{\lambda}_j$ 满足下列方程：

$$\bar{\lambda}_j m_v(z)\bar{\varphi}_j(z)+\frac{\mathrm{d}}{\mathrm{d}z}\left[\frac{k(z)}{\gamma_W}\frac{\mathrm{d}\bar{\varphi}_j(z)}{\mathrm{d}z}\right]=0 \tag{7-30}$$

可以证明固有函数 $\bar{\varphi}_j(z)$ 具有如下正交性：

$$\int_0^H \bar{\varphi}_i(z)m_v(z)\bar{\varphi}_j(z)\mathrm{d}z=\begin{cases}0, & i\neq j\\ \bar{m}_j, & i=j\end{cases} \tag{7-31a}$$

$$\int_0^H \bar{\varphi}_i(z)\frac{\mathrm{d}}{\mathrm{d}z}\left[\frac{k(z)}{\gamma_w}\frac{\mathrm{d}\bar{\varphi}_j(z)}{\mathrm{d}z}\right]\mathrm{d}z=\begin{cases}0, & i\neq j\\ -\bar{\lambda}_j\bar{m}_j, & i=j\end{cases} \tag{7-31b}$$

上述固有函数的正交性类似于振动分析中的模态函数关于质量和刚度分布的正交性。当 $m_v(z)=m_{v0}$，$k(z)=k_0$ 时，不难得到均匀土层固结方程的固有函数和特征值，譬如，单面排水条件下的固有函数和特征值可表示为[64]：

$$\varphi_j(z)=\sin\frac{(2j-1)\pi z}{2H} \tag{7-32}$$

$$\lambda_j=\left[\frac{(2j-1)\pi}{2H}\right]^2\frac{k_0}{m_{v0}\gamma_w} \tag{7-33}$$

当土层为分层均质时，可利用传递函数得到方程的解析解[65-67]，当 $k(z)=k_0$，$m_v(z)=m_{v0}/(1+\alpha z/H)$ 时，利用 Bessel 函数能够得到方程的解析解[68]，而对于一般条件下，目前难以给出方程(7-30) 的解析解。而利用直接模态摄动法则可建立求解方程(7-30) 的新方法，适应于一般条件下横观各向同性土层的固结分析。

二、基于直接模态摄动法的半解析解

设变参数土层的平均渗透系数 k_0 和平均体积压缩系数 m_{v0} 分别为：

$$k_0=\frac{1}{H}\int_0^H k(z)\mathrm{d}z \tag{7-34}$$

$$m_{v0}=\frac{1}{H}\int_0^H m_v(z)\mathrm{d}z \tag{7-35}$$

则有：

$$k(z)=k_0+\Delta k(z) \tag{7-36}$$

$$m_v(z)=m_{v0}+\Delta m_v(z) \tag{7-37}$$

应用直接模态摄动法时，把变参数水平土层看成是均匀水平土层经过参数修改后得到的新系统，这个新系统的固有函数 $\bar{\varphi}_j(z)$ 和特征值 $\bar{\lambda}_j$ 可以利用原系统的固有函数 $\varphi_j(z)$ 和特征值 λ_j 进行简单的摄动分析而近似地求得。即设：

$$\bar{\lambda}_i=\lambda_i+\Delta\lambda_i \tag{7-38a}$$

$$\bar{\varphi}_i(z)=\varphi_i(z)+\Delta\varphi_i(z) \tag{7-38b}$$

其中固有函数的修正量 $\Delta\varphi_i$ 为均匀水平土层的除 φ_i 外其他低阶固有函数的线性组合，即：

$$\Delta\varphi_i(z)\cong\sum_{\substack{k=1\\k\neq i}}^{m}\varphi_k(z)c_{ki} \tag{7-39}$$

将式(7-38) 和式(7-39) 代入方程式(7-30)，整理后可得：

$$\Delta\lambda_i[m_{v0}+\Delta m_v(z)]\varphi_i(z)+(\lambda_i+\Delta\lambda_i)[m_{v0}+\Delta m_v(z)]\Delta\varphi_i(z)+\frac{k_0}{\gamma_w}\Delta\varphi''_i(z)$$
$$+\frac{\mathrm{d}}{\mathrm{d}z}\left[\frac{\Delta k(z)}{\gamma_w}\Delta\varphi'_i(z)\right]+\lambda_i\Delta m_v(z)\varphi_i(z)+\frac{\mathrm{d}}{\mathrm{d}z}\left[\frac{\Delta k(z)}{\gamma_w}\varphi'_i(z)\right]=0 \tag{7-40}$$

式(7-40) 中已利用均匀土层的固有函数的控制方程：

$$\lambda_i m_{v0} \varphi_i(z) + \frac{k_0}{\gamma_w} \varphi''_i(z) = 0 \tag{7-41}$$

对式(7-40) 两边乘以 $\varphi_j(z)$,然后沿全长积分,由固有函数的正交性可得：

$$\Delta\lambda_i \sum_{\substack{k=1 \\ k\neq i}}^{m} (m_j^* \delta_{kj} + \Delta m_{jk}) c_{ki} + \sum_{\substack{k=1 \\ k\neq i}}^{m} [(\lambda_i - \lambda_j) m_j^* \delta_{kj} + \lambda_i \Delta m_{jk} + \Delta k_{jk}] c_{ki} + \Delta\lambda_i (m_i^* \delta_{ji} + \Delta m_{ji}) + (\Delta k_{ji} + \lambda_i \Delta m_{ji}) = 0 \tag{7-42}$$

式中：

$$\delta_{kj} = \begin{cases} 0, & k \neq j \\ 1, & k = j \end{cases} \tag{7-43a}$$

$$m_j^* = m_{v0} \int_0^H [\varphi_j(z)]^2 \mathrm{d}z = \frac{m_{v0} H}{2} \tag{7-43b}$$

$$\Delta m_{ji} = \int_0^H \Delta m_v(z) \varphi_j(z) \varphi_i(z) \mathrm{d}z \tag{7-43c}$$

$$\Delta k_{ji} = \int_0^H \varphi_j(z) \frac{\mathrm{d}}{\mathrm{d}z} \left[\frac{\Delta k(z)}{\gamma_w} \varphi'_i(z) \right] \mathrm{d}z \tag{7-43d}$$

将 $\varphi_j(z)$ 依次取 $\varphi_1(z), \varphi_2(z), \cdots, \varphi_m(z)$, 重复利用式(7-42) 可得代数方程组：

$$([A] + \Delta\lambda_i [B]) \{q\} = \{F\} \tag{7-44}$$

式中：

$$[A] = \mathrm{diag}[(\lambda_i - \lambda_1) m_1^* \quad (\lambda_i - \lambda_2) m_2^* \quad \cdots \quad \lambda_i m_i^* \quad \cdots \quad (\lambda_i - \lambda_m) m_m^*] + \lambda_i \begin{bmatrix} \Delta m_{11} & \Delta m_{12} & \cdots & \Delta m_{1j} & \cdots & \Delta m_{1m} \\ \Delta m_{21} & \Delta m_{22} & \cdots & \Delta m_{2j} & \cdots & \Delta m_{2m} \\ \cdots & \cdots & \cdots & \cdots & \cdots & \cdots \\ \Delta m_{i1} & \Delta m_{i2} & \cdots & \Delta m_{ii} & \cdots & \Delta m_{im} \\ \cdots & \cdots & \cdots & \cdots & \cdots & \cdots \\ \Delta m_{m1} & \Delta m_{m2} & \cdots & \Delta m_{mj} & \cdots & \Delta m_{mm} \end{bmatrix} + \begin{bmatrix} \Delta k_{11} & \Delta k_{12} & \cdots & 0 & \cdots & \Delta k_{1m} \\ \Delta k_{21} & \Delta k_{22} & \cdots & 0 & \cdots & \Delta k_{2m} \\ \cdots & \cdots & \cdots & \cdots & \cdots & \cdots \\ \Delta k_{i1} & \Delta k_{i2} & \cdots & 0 & \cdots & \Delta k_{im} \\ \cdots & \cdots & \cdots & \cdots & \cdots & \cdots \\ \Delta k_{m1} & \Delta k_{m2} & \cdots & 0 & \cdots & \Delta k_{mm} \end{bmatrix} \tag{7-45a}$$

$$[B]=\begin{bmatrix} m_1^*+\Delta m_{11} & \Delta m_{12} & \cdots & 0 & \cdots & \Delta m_{1m} \\ \Delta m_{21} & m_2^*+\Delta m_{22} & \cdots & 0 & \cdots & \Delta m_{2m} \\ \cdots & \cdots & \cdots & \cdots & \cdots & \cdots \\ \Delta m_{i1} & \Delta m_{i2} & \cdots & 0 & \cdots & \Delta m_{im} \\ \cdots & \cdots & \cdots & \cdots & \cdots & \cdots \\ \Delta m_{m1} & \Delta m_{m2} & \cdots & 0 & \cdots & m_m^*+\Delta m_{mm} \end{bmatrix} \tag{7-45b}$$

$$\{q\}=\left\{c_{1i},\quad c_{2i},\quad \cdots,\quad c_{(i-1)i},\quad \frac{\Delta\lambda_i}{\lambda_i},\quad c_{(i+1)i},\quad \cdots,\quad c_{mi}\right\}^{\mathrm{T}} \tag{7-45c}$$

$$\{F\}=\{(-\Delta k_{1i}-\lambda_i\Delta m_{1i}),(-\Delta k_{2i}-\lambda_i\Delta m_{2i}),\cdots,(-\Delta k_{mi}-\lambda_i\Delta m_{mi})\}^{\mathrm{T}} \tag{7-45d}$$

显然，与变参数水平土层的剪切振动问题一样，通过直接模态摄动计算，变参数饱和土层一维固结问题的微分方程求解可转换为以 $\Delta\lambda_i$，c_{ki}（$k=1,2,\cdots,m$；$k\neq i$）为未知数的 m 阶非线性代数方程组求解，从而获得半解析解。

三、土层的固结分析

1. 超孔隙水压力分布

在得到方程式(7-30)的特征值和固有函数后，则广义坐标 $Y_i(t)$ 由下式得出：

$$\dot{Y}_i(t)+\bar{\lambda}_iY_i(t)=\bar{\beta}_iP(t) \tag{7-46}$$

式中 $P(t)=\dfrac{\partial p}{\partial t}$。$\bar{\beta}_i=\int_0^H\bar{\varphi}_im_{\mathrm{v}}\mathrm{d}z/m_i^*$。将初始条件在固有函数空间中展开，即：

$$u_0=\sum_{i=1}^{\infty}\bar{\varphi}_i(z)Y_i(0) \tag{7-47}$$

对式(7-47)两边乘 $m_{\mathrm{v}}(z)\bar{\varphi}_i(z)$，然后沿全长积分，由固有函数正交性可得：

$$Y_i(0)=u_0\int_0^H m_{\mathrm{v}}(z)\bar{\varphi}_i(z)\mathrm{d}z/m_j^*=\bar{\beta}_iu_0 \tag{7-48}$$

因此，一维固结方程的完全解可表示为：

$$u(z,t)\cong\sum_{i=1}^{m}\bar{\beta}_i\bar{\varphi}_i(z)Q_i(t) \tag{7-49}$$

式中，$Q_i(t)=\exp(-\bar{\lambda}_it)[u_0+\int_0^t P(\tau)\exp(\bar{\lambda}_i\tau)\mathrm{d}\tau]$，其中系数 $\bar{\beta}_i$ 的计算如下：

$$\bar{\beta}_i = \int_0^H m_v(z)\bar{\varphi}_i(z)\mathrm{d}z / m_i^* \tag{7-50}$$

令 $c_{ii}=1$，则 $\bar{\varphi}_i(z) \cong \sum_{k=1}^{m}\varphi_k(z)c_{ki}$，因此

$$m_i^* = \frac{m_{v0}H}{2}\sum_{j=1}^{m}\sum_{k=1}^{m}c_{ji}c_{ki}\left(\delta_{jk}+\frac{2}{m_{v0}H}\Delta m_{jk}\right) \tag{7-51}$$

$$\int_0^H m_v(z)\bar{\varphi}_i(z)\mathrm{d}z = \frac{m_{v0}H}{2}\sum_{k=1}^{m}c_{ki}(\beta_k+\Delta\beta_k) \tag{7-52}$$

式中：

$$\beta_i = \frac{1}{m_i^*}\int_0^H m_{v0}\varphi_i(z)\mathrm{d}z = \frac{2}{H}\int_0^H \varphi_i(z)\mathrm{d}z \tag{7-53}$$

$$\Delta\beta_i = \frac{2}{m_{v0}H}\int_0^H \Delta m_v(z)\varphi_i(z)\mathrm{d}z \tag{7-54}$$

把式(7-51)和式(7-52)代入式(7-50)，得到：

$$\bar{\beta}_i = \frac{\sum_{k=1}^{m}c_{ki}(\beta_k+\Delta\beta_k)}{\sum_{j=1}^{m}\sum_{k=1}^{m}c_{ji}c_{ki}\left(\delta_{jk}+\frac{2}{m_{v0}H}\Delta m_{jk}\right)} \tag{7-55}$$

2. 沉降分析

按变形定义的固结度为：

$$\begin{aligned} U_s &= \frac{S}{S_{cf}} = \frac{\int_0^H m_v(p-u)\mathrm{d}z}{\int_0^H m_v p_u \mathrm{d}z} \\ &= \frac{p(t)}{p_u} - \frac{\int_0^H m_v u\,\mathrm{d}z}{p_u\int_0^H m_v \mathrm{d}z} \end{aligned} \tag{7-56}$$

式中，S_{cf} 为最终固结沉降。式(7-56)中 $\int_0^H m_v u\,\mathrm{d}z$ 可进一步表示为：

$$\begin{aligned} \int_0^H m_v u\,\mathrm{d}z &= \int_0^H m_v \sum_{i=1}^{m}\bar{\beta}_i\bar{\varphi}_i(z)Q_i(t)\mathrm{d}z \\ &= \sum_{i=1}^{m}m_i^*\bar{\beta}_i^2 Q_i(t) \end{aligned} \tag{7-57}$$

因此，任意时刻的固结沉降为：

$$S = U_s S_{cf} = U_s p_u \int_0^H m_v \mathrm{d}z \tag{7-58}$$

四、算例

为验算直接模态摄动法的计算精度，采用其他文献中分析过的算例进行计算。在计算中，荷载考虑以下两种情况。

1. 瞬时加载

此时，$u_0 = p(t) = p_0, P(t) = 0$。因此，

$$Q_i(t) = p_0 \exp(-\bar{\lambda}_i t) \tag{7-59}$$

2. 单步加载

此时荷载的表达式为：$p(t) = \begin{cases} t p_u / t_c, & t \leqslant t_c \\ p_u, & t > t_c \end{cases}$，且 $u_0 = p(0) = 0$。则有：

$$Q_i(t) = \begin{cases} \dfrac{p_u}{\bar{\lambda}_i t_c}(1 - \mathrm{e}^{-\bar{\lambda}_i t}), & t \leqslant t_c \\ \dfrac{p_u}{\bar{\lambda}_i t_c}[\mathrm{e}^{\bar{\lambda}_i (t_c - t)} - \mathrm{e}^{-\bar{\lambda}_i t}], & t > t_c \end{cases} \tag{7-60}$$

将式(7-59)和式(7-60)代入式(7-49)、式(7-52)和式(7-58)即可得到不同加载条件下的超孔隙水压力、固结度和沉降变形。

算例 7-3　某双层土层深 10m，为单面排水，土层性质如图 7-5 所示。表 7-6 列出了解析法[66]和直接模态摄动法所得的土层前 12 阶特征值。

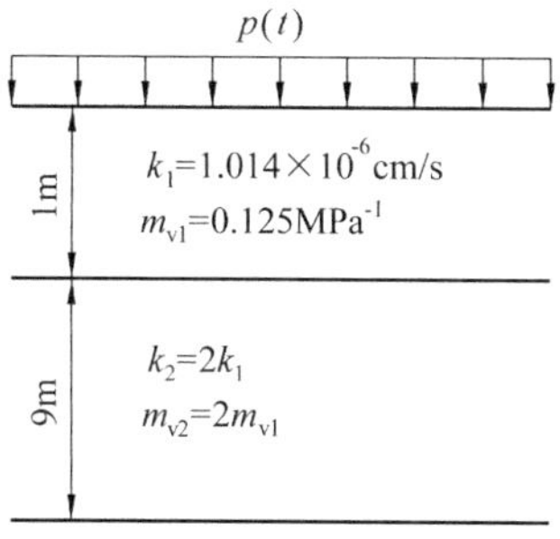

图 7-5　两层土层

表 7-6　两层土层的特征值($\times 10^{-7}$)

阶序 i	1	2	3	4	5	6
解析解	2.04240	18.3816	51.0601	100.078	165.435	247.131
DMPM	2.04240	18.3816	51.0601	100.078	165.435	247.131
阶序 i	7	8	9	10	11	12
解析解	345.166	459.541	590.255	737.308	900.700	1080.43
DMPM	345.166	459.541	590.255	737.308	900.700	1080.43

从计算结果可以看出,采用直接模态摄动法的计算结果和解析解的计算结果完全相同。这是由于两个土层的渗透系数和体积压缩系数的比例相同,则 $\Delta k_{ji}=-\lambda_i\Delta m_{ji}$,因此 $\Delta\lambda_i=0$,即土层的特征值与均匀土层的特征值相同,此时,直接模态摄动法的解即为解析解,计算结果也反映了这一情况。

算例 7-4　某一土层深 10 m,土层的渗透系数 $k(z)=k_0=1.0\times10^{-8}$ cm/s,土的侧限压缩模量沿深度线性变化,可表示为 $E_s(z)=E_{s_0}(1+\alpha z/H)$,其中 $E_{s0}=8$ MPa,$\alpha=0.5$。土层为单面排水,计算模型如图 7-6 所示。计算时,定义无量因子 $T_v=\tilde{c}_v t/H^2$,$\tilde{c}_v$ 为 $z=0$ 处的一维固结系数。表 7-7 所列为采用不同方法所得土层前 12 阶特征值。采用直接模态摄动法计算时,参与计算的固有函数为前 20 阶。图 7-7 为瞬时加载下,超孔隙水压力沿深度的分布曲线,图 7-8 为按变形定义的固结度随无量纲时间因子 T_v 的变化曲线。

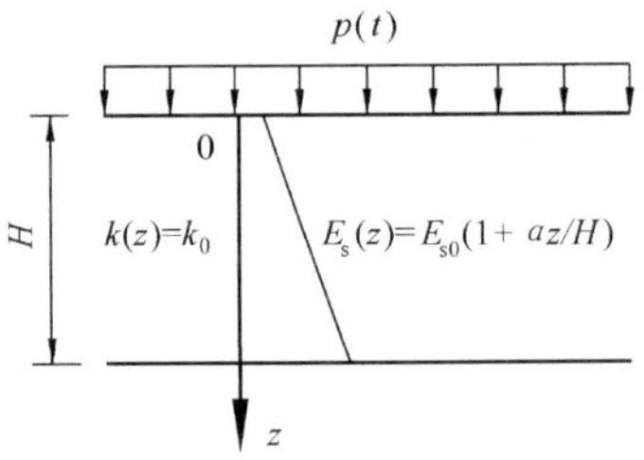

图 7-6　压缩模量线性变化土层

表 7-7　压缩模量线性变化土层的特征值($\times 10^{-9}$)

阶序 i	1	2	3	4	5	6
解析解	2.70297	22.6469	62.5241	122.338	202.091	301.786
DMPM	2.70300	22.6468	62.5244	122.340	202.095	301.787
阶序 i	7	8	9	10	11	12
解析解	421.424	560.991	720.487	899.953	1099.33	1318.67
DMPM	421.419	560.989	720.498	899.945	1099.33	1318.66

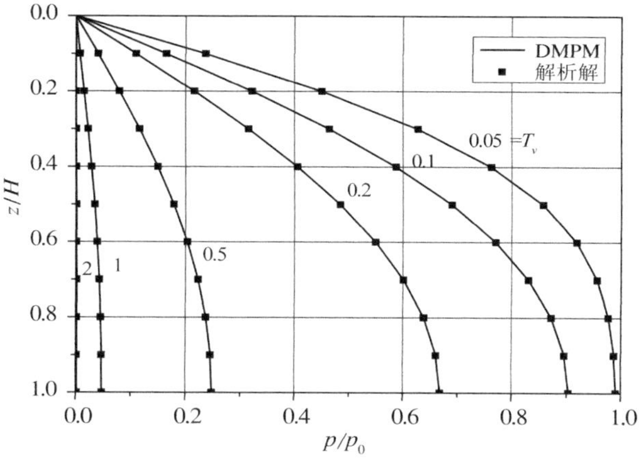

图 7-7　压缩模量线性变化土层超孔隙水压曲线

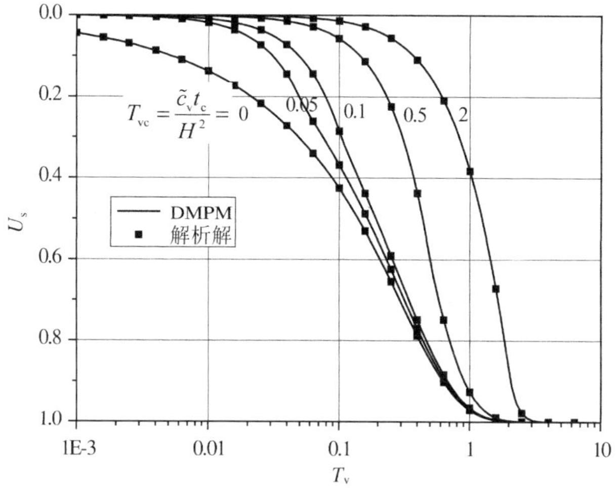

图 7-8　压缩模量线性变化土层固结度曲线

从计算结果可以看出，超孔隙水压力和固结度的变化情况和解析解[68]一致，表明直接模态摄动法具有良好的计算精度，且计算过程简单。

第八章　直接模态摄动法在随机振动分析中的应用

复合随机振动系统的随机反应是结构动力学中的一个重要领域,对于具有随机参数的振动系统来说,若将均值系统看作是原结构系统,随机系统看作是在均值系统基础上的修正,随机系统的随机模态可以看作是在均值系统振动模态上的修正。这样,就具备了应用直接模态摄动法求解随机结构的随机动力特性和随机动力反应的前提条件。

第一节　求解非比例阻尼系统复模态的实模态摄动法

随机系统的模态分析中将会涉及复数领域内的复特征值问题。此外,随着材料科学和技术的发展,在大型土木工程结构中,组合结构应用越来越广泛,例如钢—钢筋混凝土组合结构、钢管混凝土拱形桥梁等。这些不同建筑材料组成的结构系统因不同材料的阻尼特性,使结构系统的阻尼矩阵很难再满足比例阻尼的假定,即使同类材料的部件阻尼矩阵满足比例阻尼的假定,也难形成结构系统的比例阻尼矩阵。这类组合结构的动力分析问题是结构动力学中的非比例阻尼系统的动力分析问题。同样,当采用直接有限单元法分析土—结构相互作用系统的地震反应问题时,也是非比例阻尼系统的动力分析问题。在结构动力分析中,采用比例阻尼的假定是为了充分利用实模态(即振型)正交性,简化大型结构线性动力分析的计算过程。目前各国结构抗震设计规范中广泛采用的反应谱理论是建立在振型叠加法的基础上,其中一个重要假定为比例阻尼假定。对于非比例阻尼系统的动力分析问题,除采用直接积分的数值方法外,由于阻尼矩阵不再满足关于系统无阻尼实模态的正交性,因此传统的基于实模态的振型叠加法不再适用。为了得到解耦的模态方程,必须应用复模态叠加方法。

计算振动系统的复模态有很多不同的近似方法,本节介绍应用直接模态摄动法建立求解大型非比例阻尼结构系统复模态的新途径[69]。

一、非比例阻尼系统的振动方程与复模态分析

对于 n 个自由度的线性结构系统,其运动方程为:

$$[M]\{\ddot{u}(t)\}+[C]\{\dot{u}(t)\}+[K]\{u(t)\}=\{p(t)\} \tag{8-1}$$

式中，$\{u(t)\}$、$\{\dot{u}(t)\}$、$\{\ddot{u}(t)\}$ 分别为系统的 n 维位移、速度和加速度向量。实际工程结构的质量矩阵 $[M]$ 一般是对称正定的，阻尼矩阵 $[C]$ 和 $[K]$ 至少是对称非负定的，$\{p(t)\}$ 为作用在结构上的外部动力向量。通常，当结构为单一材料构建时，假定阻尼矩阵为比例阻尼，如 $[C]=\alpha[M]+\beta[K]$，通过应用模态向量的正交性，可由模态阻尼比确定比例系数 α 和 β。对于线性系统，可直接应用模态叠加法进行计算，这时在实际应用中常取结构系统前 m 个低阶模态，可有效简化计算工作。

对非比例阻尼系统，把式(8-1)和新增方程 $[M]\{\dot{u}(t)\}-[M]\{\dot{u}(t)\}=0$ 相结合，写成如下以状态向量 $\{v(t)\}$ 为未知变量的状态方程：

$$[A]\{\dot{v}(t)\}+[B]\{v(t)\}=\{f(t)\} \tag{8-2}$$

式中：

$$[A]=\begin{bmatrix} C & M \\ M & 0 \end{bmatrix} \tag{8-3a}$$

$$[B]=\begin{bmatrix} K & 0 \\ 0 & -M \end{bmatrix} \tag{8-3b}$$

$$\{v(t)\}=\begin{Bmatrix} u(t) \\ \dot{u}(t) \end{Bmatrix} \tag{8-3c}$$

$$\{f(t)\}=\begin{Bmatrix} p(t) \\ 0 \end{Bmatrix} \tag{8-3d}$$

式(8-2)为非比例阻尼结构系统用状态向量描述的振动方程。与实模态理论中的振型叠加法(也称实模态叠加法)相类似，非比例阻尼结构系统的求解常采用复模态叠加法。通过复模态变换，把结构动力反应方程解耦成若干个单自由度一阶复数常微分方程。

令 $\{f(t)\}=0$ 即取 $\{p(t)\}=0$，可得如下复特征值方程，采用 Foss 状态向量法从中求得复特征值 γ_i 和复模态向量 $\{\psi_i\}$：

$$(\gamma_i[A]+[B])\{\psi_i\}=0 \tag{8-4}$$

对于工程结构系统，式(8-4)的复特征值和复模态向量是共轭成对的，即 $\bar{\gamma}_i$ 和 $\{\bar{\psi}_i\}$ 也是满足式(8-4)的解。

从式(8-4)可以看出，与式(8-1)相比，式(8-2)的自由度为 $2n$，扩大了一倍，而且求解式(8-4)所表示的复特征值问题需要进行复数运算，因而求解过程相对于实特征值问题求解所需时间显然要增加很多。

二、求解复模态的实模态摄动法

如果令：

$$[A_0]=\begin{bmatrix}0 & M\\ M & 0\end{bmatrix} \tag{8-5a}$$

$$[B_0]=[B]=\begin{bmatrix}K & 0\\ 0 & -M\end{bmatrix} \tag{8-5b}$$

$$[\Delta A]=\begin{bmatrix}C & 0\\ 0 & 0\end{bmatrix} \tag{8-5c}$$

并把（$[A_0]$，$[B_0]$）定义为基本系统，则（$[A]=[A_0]+[\Delta A]$，$[B]=[B_0]$）可视为在基本系统基础上经过修改而产生的新系统。由于工程结构的阻尼一般不大，对结构振动特性的影响有限，因此上述构成的问题满足摄动求解的基本条件。

1. 基本系统的复特征值和复模态向量

设基本系统第 i 阶复模态所对应的复特征值为 s_i、模态向量为 $\{\zeta_i\}$，则基本系统的特征方程为：

$$(s_i[A_0]+[B_0])\{\zeta_i\}=0 \tag{8-6}$$

式中：

$$\{\zeta_i\}=\begin{Bmatrix}\{\varphi_i\}\\ s_i\{\varphi_i\}\end{Bmatrix}\quad(1\leqslant i\leqslant n) \tag{8-7a}$$

或

$$\{\zeta_i\}=\begin{Bmatrix}\{\bar{\varphi}_{i-n}\}\\ \bar{s}_{i-n}\{\bar{\varphi}_{i-n}\}\end{Bmatrix}\quad(n+1\leqslant i\leqslant 2n) \tag{8-7b}$$

其中，变量顶部“—”表示复数共轭。

为利用实模态，将式(8-6)中的第一项展开并令 $s_i=\mathrm{j}\sqrt{\lambda_i}$，式中 $\mathrm{j}=\sqrt{-1}$，则有：

$$([K]-\lambda_i[M])\{\varphi_i\}=0 \tag{8-8}$$

式(8-8)为结构系统（$[K]$，$[M]$）的实特征值方程，由此求出 λ_i 和 $\{\varphi_i\}$ 后，可求得 s_i 和 $\{\zeta_i\}$。

根据实模态正交性，在实模态空间中，广义质量矩阵、广义刚度矩阵、广义阻尼矩阵分别为：

$$[M^{*}]=\mathrm{diag}(m_{1}^{*},m_{2}^{*},\cdots,m_{i}^{*},\cdots,m_{n}^{*}) \tag{8-9a}$$

$$[K^{*}]=\mathrm{diag}(k_{1}^{*},k_{2}^{*},\cdots,k_{i}^{*},\cdots,k_{n}^{*}) \tag{8-9b}$$

$$[C^{*}]=[c_{rs}^{*}] \tag{8-9c}$$

式中：

$$m_{i}^{*}=\{\varphi_{i}\}^{\mathrm{T}}[M]\{\varphi_{i}\} \tag{8-10a}$$

$$k_{i}^{*}=\{\varphi_{i}\}^{\mathrm{T}}[K]\{\varphi_{i}\} \tag{8-10b}$$

$$c_{rs}^{*}=\{\varphi_{r}\}^{\mathrm{T}}[C]\{\varphi_{s}\} \tag{8-10c}$$

在正则实模态系统中，$m_{i}^{*}=1,k_{i}^{*}=\lambda_{i}=\omega_{i}^{2}$。由于一般工程结构的复模态是共轭成对出现的，为适应下文的复模态分析，将基本系统的实模态广义质量、广义刚度扩展到 $2n$ 维，补充如下定义：$m_{i+n}^{*}=m_{i}^{*}$ 和 $k_{i+n}^{*}=k_{i}^{*}\ (i=1,2,\cdots,n)$。

利用实模态的正交性，可进一步得出基本系统的复模态正交性质，当 $k\leqslant n$，$i\leqslant n$ 时，有：

$$\{\zeta_{k}\}^{\mathrm{T}}[A_{0}]\{\zeta_{i}\}=\begin{Bmatrix}\varphi_{k}\\ s_{k}\varphi_{k}\end{Bmatrix}^{\mathrm{T}}\begin{bmatrix}0 & M\\ M & 0\end{bmatrix}\begin{Bmatrix}\varphi_{i}\\ s_{i}\varphi_{i}\end{Bmatrix}=\begin{cases}2s_{i}m_{i}^{*}, & (k=i)\\ 0, & (k\neq i)\end{cases} \tag{8-11a}$$

$$\{\zeta_{k}\}^{\mathrm{T}}[B_{0}]\{\zeta_{i}\}=\begin{Bmatrix}\varphi_{k}\\ s_{k}\varphi_{k}\end{Bmatrix}^{\mathrm{T}}\begin{bmatrix}K & 0\\ 0 & -M\end{bmatrix}\begin{Bmatrix}\varphi_{i}\\ s_{i}\varphi_{i}\end{Bmatrix}=\begin{cases}k_{i}^{*}-s_{i}^{2}m_{i}^{*}, & (k=i)\\ 0, & (k\neq i)\end{cases} \tag{8-11b}$$

$$\{\zeta_{k}\}^{\mathrm{T}}[\Delta A]\{\zeta_{i}\}=\begin{Bmatrix}\varphi_{k}\\ s_{k}\varphi_{k}\end{Bmatrix}^{\mathrm{T}}\begin{bmatrix}C & 0\\ 0 & 0\end{bmatrix}\begin{Bmatrix}\varphi_{i}\\ s_{i}\varphi_{i}\end{Bmatrix}=\{\varphi_{k}\}^{\mathrm{T}}[C]\{\varphi_{i}\}=\Delta a_{ki} \tag{8-11c}$$

考虑到复模态的共轭性和实模态广义质量、广义刚度的拓展定义，式(8-11a)和式(8-11b)对于任意复模态($i=1,2,\cdots,2n$)都是成立的。下面讨论 Δa_{ki} 的特点，显然它与结构在实模态空间内的广义非比例阻尼矩阵 $[C^{*}]$ 中的元素 c_{ki}^{*} 有如下关系：① 当 $k\leqslant n,i\leqslant n$ 时，$\Delta a_{ki}=c_{ki}^{*}$；② 当 $k\leqslant n$、$i\geqslant n+1$ 时，$\Delta a_{ki}=c_{k,i-n}^{*}$；③ 当 $k\geqslant n+1$、$i\leqslant n$ 时，$\Delta a_{ki}=c_{k-n,i}^{*}$；④ 当 $k\geqslant n+1$、$i\geqslant n+1$ 时，$\Delta a_{ki}=c_{k-n,i-n}^{*}$。

2. 实际结构系统的复特征值和复模态向量

按直接模态摄动法的基本原理，实际结构体系(A,B)的第 i 阶复特征值 γ_{i} 和复特征向量 $\{\psi_{i}\}$ 可在基本系统(A_{0},B_{0})的第 i 阶复特征值 s_{i} 和复模态向量 $\{\zeta_{i}\}$ 的基础上进行修改而得，即：

$$\gamma_i = s_i + \Delta s_i \tag{8-12a}$$

$$\{\psi_i\} = \{\zeta_i\} + \{\Delta\zeta_i\} = \{\zeta_i\} + \sum_{\substack{k=1 \\ k\neq i}}^{m} \{\zeta_k\} c_{ki} \tag{8-12b}$$

式中，Δs_i 为 i 阶复特征值的摄动量，$\{\Delta\zeta_i\}$ 为复模态向量的摄动量，它由除 $\{\zeta_i\}$ 之外的其余 $(m-1)$ 个复特征向量的线性组合而得，c_{ki} 为复模态向量的线性组合系数。式(8-12b)中的 m 是所取的基本系统的复模态数目，当 m 取为 $2n$ 时，表示复模态求解空间的等价变换。

将式(8-12)代入式(8-4)，左乘 $\{\zeta_l\}^{\mathrm{T}}$ 并化简得到如下复数代数方程。当 $l=i$ 时：

$$(s_i + \Delta s_i) \sum_{\substack{k=1 \\ k\neq i}}^{m} \Delta a_{ik} c_{ki} + 2 s_i \Delta s_i + \Delta a_{ii} \Delta s_i = - s_i \Delta a_{ii} \tag{8-13a}$$

当 $l=1,2,\cdots,m$，但 $l \neq i$ 时：

$$(s_i + \Delta s_i) \sum_{\substack{k=1 \\ k\neq i}}^{m} \Delta a_{lk} c_{ki} + 2 s_l (s_i - s_l + \Delta s_i) c_{li} + \Delta a_{li} \Delta s_i = - s_i \Delta a_{li} \tag{8-13b}$$

式(8-13)表明，在基本系统复模态张成的求解空间内确定非比例阻尼结构体系的复模态时，式(8-12)中的 m 个未知数可从式(8-13)表示的非线性复数代数方程组求出，从而避免了复特征值方程的求解。

3. 复模态摄动参数的求解

把式(8-13)二式合并写成矩阵方程的形式为：

$$\{(s_i + \Delta s_i)[H_1] + [H_2] + [H_3]\}\{q_i\} = \{e_i\} \tag{8-14}$$

式中：

$$[H_1] = \begin{bmatrix} \Delta a_{11} & \cdots & \Delta a_{1,i-1} & 0 & \Delta a_{1,i+1} & \cdots & \Delta a_{1m} \\ \cdots & \cdots & \cdots & \cdots & \cdots & \cdots & \cdots \\ \Delta a_{i1} & \cdots & \Delta a_{i,i-1} & 0 & \Delta a_{i,i+1} & \cdots & \Delta a_{im} \\ \cdots & \cdots & \cdots & \cdots & \cdots & \cdots & \cdots \\ \Delta a_{m1} & \cdots & \Delta a_{m,i-1} & 0 & \Delta a_{m,i+1} & \cdots & \Delta a_{mm} \end{bmatrix} \tag{8-15a}$$

$$[H_2] = \mathrm{diag}\{2 s_i (s_i - s_1 + \Delta s_i), \cdots, 2 s_i (s_i - s_{i-1} + \Delta s_i),$$

$$2s_i, 2s_i(s_i - s_{i+1} + \Delta s_i), \cdots, 2s_i(s_i - s_m + \Delta s_i)\} \tag{8-15b}$$

$$[H_3] = \begin{bmatrix} 0 & \cdots & 0 & \Delta a_{1,i} & 0 & \cdots & 0 \\ \cdots & \cdots & \cdots & \cdots & \cdots & \cdots & \cdots \\ 0 & \cdots & 0 & \Delta a_{ii} & 0 & \cdots & 0 \\ \cdots & \cdots & \cdots & \cdots & \cdots & \cdots & \cdots \\ 0 & \cdots & 0 & \Delta a_{mi} & 0 & \cdots & 0 \end{bmatrix} = [C^*] - [H_1] \tag{8-15c}$$

$$\{q_i\} = \{c_{1i}, \cdots, c_{i-1,i}, \Delta s_i, c_{i+1,i}, \cdots, c_{mi}\}^{\mathrm{T}} \tag{8-15d}$$

$$\{e_i\} = \{-s_1 \Delta a_{1i}, \cdots, -s_i \Delta a_{ii}, \cdots, -s_m \Delta a_{mi}\}^{\mathrm{T}} \tag{8-15e}$$

式(8-15)诸式中的 $[H_1]$ 为令广义阻尼矩阵 $[C^*]$ 中的第 i 列元素全部为0时所得到的新矩阵，$[H_3]$ 为 $[C^*]$ 与 $[H_1]$ 两个矩阵之差。$[H_2]$ 中含有待求未知数 Δs_i，即 $[H_2(\Delta s_i)]$。

显然，式(8-14)所描述的代数方程组为 m 阶的非线性复代数方程组，可以采用一般的迭代求解方法。由于方程组系数矩阵的非线性特性较为简单，也可采用下列迭代格式完成求解：

$$\{(s_i + \Delta s_i^{(l-1)})[H_1] + [H_2(\Delta s_i^{(l-1)})] + [H_3]\}\{q_i^{(l)}\} = \{e_i\} \tag{8-16}$$

当开始迭代计算(即 $l=1$)时，可取值 $\Delta s_i^{(0)} = 0$。

当 $\{q_i\}$ 中的 m 个未知数求出，由式(8-12)获得非比例阻尼结构系统的第 i 阶复特征值和复模态向量。令 $i=1,2,\cdots,m$，可依次由式(8-14)求得非比例阻尼系统的各阶复特征值及复模态向量，并利用共轭特性获得共轭复特征值和复模态向量。由于实际结构一般只要不多的低阶模态信息就能很好地描述结构振动状况，因此上述 m 取值可以远小于 n，同时由于只求一半的复模态向量，上述解题规模实际很小，从而极大提高了计算效率。

三、复模态摄动参数的一阶近似及其计算误差估计

在式(8-12)中，当 $m=2n$ 时，基本系统的复模态向量 $\{\zeta_i\}$ $(i=1,2,\cdots,2n)$ 已经形成一个完备的向量解空间，因此我们可以将式(8-4)中的第 i 阶复模态向量 $\{\psi_i\}$ 看作 $\{\zeta_i\}$ 的线性组合：

$$\{\psi_i\} = \sum_{k=1}^{2n} \{\zeta_k\} c_{ki} \tag{8-17}$$

其中：$c_{ii}=1$，且当 $k \neq i$ 时，$|c_{ki}| \ll 1.0$。

将式(8-12a) 和式(8-17) 代入式(8-4),在方程两端左乘$\{\zeta_i\}^{\mathrm{T}}$,利用式(8-6) 并忽略摄动项和未知组合系数c_{ki}的二阶项,可得:

$$\gamma_i\{\zeta_i\}^{\mathrm{T}}[A_0]\{\zeta_i\}+\{\zeta_i\}^{\mathrm{T}}[B]\{\zeta_i\}+\gamma_i\{\zeta_i\}^{\mathrm{T}}[\Delta A]\{\zeta_i\}=0 \tag{8-18}$$

利用式(8-11),并假定实模态向量$\{\varphi_i\}$已实现正则化(即$m_i^*=1$),则上式可写为:

$$\gamma_i(2s_i+\Delta a_{ii})-2s_i^2=0 \tag{8-19}$$

从上可得第i阶复频率为:

$$\gamma_i=\frac{2s_i^2}{2s_i+\Delta a_{ii}}=s_i\times\frac{1}{1+\dfrac{\Delta a_{ii}}{2s_i}} \tag{8-20}$$

将所得结果按二阶泰勒级数展开得:

$$\gamma_i\approx s_i-\frac{\Delta a_{ii}}{2}+\frac{(\Delta a_{ii})^2}{4s_i} \tag{8-21}$$

忽略小量Δa_{ii}的两次平方,得一阶泰勒级数近似:

$$\gamma_i\approx s_i-\frac{\Delta a_{ii}}{2} \tag{8-22}$$

同样,将式(8-17) 代入式(8-4),并在方程两端左乘$\{\zeta_k\}^{\mathrm{T}}(k\neq i)$,忽略掉$c_{ki}$和$\Delta a_{ki}(k=1,2,\cdots,2n)$的二次项,可得:

$$c_{ki}=-\frac{\gamma_i\Delta a_{ki}}{2s_k(\gamma_i-s_k)}\quad(k=1,2,\cdots,2n;k\neq i) \tag{8-23}$$

由式(8-22) 和式(8-23) 可以看到:当系统阻尼很小时,实模态广义阻尼矩阵$[C^*]$很小,因此可以将新系统的频率看作是原系统的微小摄动,其复特征值和复模态向量的一阶摄动量分别为:

$$\Delta s_i\approx-\frac{\Delta a_{ii}}{2} \tag{8-24}$$

$$\{\Delta\zeta_i\}=\sum_{\substack{k=1\\k\neq i}}^{m}\{\zeta_i\}c_{ki} \tag{8-25}$$

从中可以看出,复特征值和复模态向量一阶近似值的求解非常简单。如果把式(8-21) 所表示的第i阶复特征值近似作为求解系统的实际值$\tilde{\gamma}_i$,则第i阶复特征值一阶近似值的相对误差e可表示为:

$$e=\frac{|\gamma_i-\tilde{\gamma}_i|}{|\tilde{\gamma}_i|}\approx\frac{\left|\frac{(\Delta a_{ii})^2}{4s_i}\right|}{\left|s_i-\frac{\Delta a_{ii}}{2}+\frac{(\Delta a_{ii})^2}{4s_i}\right|}=\frac{\left|\frac{(\Delta a_{ii})^2}{4s_i^2}\right|}{\left|1-\frac{\Delta a_{ii}}{2s_i}+\frac{(\Delta a_{ii})^2}{4s_i^2}\right|}\tag{8-26}$$

令 $b=\Delta a_{ii}/2\sqrt{\lambda_i}$，$\mathrm{j}=\sqrt{-1}$，则上式可表示为：

$$e=\frac{|-b^2|}{|1+\mathrm{j}b-b^2|}=\frac{b^2}{\sqrt{(1-b^2)^2-b^2}}\tag{8-27}$$

假设系统为比例阻尼系统，则根据 Δa_{ii} 的定义，有：

$$b=\frac{2\omega_i\xi_i}{2\sqrt{\omega_i^2}}=\xi_i\tag{8-28}$$

若把 ξ 看作非比例阻尼系统中最大阻尼子系统的模态阻尼比，那么式(8-27)可写为：

$$e\leqslant\frac{\xi^2}{1-\xi^2}\tag{8-29}$$

当 ξ 较小时，则有：

$$e\leqslant\xi^2\tag{8-30}$$

此式可作为误差上限的近似估计。

四、算例

下面通过 3 个算例验证实模态摄动法的计算精度和效率。

算例 8-1　三自由度系统的质量矩阵、刚度矩阵和阻尼矩阵分别如下：

$$[M]=\begin{bmatrix}50&0&0\\0&100&0\\0&0&60\end{bmatrix},[K]=\begin{bmatrix}40&-20&10\\-20&60&40\\10&40&50\end{bmatrix},[C]=\begin{bmatrix}0.5&-0.1&0.3\\-0.1&0.8&-0.2\\0.3&-0.2&0.4\end{bmatrix}$$

先由 $[K]$ 和 $[M]$ 解得系统的无阻尼自由振动的实模态频率和模态向量，然后可应用直接模态摄动法求解阻尼系统的复特征值和复模态向量。表 8-1 中列出了应用直接模态摄动法所求得的复特征值迭代解（平均迭代 2 次）和一阶近似解，同时表中也列出了应用 Foss 状态向量法所求得的精确解，表中 $\mathrm{j}=\sqrt{-1}$。表8-2 中列出了对应的两种计算方法所求得的复特征向量。数值结果表明，即使是一阶近似，也具有很高的精度。

表 8-1　　三自由度系统复特征值 γ_i 的对比

计算方法	γ_1	γ_2	γ_3
迭代解	−0.0020462＋1.1178j	−0.0069409＋0.97172j	−0.0033445＋0.19882j
一阶近似解	−0.0020466＋1.1178j	−0.0069414＋0.97177j	−0.0033454＋0.19888j
精确解	−0.0020463＋1.1178j	−0.0069417＋0.97175j	−0.0033454＋0.19885j

表 8-2　　三自由度系统复特征向量 $\{\psi_i\}$ 的比较

$\{\psi_1\}$		$\{\psi_2\}$		$\{\psi_3\}$	
迭代解	精确解	迭代解	精确解	迭代解	精确解
0.055−0.072j	0.055−0.072j	−0.507＋0.493j	−0.507＋0.493j	−0.655＋0.130j	−0.655＋0.130j
−0.286＋0.304j	−0.279＋0.311j	0.103−0.091j	0.101−0.093j	−0.829＋0.165j	−0.829＋0.166j
−0.432＋0.461j	−0.425＋0.470j	−0.169＋0.163j	−0.167＋0.166j	0.834−0.166j	0.834−0.166j
0.078＋0.064j	0.080＋0.062j	−0.477−0.494j	−0.475−0.496j	−0.025−0.130j	−0.024−0.131j
−0.341−0.318j	−0.347−0.313j	0.090＋0.098j	0.090＋0.099j	−0.03−0.165j	−0.030−0.165j
−0.514−0.484j	−0.524−0.476j	−0.161−0.162j	−0.160−0.164j	0.033＋0.166j	0.030＋0.166j

算例 8-2　图 8-1 所示为六层框架组合结构，每层 6 根柱子，相邻柱子的间距均为 4 m，第一层到第三层的柱子为钢筋混凝土柱，横梁为钢筋混凝土梁，截面分别为 0.5 m × 0.5 m，0.4 m × 0.4 m；第四层到第六层柱子为钢柱，横梁为钢梁，截面简化为 0.24 m × 0.24 m，0.18 m × 0.18 m。楼板均为厚 0.15 m 的钢筋混凝土楼板。在建立有限单元的数值模型中，楼层的每根梁、柱为一个梁单元，每块板为一个板单元。取钢的阻尼比为 0.02、钢筋混凝土的阻尼比为 0.05。由实模态摄动法的计算结果与状态方程求解所得的精确解之间的对比如表 8-3 所示，表中仅列出前 10 阶复模态频率和前 5 阶实模态（实际计算 28 阶复模态和 18 阶实模态）。采用实模态摄动法时，求解实模态的时间 0.125 s，求解摄动方程输出结果 0.171 s，实模态摄动法所需总时间 0.296 s。从状态方程直接计算输出结果需 0.407 s。

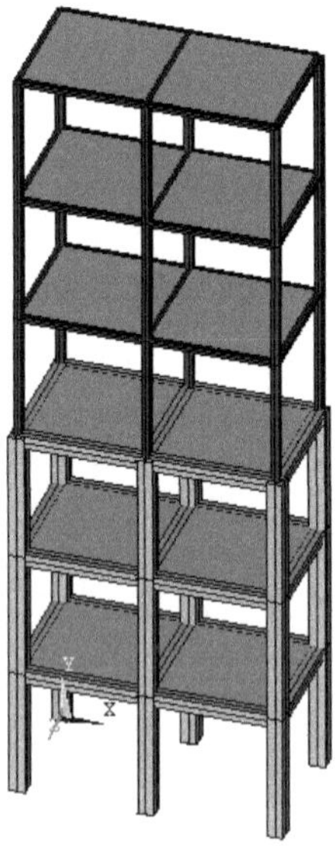

图 8-1　六层混合结构有限元模型

表 8-3　　框架组合结构的前 10 阶复特征值

模态阶序 i	实模态摄动法求解		状态方程求解	实模态频率
	迭代求解	一次近似		
1,2	$-0.3785\pm13.7680j$	$-0.3788\pm13.7780j$	$-0.3788\pm13.7735j$	13.7779
3,4	$-0.4246\pm15.9431j$	$-0.4248\pm15.9536j$	$-0.4248\pm15.9491j$	15.9536
5,6	$-0.4442\pm17.1507j$	$-0.4444\pm17.1612j$	$-0.4444\pm17.1570j$	17.1612
7,8	$-1.3612\pm39.2564j$	$-1.3628\pm39.3031j$	$-1.3629\pm39.2842j$	39.3031
9,10	$-1.4703\pm41.7410j$	$-1.4722\pm41.7936j$	$-1.4723\pm41.7712j$	41.7936

算例8-3　设有一个 20m×20m 平面应变问题，三角形单元划分的计算模型如图 8-2 所示。每个节点两个自由度，横坐标为 0 的所有节完全约束。各层的弹性模量、泊松比、质量密度、单元厚度和阻尼比如下。上层：$E_1=173.4\text{MPa}$，$\nu_1=0.4$，$\rho_1=1890\text{kg/m}^3$，$t_1=1.0\text{m}$，$\xi_1=0.06$；下层：$E_2=91\text{MPa}$，$\nu_1=0.3$，$\rho_2=1950\text{kg/m}^3$，$t_2=1.0\text{m}$，$\xi_2=0.04$。采用分区 Rayleigh 阻尼矩阵模型，构成土层整体系统的非比例阻尼系统。

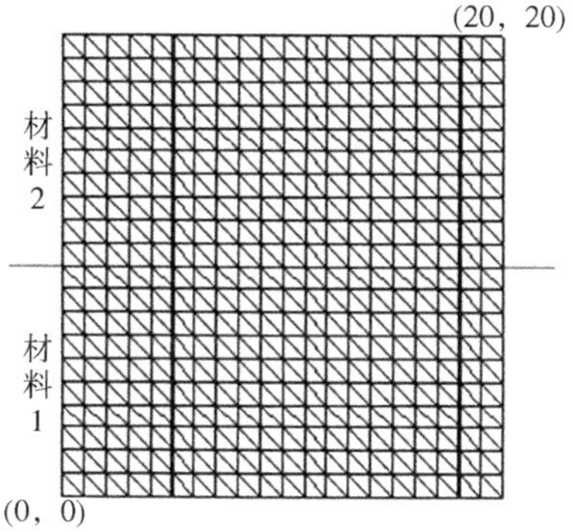

图 8-2　两种不同材料组成系统的有限元计算模型

采用实模态摄动法提取前 20 阶模态，并与状态方程直接求解的结果进行对比。采用实模态摄动法时，求实模态的时间 1.657 s，求解摄动方程输出结果 0.296 s，从状态方程直接计算输出结果需 11.938 s。经过 2 次迭代求解的数值结果见表 8-4，表中只列出前 10 阶复模态特征值和前 5 阶实模态频率。

从表 8-4 可以看出，对于这一规模不大的算例，采用实模态摄动法提取复模态，不仅计算精度满足要求，而且计算效率比直接由状态方程求出复特征值和特征向量的效率要高。实模态摄动法所花时间为 1.953 s，状态方程求解所花时间为 11.938 s，后者计算时间是前者计算时间的 6 倍多。这主要因为实模态摄动法是从 n 维实数空间中求解 20 阶实模态，而状态方程是从 $2n$ 维空间中求解 28 阶复模态，前者求解工作量远小于后者。随着求解规模的增大,这一方法的优越性将更加突出。

表 8-4　　不同材料平面应变问题的前 10 阶复特征值

模态阶序 i	实模态摄动法求解		状态方程求解	实模态频率
	迭代求解	一次近似		
1,2	$-1.2818\pm28.8122j$	$-1.2843\pm28.8690j$	$-1.2843\pm28.8409j$	28.8690
3,4	$-2.7062\pm68.0588j$	$-2.7102\pm68.1639j$	$-2.7103\pm68.1141j$	68.1639
5,6	$-3.1590\pm75.0295j$	$-3.1643\pm75.1593j$	$-3.1645\pm75.0984j$	75.1593
7,8	$-4.0217\pm100.9072j$	$-4.0278\pm101.0647j$	$-4.0279\pm100.9893j$	101.0647
9,10	$-5.1098\pm112.5825j$	$-5.1201\pm112.8115j$	$-5.1201\pm112.7034j$	112.8115

从以上算例可看出,直接模态摄动法的一阶近似阶解仍然具有很好的精度。

为了考察结构系统的阻尼比增大时基于直接模态摄动原理的实模态摄动法的有效性,成倍增加算例 8-3 中两种材料的阻尼比参数,采用实模态摄动法(迭代 2 次)和 Foss 状态向量法分别求解,表 8-5 中列出了 ξ_1、ξ_2 取值不同时用实模态摄动法求解的计算精度,包括系统前 10 阶模态的自振频率和等效模态阻尼比的计算精度。所谓系统各阶自振频率和等效振型阻尼比是根据复频率实部和虚部数值计算的:$\gamma_i=\xi_i\omega_i+j\omega_i\sqrt{1-\xi_i^2}$,其中:$\omega_i=|\gamma_i|$,$\xi_i=\dfrac{Re(\gamma_i)}{\omega_i}$。在土木工程结构中,模态阻尼比一般在1%~10%,很少会超过20%,因此,从表8-5 中可看出实模态摄动法适用于大型复杂结构的复模态分析。表中相对误差符合式(8-30)的近似估计。

表 8-5　　不同阻尼条件下实模态摄动法的计算精度

模态阶序	$\xi_1=0.12$ $\xi_2=0.08$		$\xi_1=0.18$ $\xi_2=0.12$		$\xi_1=0.24$ $\xi_2=0.16$		$\xi_1=0.36$ $\xi_2=0.24$	
	ω_i	ξ_i	ω_i	ξ_i	ω_i	ξ_i	ω_i	ξ_i
1,2	0.396%	0.391%	0.885%	0.873%	1.852%	1.789%	3.411%	3.360%
3,4	0.325%	0.289%	0.727%	0.645%	1.413%	1.330%	2.840%	2.507%
5,6	0.366%	0.322%	0.820%	0.718%	1.555%	1.509%	3.195%	2.782%
7,8	0.302%	0.309%	0.726%	0.639%	1.534%	1.451%	2.817%	2.480%
9,10	0.428%	0.375%	0.955%	0.835%	1.911%	1.797%	3.668%	3.154%

第二节　无阻尼线性随机结构的随机振动分析

本节介绍直接模态摄动法在无阻尼复合随机振动系统的随机动力特性和随机反应计算中的应用。

一、随机样本的选点方法

在随机振动分析中，均值和方差等随机参数的统计中一般需要完成如下定积分计算：

$$I(f)=\int_{[a,b]} f(x)\mathrm{d}x \tag{8-31}$$

式中，积分域 $D=[a,b]=[a_1,b_1]\times\cdots\times[a_s,b_s]$，为 R^s 上的有界闭区域，$f(x)$ 是在 D 上定义的函数，$\mathrm{d}x$ 表示 D 的微体积元素。

当 $s\geqslant 3$ 时，对这样一个高维积分问题，常常可以采用直接积分法、蒙特卡洛法和数论选点法等方法求解。

直接积分法(Direct Integration Method，DIM) 将重积分化为单重积分的累次积分，然后运用单重积分的求积公式逐次求解每一个积分，例如 Simpson 法，但在实际应用中直接积分法对于高维积分几乎是无用的。

蒙特卡洛法(Monte Carlo method，MCM) 对式(8-31) 直接取 x 的 n_e 个独立样本 x_1、…、x_{n_e}，每个样本为在积分域 D 上满足某一概率分布的向量，然后对每一样本计算 $I(f)$ 的值，最后进行随机统计，从而求得积分的均值和方差。

和蒙特卡洛法相比，数论方法(Number-theoretic method，NTM) 选取的样本在 D 上是确定均匀分布的，从而其给出的误差估计是确定性估计。数论选点方法[70] 的实施要求和具体步骤不作详细介绍，参见相关论著。

二、线性多自由度无阻尼复合随机系统的振动方程

假定随机结构系统的随机性由一组随机变量决定：

$$\boldsymbol{\eta}=\{\eta_1,\eta_2,\cdots,\eta_i,\cdots,\eta_s\} \tag{8-32}$$

随机结构系统的无阻尼振动方程为：

$$\boldsymbol{M}\ddot{\boldsymbol{y}}(t)+\boldsymbol{K}\boldsymbol{y}(t)=\boldsymbol{p}(t) \tag{8-33}$$

在上述方程中，结构系统是随机的，荷载也是随机的，且：

$$\boldsymbol{M}=\overline{\boldsymbol{M}}+\widetilde{\boldsymbol{M}},\boldsymbol{K}=\overline{\boldsymbol{K}}+\widetilde{\boldsymbol{K}} \tag{8-34}$$

式中,变量上方符号"—"的表示均值,符号"～"表示0均值随机分量,且均值部分远大于随机部分。

$$\boldsymbol{\eta}=\overline{\boldsymbol{\eta}}+\widetilde{\boldsymbol{\eta}} \tag{8-35}$$

式中,随机分量$\widetilde{\boldsymbol{\eta}}$表示如下:

$$\widetilde{\eta_l}=\eta_{lr}\widetilde{\zeta_l} \tag{8-36}$$

其中,η_{lr}为η_l的方差,$\widetilde{\zeta_l}$是均值为0、方差为1的标准化随机变量,且$\widetilde{\boldsymbol{\zeta}}=\{\widetilde{\zeta_1},\cdots,\widetilde{\zeta_s}\}^{\mathrm{T}}$,$s$为标准化独立随机变量的数目。对离散的随机场,可以通过随机结构相关矩阵分解的概念将随机场最终转变为标准化随机变量的形式。

由此可得随机结构系统各随机变量的一阶线性截断为:

$$\widetilde{\boldsymbol{M}}=\sum_{l=1}^{s}\frac{\partial\boldsymbol{M}}{\partial\zeta_l}\widetilde{\zeta_l}=\sum_{l=1}^{s}\boldsymbol{M}_l\widetilde{\zeta_l} \tag{8-37a}$$

$$\widetilde{\boldsymbol{K}}=\sum_{l=1}^{s}\frac{\partial\boldsymbol{K}}{\partial\zeta_l}\widetilde{\zeta_l}=\sum_{l=1}^{s}\boldsymbol{K}_l\widetilde{\zeta_l} \tag{8-37b}$$

式中,$\boldsymbol{M}_l$、$\boldsymbol{K}_l$表示随机质量矩阵和随机刚度矩阵对结构系统随机参数求偏导,并取随机参数等于0的偏导数。显然这些偏导数为确定性的,这个偏导数也称为结构系统对各结构随机参数的灵敏度。

式(8-34)中的均值质量矩阵和均值刚度矩阵为:

$$\overline{\boldsymbol{M}}=\boldsymbol{M}_0=\boldsymbol{M}\big|_{\boldsymbol{\zeta}=0} \tag{8-38a}$$

$$\overline{\boldsymbol{K}}=\boldsymbol{K}_0=\boldsymbol{K}\big|_{\boldsymbol{\zeta}=0} \tag{8-38b}$$

三、无阻尼线性多自由度随机结构系统的随机模态分析

无阻尼线性多自由度随机结构系统的随机自振特征值的求解方法多样,下文介绍应用直接模态摄动法求解随机结构系统的随机特征值的一般过程。

1. 基于随机选点的直接模态摄动法

式(8-34)所描述的随机结构系统的特征方程如下:

$$(\boldsymbol{K}-\lambda_i\boldsymbol{M})\boldsymbol{\varphi}_i=\boldsymbol{0} \tag{8-39}$$

由于结构参数为随机参数,因此特征值与特征向量都是随机的。为求特征值与模态向量,基于式(8-34)可应用直接模态摄动法,假定随机系统的特征值与模态向量是在均值系统的基础上摄动而得。设均值系统的特征方程为:

$$(\overline{\boldsymbol{K}}-\bar{\lambda}_i\overline{\boldsymbol{M}})\overline{\boldsymbol{\varphi}}_i=\boldsymbol{0} \tag{8-40}$$

很显然，式(8-40)是确定性方程，从中可求得均值系统的特征值$\bar{\lambda}_i$和对应的模态向量$\bar{\boldsymbol{\varphi}}_i(i=1,\cdots,m)$，它们由确定性的数值构成。设随机结构系统的第$i$阶特征值$\lambda_i$和对应的模态向量$\varphi_i$分别为：

$$\lambda_i=\bar{\lambda}_i+\tilde{\lambda}_i \tag{8-41}$$

$$\boldsymbol{\varphi}_i=\bar{\boldsymbol{\varphi}}_i+\tilde{\boldsymbol{\varphi}}_i=\bar{\boldsymbol{\varphi}}_i+\sum_{\substack{k=1\\k\neq i}}^{m}r_{ki}\bar{\boldsymbol{\varphi}}_k \tag{8-42}$$

式(8-41)中，$\tilde{\lambda}_i\ll\bar{\lambda}_i$，且$\tilde{\lambda}_i$为随机变量，$r_{ki}$为小随机变量，类似于确定性计算中的模态组合系数$c_{ki}$。

在式(8-41)和式(8-42)中的$\tilde{\lambda}_i$和$\tilde{\boldsymbol{\varphi}}_i$为随机结构系统模态特性的摄动小量，为随机参数。显然在应用直接模态摄动法过程中，随机结构的随机参数转换为模态摄动计算中的摄动参数。这样，无阻尼随机结构系统的特征值和模态向量的求解转化如下的以随机变量$\tilde{\zeta}$为隐形参数的非线性代数方程组：

$$[(\bar{\lambda}_i+\tilde{\lambda}_i)\widetilde{\boldsymbol{H}}_1(\tilde{\zeta})-\widetilde{\boldsymbol{H}}_2(\tilde{\zeta})+\widetilde{\boldsymbol{H}}_3(\tilde{\lambda}_i)+\widetilde{\boldsymbol{H}}_4(\tilde{\zeta})]\tilde{\boldsymbol{q}}=\tilde{\boldsymbol{e}}_1(\tilde{\zeta})+\tilde{\boldsymbol{e}}_2(\tilde{\zeta}) \tag{8-43}$$

式中：

$$\widetilde{\boldsymbol{H}}_1(\tilde{\zeta})=\begin{bmatrix}\Delta\widetilde{M}_{11}(\tilde{\zeta}) & \cdots & \Delta\widetilde{M}_{1,i-1}(\tilde{\zeta}) & 0 & \Delta\widetilde{M}_{1,i+1}(\tilde{\zeta}) & \cdots & \Delta\widetilde{M}_{1,m}(\tilde{\zeta})\\ \cdots & \cdots & \cdots & \cdots & \cdots & \cdots & \cdots\\ \Delta\widetilde{M}_{k1}(\tilde{\zeta}) & \cdots & \Delta\widetilde{M}_{k,i-1}(\tilde{\zeta}) & 0 & \Delta\widetilde{M}_{k,i+1}(\tilde{\zeta}) & \cdots & \Delta\widetilde{M}_{k,m}(\tilde{\zeta})\\ \cdots & \cdots & \cdots & \cdots & \cdots & \cdots & \cdots\\ \Delta\widetilde{M}_{m1}(\tilde{\zeta}) & \cdots & \Delta\widetilde{M}_{m,i-1}(\tilde{\zeta}) & 0 & \Delta\widetilde{M}_{m,i+1}(\tilde{\zeta}) & \cdots & \Delta\widetilde{M}_{m,m}(\tilde{\zeta})\end{bmatrix}$$

$$\widetilde{\boldsymbol{H}}_2(\tilde{\zeta})=\begin{bmatrix}\Delta\widetilde{K}_{11}(\tilde{\zeta}) & \cdots & \Delta\widetilde{K}_{1,i-1}(\tilde{\zeta}) & 0 & \Delta\widetilde{K}_{1,i+1}(\tilde{\zeta}) & \cdots & \Delta\widetilde{K}_{1,m}(\tilde{\zeta})\\ \cdots & \cdots & \cdots & \cdots & \cdots & \cdots & \cdots\\ \Delta\widetilde{K}_{k1}(\tilde{\zeta}) & \cdots & \Delta\widetilde{K}_{k,i-1}(\tilde{\zeta}) & 0 & \Delta\widetilde{K}_{k,i+1}(\tilde{\zeta}) & \cdots & \Delta\widetilde{K}_{k,m}(\tilde{\zeta})\\ \cdots & \cdots & \cdots & \cdots & \cdots & \cdots & \cdots\\ \Delta\widetilde{K}_{m1}(\tilde{\zeta}) & \cdots & \Delta\widetilde{K}_{m,i-1}(\tilde{\zeta}) & 0 & \Delta\widetilde{K}_{m,i+1}(\tilde{\zeta}) & \cdots & \Delta\widetilde{K}_{m,m}(\tilde{\zeta})\end{bmatrix}$$

$$\widetilde{\boldsymbol{H}}_3=\mathrm{diag}(\bar{\lambda}_i-\bar{\lambda}_1+\tilde{\lambda}_i,\cdots,\bar{\lambda}_i-\bar{\lambda}_{i-1}+\tilde{\lambda}_i,1,\bar{\lambda}_i-\bar{\lambda}_{i+1}+\tilde{\lambda}_i,\cdots,\bar{\lambda}_i-\bar{\lambda}_m+\tilde{\lambda}_i)$$

$$\widetilde{\boldsymbol{H}}_4(\tilde{\zeta})=\begin{bmatrix} 0 & \cdots & 0 & \Delta\widetilde{M}_{1,i}(\tilde{\boldsymbol{\zeta}}) & 0 & \cdots & 0 \\ \cdots & \cdots & \cdots & \cdots & \cdots & \cdots & \cdots \\ 0 & \cdots & 0 & \Delta\widetilde{M}_{k,i}(\tilde{\boldsymbol{\zeta}}) & 0 & \cdots & 0 \\ \cdots & \cdots & \cdots & \cdots & \cdots & \cdots & \cdots \\ 0 & \cdots & 0 & \Delta\widetilde{M}_{m,i}(\tilde{\boldsymbol{\zeta}}) & 0 & \cdots & 0 \end{bmatrix}$$

$$\tilde{\boldsymbol{q}}=(r_{1i} \quad \cdots \quad r_{i-1,i} \quad 1 \quad r_{i+1,i} \quad \cdots \quad r_{mi})$$

$$\tilde{\boldsymbol{e}}_1(\tilde{\boldsymbol{\zeta}})=-\bar{\lambda}_i\left\{\Delta\widetilde{M}_{1i}(\tilde{\boldsymbol{\zeta}}) \quad \cdots \quad \Delta\widetilde{M}_{i-1,i}(\tilde{\boldsymbol{\zeta}}) \quad \Delta\widetilde{M}_{ii}(\tilde{\boldsymbol{\zeta}}) \quad \Delta\widetilde{M}_{i+1,i}(\tilde{\boldsymbol{\zeta}}) \quad \cdots \quad \Delta\widetilde{M}_{mi}(\tilde{\boldsymbol{\zeta}})\right\}^{\mathrm{T}}$$

$$\tilde{\boldsymbol{e}}_2(\tilde{\boldsymbol{\zeta}})=\left\{\Delta\widetilde{K}_{1i}(\tilde{\boldsymbol{\zeta}}) \quad \cdots \quad \Delta\widetilde{K}_{i-1,i}(\tilde{\boldsymbol{\zeta}}) \quad \Delta\widetilde{K}_{ii}(\tilde{\boldsymbol{\zeta}}) \quad \Delta\widetilde{K}_{i+1,i}(\tilde{\boldsymbol{\zeta}}) \quad \cdots \quad \Delta\widetilde{K}_{m,i}(\tilde{\boldsymbol{\zeta}})\right\}^{\mathrm{T}}$$

式(8-43)已经将未知随机变量分离出来,由此可得:

$$\tilde{\boldsymbol{q}}=[(\bar{\lambda}_i+\tilde{\lambda}_i)\widetilde{\boldsymbol{H}}_1(\tilde{\boldsymbol{\zeta}})-\widetilde{\boldsymbol{H}}_2(\tilde{\boldsymbol{\zeta}})+\widetilde{\boldsymbol{H}}_3(\tilde{\lambda}_i)+\widetilde{\boldsymbol{H}}_4(\tilde{\boldsymbol{\zeta}})]^{-1}[\tilde{\boldsymbol{e}}_1(\tilde{\boldsymbol{\zeta}})+\tilde{\boldsymbol{e}}_2(\tilde{\boldsymbol{\zeta}})] \tag{8-44}$$

式(8-44)表明,摄动量为随机结构系统随机变量的函数。

2. 随机特征值和特征向量的均值和方差

基于式(8-44),可采用两种方法求解无阻尼线性随机结构系统随机特征值的均值和方差。

(1) 直接迭代法。该方法是指对式(8-44)的右边直接取均值和方差,由于涉及非线性代数方程组,需采用迭代计算。实际迭代计算中,开始迭代计算时对等式右项中可取$\tilde{\lambda}_i=0$。

$$E(\tilde{\boldsymbol{q}})=E\{[(\bar{\lambda}_i+\tilde{\lambda}_i)\widetilde{\boldsymbol{H}}_1(\tilde{\boldsymbol{\zeta}})-\widetilde{\boldsymbol{H}}_2(\tilde{\boldsymbol{\zeta}})+\widetilde{\boldsymbol{H}}_3(\tilde{\lambda}_i)+\widetilde{\boldsymbol{H}}_4(\tilde{\boldsymbol{\zeta}})]^{-1}[\tilde{\boldsymbol{e}}_1(\tilde{\boldsymbol{\zeta}})+\tilde{\boldsymbol{e}}_2(\tilde{\boldsymbol{\zeta}})]\} \tag{8-45}$$

各摄动量的二阶矩为:

$$\begin{aligned} E(\tilde{\boldsymbol{q}}\tilde{\boldsymbol{q}}^{\mathrm{T}})=E\{&[(\bar{\lambda}_i+\tilde{\lambda}_i)\widetilde{\boldsymbol{H}}_1(\boldsymbol{\zeta})-\widetilde{\boldsymbol{H}}_2(\boldsymbol{\zeta})+\widetilde{\boldsymbol{H}}_3(\tilde{\lambda}_i)+\widetilde{\boldsymbol{H}}_4(\boldsymbol{\zeta})]^{-1}[\tilde{\boldsymbol{e}}_1(\boldsymbol{\zeta})+\tilde{\boldsymbol{e}}_2(\boldsymbol{\zeta})] \\ &[\tilde{\boldsymbol{e}}_1^{\mathrm{T}}(\boldsymbol{\zeta})+\tilde{\boldsymbol{e}}_2^{\mathrm{T}}(\boldsymbol{\zeta})][(\bar{\lambda}_i+\tilde{\lambda}_i)\widetilde{\boldsymbol{H}}_1(\boldsymbol{\zeta})-\widetilde{\boldsymbol{H}}_2(\boldsymbol{\zeta})+\widetilde{\boldsymbol{H}}_3(\tilde{\lambda}_i)+\widetilde{\boldsymbol{H}}_4(\boldsymbol{\zeta})]^{-\mathrm{T}}\} \end{aligned} \tag{8-46}$$

由式(8-45)和式(8-46)可以求得随机特征值摄动量和各模态摄动系数的均值和相关系数,用新计算出的$E(\tilde{\lambda}_i)$代替$\tilde{\lambda}_i$,反复迭代,只至迭代误差符合要求为止。

由式(8-41)和式(8-42)可得：

$$E(\lambda_i)=\bar{\lambda}_i+E(\tilde{\lambda}_i) \tag{8-47a}$$

$$E(\boldsymbol{\varphi}_i)=\bar{\boldsymbol{\varphi}}_i+\sum_{\substack{k=1\\k\neq i}}^{m}E(r_{ki})\bar{\boldsymbol{\varphi}}_k \tag{8-47b}$$

$$Var(\lambda_i)=E(\tilde{\lambda}_i^2)-E^2(\tilde{\lambda}_i) \tag{8-47c}$$

$$Var(\boldsymbol{\varphi}_i)=\sum_{\substack{l=1\\l\neq i}}^{m}\sum_{\substack{k=1\\k\neq i}}^{m}E(r_{li}r_{ki})(\bar{\boldsymbol{\varphi}}_l\cdot\bar{\boldsymbol{\varphi}}_k) \tag{8-47d}$$

式(8-47d)中，$(\bar{\boldsymbol{\varphi}}_i\cdot\bar{\boldsymbol{\varphi}}_k)$表示向量对应元素相乘所得的新向量，即式(8-47d)可表示为：

$$Var(\varphi_{si})=\sum_{\substack{l=1\\l\neq i}}^{m}\sum_{\substack{k=1\\k\neq i}}^{m}E(r_{li}r_{ki})(\bar{\varphi}_{rl}\bar{\varphi}_{rk})\quad(s=1,\cdots,n) \tag{8-47e}$$

将式(8-45)和式(8-46)迭代计算的结果代入式(8-47)中各式可求得各计算量的均值和方差。

(2)基于随机样本选点的迭代法。当采用基于蒙特卡洛法或数论方法的随机样本选点法来计算随机结构的模态特性时，直接模态摄动法求解随机模态特性的过程如下。

以第i阶模态为例，由于$\lambda_i=\lambda_i(\tilde{\boldsymbol{\zeta}})$，则$E(\lambda_i(\tilde{\boldsymbol{\zeta}}))$、$E(\lambda_i^2(\tilde{\boldsymbol{\zeta}}))$按下式计算：

$$E[\lambda_i(\tilde{\boldsymbol{\zeta}})]=\int_{\boldsymbol{R}}\lambda_{i\tilde{\zeta}}(\boldsymbol{x})p_{\tilde{\zeta}}(\boldsymbol{x})\mathrm{d}x \tag{8-48}$$

$$E[\lambda_i^2(\tilde{\boldsymbol{\zeta}})]=\int_{\boldsymbol{R}}\lambda_{i\tilde{\zeta}}^2(\boldsymbol{x})p_{\tilde{\zeta}}(\boldsymbol{x})\mathrm{d}x \tag{8-49}$$

式中，$\boldsymbol{R}$为随机向量$\tilde{\boldsymbol{\zeta}}$的取值空间，由于概率密度函数$p_{\tilde{\zeta}}(\boldsymbol{x})$的解析式一般不容易求得，可采用离散数值方法求解，即：

$$E[\lambda_i(\tilde{\boldsymbol{\zeta}})]=\sum_{x_1=1}^{N_1}\cdots\sum_{x_s=1}^{N_s}\lambda_{i\tilde{\zeta}_1\cdots\tilde{\zeta}_s}(x_1\cdots x_s)p_{\tilde{\zeta}_1\cdots\tilde{\zeta}_s}(x_1\cdots x_s)\Delta x_1\cdots\Delta x_s \tag{8-50}$$

$$E[\lambda_i^2(\tilde{\boldsymbol{\zeta}})]=\sum_{x_1=1}^{N_1}\cdots\sum_{x_s=1}^{N_s}\lambda_{i\tilde{\zeta}_1\cdots\tilde{\zeta}_s}^2(x_1\cdots x_s)p_{\tilde{\zeta}_1\cdots\tilde{\zeta}_s}(x_1\cdots x_s)\Delta x_1\cdots\Delta x_s \tag{8-51}$$

具体实施求解过程的步骤为：

(1)对每一组随机采样点$\boldsymbol{X}_k(x_{k1},\cdots,x_{ks})(k=1,\cdots,n_e$，$s$为独立随机变量的

个数，n_e 为数论选点数)，将$\boldsymbol{X}_k$ 代入式(8-44)中，通过迭代计算，即可应用直接模态摄动法求得一组随机摄动向量$\tilde{\boldsymbol{q}}(\boldsymbol{X}_k)$；

(2) 将求得的随机摄动量$\tilde{\boldsymbol{q}}(\boldsymbol{X}_k)$代入式(8-41)和式(8-42)中，得到对应采样点X_k的特征值$\lambda_i(\boldsymbol{X}_k)$和特征模态向量$\boldsymbol{\varphi}_i(\boldsymbol{X}_k)$，将得到的样本特征模态向量正则化：

$$\boldsymbol{\varphi}_i(\boldsymbol{X}_k)=\boldsymbol{\varphi}_i(\boldsymbol{X}_k)/\sqrt{\boldsymbol{\varphi}_i^{\mathrm{T}}(\boldsymbol{X}_k)\boldsymbol{M}(\boldsymbol{X}_k)\boldsymbol{\varphi}_i(\boldsymbol{X}_k)} \tag{8-52}$$

式中，$\boldsymbol{M}(\boldsymbol{X}_k)$为样本质量；

(3) 遍历所有采样点，求得所有$\lambda_i(X_k)$和$\varphi_i(X_k)$；

(4) 按下式求解均值和方差。

特征值的均值和方差为：

$$E(\lambda_i)=J\frac{1}{n_e}\sum_{k=1}^{n_e}\lambda_{i,k}P_k \tag{8-53a}$$

$$E(\lambda_i^2)=J\frac{1}{n_e}\sum_{k=1}^{n_e}\lambda_{i,k}^2P_k \tag{8-53b}$$

$$\mathrm{Var}(\lambda_i)=[E(\lambda_i^2)-E^2(\lambda_i)]^{1/2} \tag{8-53c}$$

特征模态向量的均值和方差为：

$$E(\varphi_{ri})=J\frac{1}{n_{\mathrm{e}}}\sum_{k=1}^{n_e}\varphi_{ri,k}P_k \tag{8-54a}$$

$$E(\varphi_{ri}^2)=J\frac{1}{n_{\mathrm{e}}}\sum_{k=1}^{n_e}\varphi_{ri,k}^2P_k \tag{8-54b}$$

$$\mathrm{Var}(\varphi_{ri})=[E(\varphi_{ri}^2)-E^2(\varphi_{ri})]^{1/2} \tag{8-54c}$$

式中，J 为第k个样本点$\boldsymbol{X}_k$处的雅可比行列式的值，$P_k=p_{\xi}(\boldsymbol{X}_k)$为第$k$个采样点处的联合概率密度函数值。

这样，基于不同样本选点方法所实施的直接模态摄动法可分别形成蒙特卡洛法样本选点基础上的直接模态摄动法和数论样本选点基础上的直接模态摄动法，依次简称为DMPM(MCM)和DMPM(NTM)。

3. 算例

算例 8-4 图8-3所示为八层层间剪切型结构，该结构从顶层至底层各层质量均值依次为5.0×10^4 kg、1.1×10^5 kg、1.1×10^5 kg、1.0×10^5 kg、1.1×10^5 kg、1.1×10^5 kg、1.3×10^5 kg、1.2×10^5 kg，质量变异系数均为$R_1=R_\rho=0.05$，服从均匀分布。第一层层高4m，其余均为3m，两跨3柱，柱截面尺寸为600mm×600mm。弹性模量E服从正态分布，均值$\mu_E=3.0\times10^{10}$ Pa，标准差$\sigma_E=3.45\times10^9$ Pa，变异

系数均为 $R_2=R_E=0.115$。采用直接模态摄动法求这个随机系统的动力特征值，并与均值中心摄动法进行比较。

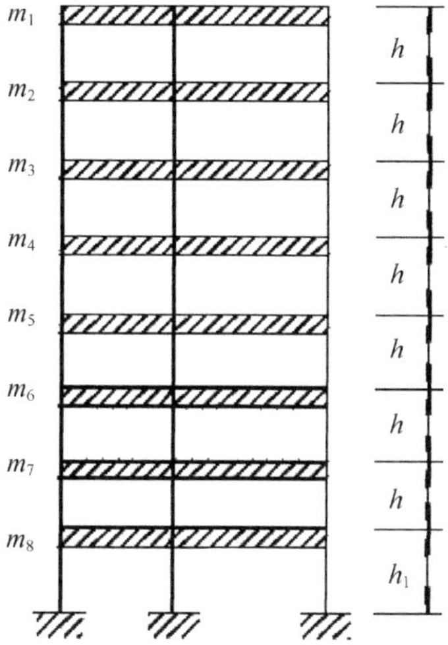

图 8-3　八层层间剪切型结构模型

由随机变量的表示方法可知 $E=\mu_E+\sigma_E\zeta_2$，$\rho=\mu_\rho+\sigma_\rho\zeta_1$，并假定密度与弹性模量是相互独立的两个随机变量。

由式(8-37)、则有：

$$\Delta\widetilde{\boldsymbol{K}}_{ki}(\widetilde{\boldsymbol{\zeta}})=\overline{\boldsymbol{\varphi}}_k^{\mathrm{T}}\left(\sum_{l=1}^{s}\boldsymbol{K}_l\widetilde{\zeta}_l\right)\overline{\boldsymbol{\varphi}}_i=\overline{\boldsymbol{\varphi}}_k^{\mathrm{T}}(\boldsymbol{K}_2\widetilde{\zeta}_2)\overline{\boldsymbol{\varphi}}_i=R_2\widetilde{\zeta}_2\overline{\boldsymbol{\varphi}}_k^{\mathrm{T}}(\overline{\boldsymbol{K}})\overline{\boldsymbol{\varphi}}_i \tag{8-55a}$$

$$\Delta\widetilde{\boldsymbol{M}}_{ki}(\widetilde{\boldsymbol{\zeta}})=\overline{\boldsymbol{\varphi}}_k^{\mathrm{T}}\left(\sum_{l=1}^{s}\boldsymbol{M}_l\widetilde{\zeta}_l\right)\overline{\boldsymbol{\varphi}}_i=\overline{\boldsymbol{\varphi}}_k^{\mathrm{T}}(\boldsymbol{M}_1)\overline{\boldsymbol{\varphi}}_i=R_1\widetilde{\zeta}_1\overline{\boldsymbol{\varphi}}_k^{\mathrm{T}}(\overline{\boldsymbol{M}})\overline{\boldsymbol{\varphi}}_i \tag{8-55b}$$

式(8-43) 中各项矩阵和向量分别为：

$$\widetilde{\boldsymbol{H}}_1(\boldsymbol{\zeta})=R_1\widetilde{\zeta}_1\mathrm{diag}(1\quad\cdots\quad1\quad0\quad1\quad\cdots\quad1)$$

$$\widetilde{\boldsymbol{H}}_2(\boldsymbol{\zeta})=R_2\widetilde{\zeta}_2\mathrm{diag}(\bar{\lambda}_1\quad\cdots\quad\bar{\lambda}_{i-1}\quad0\quad\bar{\lambda}_{i+1}\quad\cdots\quad\bar{\lambda}_m)$$

$$\widetilde{\boldsymbol{H}}_3(\widetilde{\lambda}_i)=\mathrm{diag}(\bar{\lambda}_i-\bar{\lambda}_1+\widetilde{\lambda}_i,\cdots,\bar{\lambda}_i-\bar{\lambda}_{i-1}+\widetilde{\lambda}_i,1,\bar{\lambda}_i-\bar{\lambda}_{i+1}+\widetilde{\lambda}_i,\cdots,\bar{\lambda}_i-\bar{\lambda}_m+\widetilde{\lambda}_i)$$

$$\widetilde{\boldsymbol{e}}_1(\widetilde{\boldsymbol{\zeta}})=-\bar{\lambda}_iR_1\widetilde{\zeta}_1\{0\quad\cdots\quad0\quad1\quad0\quad\cdots\quad0\}^{\mathrm{T}}$$

$$\widetilde{\boldsymbol{e}}_2(\widetilde{\boldsymbol{\zeta}})=\bar{\lambda}_iR_2\widetilde{\zeta}_2\{0\quad\cdots\quad0\quad1\quad0\quad\cdots\quad0\}^{\mathrm{T}}$$

将以上结果代入式(8-43) 得解耦方程，分别为：

$$((\bar{\lambda}_i+\widetilde{\lambda}_i)R_1\widetilde{\zeta}_1-R_2\widetilde{\zeta}_2\bar{\lambda}_k+\bar{\lambda}_i-\bar{\lambda}_k+\widetilde{\lambda}_i)r_{ki}=0\quad(k\neq i) \tag{8-56a}$$

$$\tilde{\lambda}_i(1+R_1\tilde{\zeta}_1)=\bar{\lambda}_i(R_2\tilde{\zeta}_2-R_1\tilde{\zeta}_1)\quad(k=i)\tag{8-56b}$$

由式(8-56b) 可以得到：

$$\tilde{\lambda}_i=\bar{\lambda}_i(R_2\tilde{\zeta}_2-R_1\tilde{\zeta}_1)/(1+R_1\tilde{\zeta}_1)\tag{8-57}$$

当知道$\tilde{\zeta}_1$、$\tilde{\zeta}_2$的概率密度之后，即可求出第 i 阶摄动特征值$\tilde{\lambda}_i$ 的均值和方差。将式(8-57) 代入(8-56b) 可得：

$$(\bar{\lambda}_i-\bar{\lambda}_k)(1+R_2\tilde{\zeta}_2)r_{ki}=0\quad(k\neq i)\tag{8-58}$$

由此可得 $r_{ki}=0$，即按此解法，当随机质量、随机刚度分别是由一个变量引起时，随机模态向量没有展开式。

表 8-6 所列为采用直接积分法的直接模态摄动法 DMPM(DIM)、均值中心摄动法以及蒙特卡洛模拟法(200000 次) 得到的特征值均值和方差的比较。

表 8-6　不同方法计算所得的剪切框架结构随机特征值的均值和方差

模态阶数	DMPM(DIM)		均值中心摄动法		蒙特卡洛法		确定系统
	均值	方差	均值	方差	均值	方差	
1	112.814	10.637	112.746	14.136	112.913	14.175	112.605
2	1005.116	94.769	1004.506	125.944	1005.996	126.288	1003.252
3	2980.448	281.016	2978.639	373.46	2983.057	374.479	2974.921
4	5803.239	547.167	5799.716	727.165	5808.318	729.15	5792.476
5	8647.082	815.303	8641.833	1083.508	8654.651	1086.465	8631.044
6	11716.749	1104.731	11709.637	1468.147	11727.005	1472.154	11695.019
7	14270.242	1345.490	14261.58	1788.108	14282.733	1792.988	14243.775
8	16039.742	1512.330	16030.006	2009.832	16053.782	2015.318	16009.994

由表 8-6 可知，采用采用直接积分法的直接模态摄动法求解随机结构随机特征值的均值比均值中心摄动法要有所提高，更接近于蒙特卡洛法得到的数值，而方差的精度不及后者。但是均值中心摄动法需要经过复杂的公式推导，当随机变量很多、结构自由度很大时，计算效率就不高。由式(8-57)，采用采用直接积分法的直接模态摄动法可以直接求得反应的均值和方差，不需要统计，因此在此算例计算中，直接模态摄动法的计算时间和均值中心摄动法相同，需要 2.453 s，而蒙特卡洛法需要 59.485 s。

算例 8-5　同样为算例 8-4 结构，对随机变量作出如下更改：1 ～ 4 层，质量变异系数为 0.05，对应均匀分布的独立随机变量$\tilde{\zeta}_1$；5 ～ 8 层，质量变异系数为 0.01，对应均匀分布的独立随机变量$\tilde{\zeta}_2$;1 ～ 4 层,弹性模量的均值 $\mu_E = 3.0 \times 10^{10}$ Pa,方差 $\sigma_E = 3.45 \times 10^9$ Pa,变异系数为 0.115,对应正态分布的独立随机变量$\tilde{\zeta}_3$,5 ～ 8 层,弹性模量的均值 $\mu_E = 2.5 \times 10^{10}$ Pa,方差 $\sigma_E = 2.5 \times 10^9$ Pa,变异系数为 0.10,对应正态分布的独立随机变量$\tilde{\zeta}_4$。分别采用基于直接积分法的直接模态摄动法和基于数论选点的直接模态摄动法求这个随机系统的动力特征值,并与均值中心摄动法进行比较。

对由四个独立随机变量确定的随机结构,这时结构随机质量矩阵和刚度矩阵对随机变量的偏导数与确定质量矩阵和确定刚度矩阵不再存在式(8-55a) 和式(8-55b) 所示的简单关系。在式(8-55a) 和式(8-55b) 中,由于确定系统振型的正交性,因此使式(8-43) 系数矩阵非对角元素为 0,从而可以直接求解特征值的随机摄动量,但不能求出特征向量的随机摄动量。这时先对确定采样点采用直接模态摄动法求出样本点的随机摄动向量,然后采用直接积分法(DIM) 或数论选点法(NTM) 求出随机摄动向量的均值和相关函数矩阵。表 8-7 所列为直接模态摄动法、蒙特卡洛法、均值中心摄动法的计算结果。

表 8-7　　四个独立随机变量时随机结构的特征值(积分间距 0.05)

模态阶序	DMPM(DIM)		均值中心摄动法		蒙特卡洛法		确定系统
	均值	方差	均值	方差	均值	方差	
1	110.12	11.537	109.89	11.218	109.786	11.162	110.08
2	906.14	76.897	902.44	74.716	901.995	74.916	905.08
3	2755.9	237.84	2748.2	230.81	2745.9	229.29	2753.4
4	5200.4	429.18	5180.4	418.43	5175.1	419.52	5196.7
5	8055.0	719.41	8018.9	701.30	7998.5	680.19	8045.9
6	10567	864.94	10527	843.91	10509	855.90	10561
7	12794	1066.7	12562	1293.77	12577	1053.4	12790
8	13964	1200.1	14260	1590.24	14376	1218.4	13947

表 8-7 的数据表明:当随机变量较多时,采用直接积分法的直接模态摄动法 DMPM(DIM) 得到的高阶随机特征值方差比均值中心摄动法得到的方差更精确。

表 8-8 为采用直接积分法的直接模态摄动法 DMPM(DIM) 求解全部随机摄动量的随机特性时,采用不同积分间距时所需要的计算时间。

表 8-8　不同积分间距下的随机特征值与所需计算时间

积分间距	0.2		0.1		0.05	
模态阶序	均值	方差	均值	方差	均值	方差
1	110.13	12.492	110.12	11.887	110.12	11.537
2	906.48	78.205	906.26	73.379	906.14	76.897
3	2756.7	241.22	2756.1	226.72	2755.9	237.84
4	5201.6	434.73	5200.8	408.91	5200.4	429.18
5	8058.0	730.67	8056.1	686.14	8055.0	719.41
6	10569	875.27	10568	823.79	10567	864.94
7	12794	1075.8	12794	1014.6	12794	1066.7
8	13968	1220.0	13965	1145.0	13964	1200.1
计算时间	1485s		15611s		219771s	

表 8-8 表明，当取不同积分间距时，所需的计算时间不同，计算所得精度也不同。积分间距越小，计算时间越长，计算的精度越高。但是采用直接积分法计算随机统计参数的时显然不能满足应用要求，当随机结构系统的自由度很大且随机变量个数很多时，采用这种积分方法因计算时间过长可能会得不到最终结果，不宜采用这一方法。

表 8-9 列出由基于数论选点法的直接模态摄动法得到的特征值及计算时间，并与蒙特卡洛法的计算结果和时间相比较。表中 n_e 为样本选点数量，括号内为计算时间。

表 8-9　基于数论选点法的直接模态摄动法得到的随机特征值

模态阶序	$n_e = 307$ (0.28s)		$n_e = 400$ (3.56s)		$n_e = 28117$ (26.02s)		蒙特卡洛法 (37s)	
	均值	方差	均值	方差	均值	方差	均值	方差
1	110.11	11.142	110.113	11.202	110.11	11.205	109.79	11.162
2	905.74	71.122	906.02	74.327	906.02	74.396	902.00	74.916
3	2754.9	222.87	2755.6	230.22	2755.6	230.38	2745.9	229.29
4	5198.8	401.70	5200.0	415.48	5200.0	415.87	5175.0	419.52
5	8051.8	672.02	8054.0	696.00	8054.1	696.44	7998.5	680.19
6	10564	812.74	10567	837.67	10566	838.47	10509	855.90
7	12792	1018.0	12793	1034.5	12793	1035.4	12577	1053.4
8	13958	1114.7	13962	1160.4	13961	1161.3	14376	1218.4

由表8-9可以看到，采用基于数论选点的直接模态摄动法，不仅计算时间快，计算精度也很高。数据对比也表明，基于数论选点的直接模态摄动法得到的各阶模态向量均值是很准确的。

四、无阻尼线性复合随机振动系统的随机反应

下文进一步介绍采用基于数论选点的直接模态摄动法求解无阻尼线性复合随机振动系统的随机反应的求解过程。

1. 计算公式

假定随机荷载 $\boldsymbol{P}(t)$ 可以表示为：

$$\boldsymbol{P}(t)=\boldsymbol{P}(\boldsymbol{\zeta}_F,t) \tag{8-59}$$

式中，$\boldsymbol{\zeta}_F=(\zeta_{s+1},\cdots,\zeta_{s+f})$，表示随机荷载的随机变量。

由式(8-59)可得无阻尼复合随机振动系统的动力方程为：

$$\boldsymbol{M}\ddot{\boldsymbol{y}}(t)+\boldsymbol{K}\boldsymbol{y}(t)=\boldsymbol{p}(\boldsymbol{\zeta}_F,t) \tag{8-60}$$

根据模态叠加法，令：

$$\boldsymbol{y}(t)=\boldsymbol{\varphi}\boldsymbol{x}(t) \tag{8-61}$$

则有

$$\boldsymbol{M}\boldsymbol{\varphi}\ddot{\boldsymbol{x}}(t)+\boldsymbol{K}\boldsymbol{\varphi}\boldsymbol{x}(t)=\boldsymbol{p}(\boldsymbol{\zeta}_F,t) \tag{8-62}$$

将式(8-62)左乘 $\boldsymbol{\varphi}^{\mathrm{T}}$ 得：

$$\boldsymbol{\varphi}^{\mathrm{T}}\boldsymbol{M}\boldsymbol{\varphi}\ddot{\boldsymbol{x}}(t)+\boldsymbol{\varphi}^{\mathrm{T}}\boldsymbol{K}\boldsymbol{\varphi}\boldsymbol{x}(t)=\boldsymbol{\varphi}^{\mathrm{T}}\boldsymbol{p}(\boldsymbol{\zeta}_F,t) \tag{8-63}$$

当随机结构的随机模态向量正则化后，则有 $\boldsymbol{\varphi}^{\mathrm{T}}\boldsymbol{M}\boldsymbol{\varphi}=\boldsymbol{I}$，将式(8-61)代入式(8-60)可得

$$\ddot{x}_i(t)+(\bar{\lambda}_i+\tilde{\lambda}_i)x_i(t)=(\overline{\boldsymbol{\varphi}}_i^{\mathrm{T}}+\widetilde{\boldsymbol{\varphi}}_i^{\mathrm{T}})p(\boldsymbol{\zeta}_F,t) \tag{8-64}$$

式中，$\overline{\boldsymbol{\varphi}}_i$ 为随机结构均值系统的第 i 阶模态向量，$\widetilde{\boldsymbol{\varphi}}_i$ 为随机结构第 i 阶模态的随机摄动模态向量，$x_i(t)$ 为第 i 模态的随机广义位移。按前述数论方法在随机变量的取值范围内选点后，可应用确定性系统时程分析法求解式(8-64)获得第 r 样本点处第 i 阶模态的随机广义位移 $x_{ir}(t)$，进而按式(8-61)求得随机系统的该样本点处的反应 $\boldsymbol{y}_r(t)$。当获得全部所选样本点($k=1,\cdots,n_e$)处的结构系统的动力反应后，进一步计算随机结构系统随机反应的随机特征值：

$$E[y_l(t)]=J\frac{1}{n_e}\sum_{k=1}^{n_e}y_{l,k}(t)P_k \tag{8-65a}$$

$$E\left[y_l^2(t)\right]=J\ \frac{1}{n_e}\sum_{k=1}^{n_e}y_{l,k}^2(t)P_k \tag{8-65b}$$

$$\mathrm{Var}\left[y_l(t)\right]=\left\{E\left[y_l^2(t)\right]-E^2\left[y_l(t)\right]\right\}^{1/2} \tag{8-65c}$$

式中，J 为雅克比行列式的数值，P_k 为第 k 个采样点处的联合概率密度函数的数值。

2. 算例

算例 8-6 对算例 8-4 中所描述的随机结构模型，将弹性模量随机参数的变异系数均改为 0.04，假定基底输入简化的地震加速度时程为 $\ddot{x}_g=-0.05\sin\omega t$，其中 ω 为 $[\mu_\omega-\xi,\mu_\omega+\xi]$ 区间内均匀分布的随机变量，且 $\mu_\omega=5$，$\xi=0.0866\mu_\omega$，由此可知其变异系数 $\delta\omega=5\%$，求顶层的随机位移反应。

这一随机结构系统的运动微分方程为：

$$\boldsymbol{M}\ddot{\boldsymbol{y}}(t)+\boldsymbol{K}\boldsymbol{y}(t)=-\boldsymbol{M}\boldsymbol{e}\ddot{x}_g(t) \tag{8-66}$$

式中，$\boldsymbol{e}$ 为单位列向量。

采用基于数论选点的直接模态摄动法求解随机反应时，由式(8-64) 可得：

$$\ddot{x}_j+\lambda_j x_j=b_j\sin(\omega t) \tag{8-67}$$

式中，$b_i=0.05\boldsymbol{\varphi}_i^{\mathrm{T}}\boldsymbol{M}\boldsymbol{e}$。

若初始时刻的广义位移、广义速度为 0 时，上式的解为：

$$x_i(t)=b_i/(\lambda_i-\omega^2)\sin(\omega t) \tag{8-68a}$$

$$\dot{x}_i(t)=b_i\omega/(\lambda_i-\omega^2)\cos(\omega t) \tag{8-68b}$$

$$\ddot{x}_i(t)=-b_i\omega^2/(\lambda_i-\omega^2)\sin(\omega t) \tag{8-68c}$$

因此，可以采用解析的方式求解随机反应。

随机地震输入的时间 5 s，采用精细积分法求解样本反应，时间间隔为 0.025 s，数论选点数共为 8191 点，直接模态摄动法计算时间为 164.875 s。同时也采用了样本数为 200000 的蒙特卡洛法计算随机结构的随机反应，计算时间为1286.312 s。图 8-4 和图 8-5 中对比了分别采用基于数论选点的直接模态摄动法和蒙特卡洛法计算所得的随机系统随机反应的均值、均方差。蒙特卡洛法求解样本的模态向量时，直接针对每个样本求解模态向量；基于数论选点的直接模态摄动法求解样本模态向量时，是在均值系统的基础上采用直接模态摄动法求解样本的模态向量。由图可见，基于数论选点的直接模态摄动法的计算结果很精确。

图 8-6 所示为均值结构在均值荷载作用下的确定反应与随机系统均值反应对比，由图可见，复合随机系统的随机反应均值比确定系统反应要小，这是由于确定

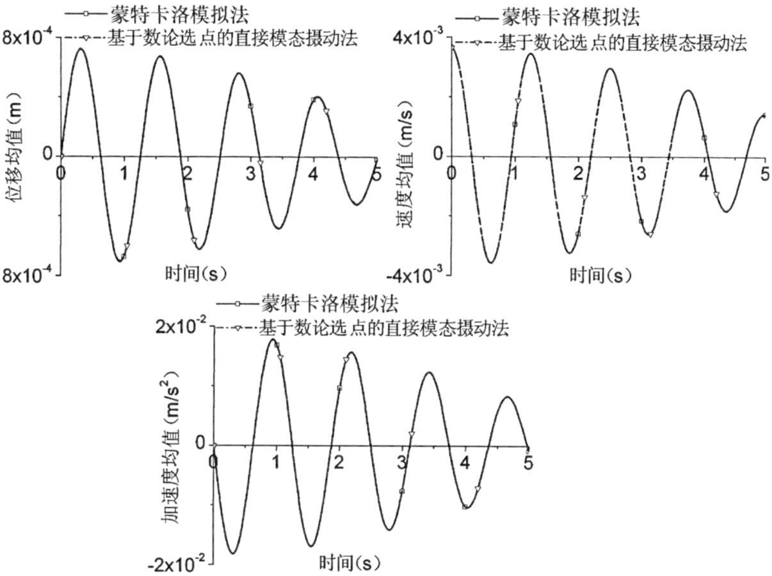

图 8-4　随机系统均值反应的对比

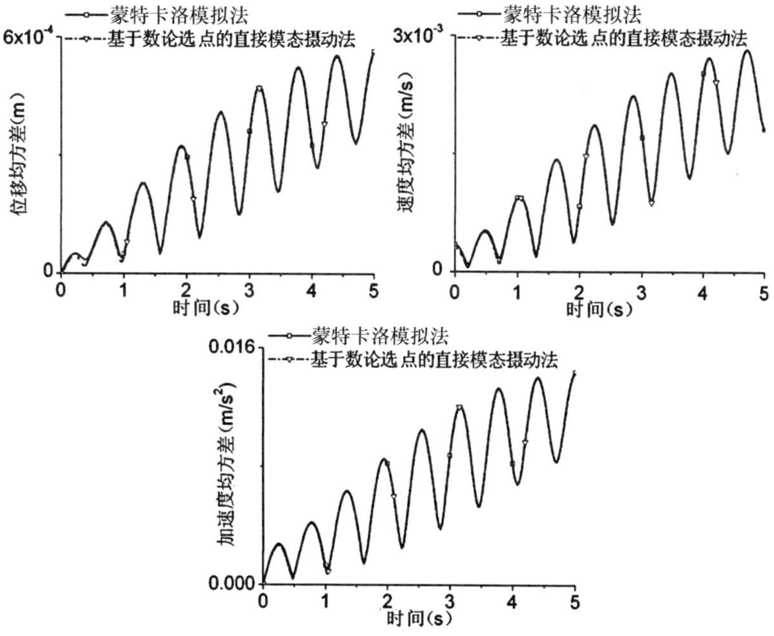

图 8-5　随机系统均方差反应对比

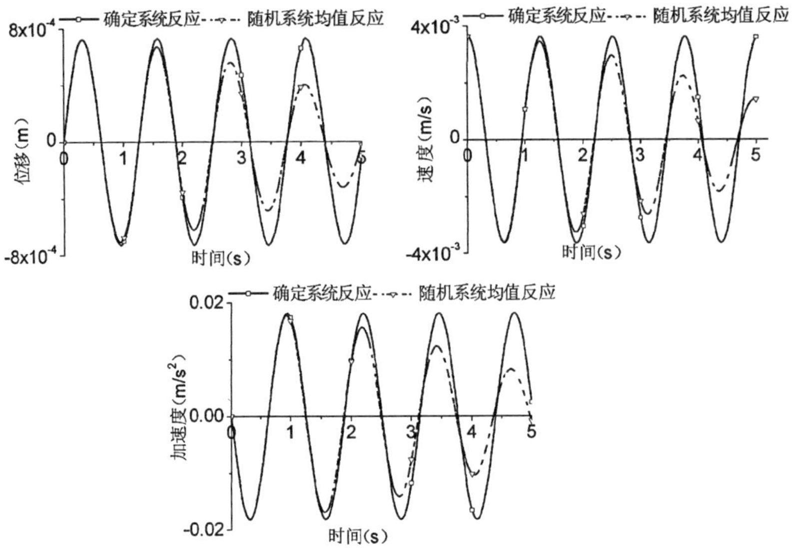

图 8-6　确定系统反应和随机系统均值反应对比

系统对应的结构参数为均值结构系统，比随机结构参数小，尽管有随机荷载的作用，但确定系统反应仍然大于随机系统的均值反应。

上述算例计算结果表明，① 应用基于数论选点的直接模态摄动法求解复合随机振动系统的模态特性和随机反应具有良好的计算精度，在相同的计算精度下直接模态摄动法的计算效率要比蒙特卡洛法高。② 采用直接模态摄动法求无阻尼复合随机振动系统的反应不存在久期项的问题，这是由于在计算过程中，并没有将随机反应分解成均值部分和摄动部分。③ 复合随机振动系统的随机反应均值比均值荷载作用下均值结构的确定反应小。

第三节　线性多自由度有阻尼随机结构系统的随机振动分析

本节进一步介绍求解线性多自由度有阻尼复合随机振动系统随机反应的直接模态摄动法。

一、线性多自由度有阻尼复合随机系统的振动方程

相比于无阻尼随机振动系统，有阻尼的随机系统的振动方程为：

$$\boldsymbol{M}\ddot{\boldsymbol{y}}(t)+\boldsymbol{C}\dot{\boldsymbol{y}}(t)+\boldsymbol{K}\boldsymbol{y}(t)=\boldsymbol{p}(t) \tag{8-69}$$

方程中增加了阻尼矩阵，因此有：

$$\boldsymbol{M}=\overline{\boldsymbol{M}}+\widetilde{\boldsymbol{M}},\boldsymbol{C}=\overline{\boldsymbol{C}}+\widetilde{\boldsymbol{C}},\boldsymbol{K}=\overline{\boldsymbol{K}}+\widetilde{\boldsymbol{K}} \tag{8-70}$$

式中，变量上方符号“—”的表示均值，符号“～”表示 0 均值随机分量，且均值部分远大于随机部分。

系统的质量矩阵、阻尼矩阵和刚度矩阵中的各随机变量的一阶近似可表示为：

$$\widetilde{\boldsymbol{M}}=\sum_{l=1}^{s}\frac{\partial \boldsymbol{M}}{\partial \zeta_l}\widetilde{\zeta}_l=\sum_{l=1}^{s}\boldsymbol{M}_l\widetilde{\zeta}_l \tag{8-71a}$$

$$\widetilde{\boldsymbol{C}}=\sum_{l=1}^{s}\frac{\partial \boldsymbol{C}}{\partial \zeta_l}\widetilde{\zeta}_l=\sum_{l=1}^{s}\boldsymbol{C}_l\widetilde{\zeta}_l \tag{8-71b}$$

$$\widetilde{\boldsymbol{K}}=\sum_{l=1}^{s}\frac{\partial \boldsymbol{K}}{\partial \zeta_l}\widetilde{\zeta}_l=\sum_{l=1}^{s}\boldsymbol{K}_l\widetilde{\zeta}_l \tag{8-71c}$$

式中，$\boldsymbol{M}_l$、$\boldsymbol{K}_l$ 和$\boldsymbol{C}_l$ 分别表示随机质量矩阵、随机刚度矩阵和随机阻尼矩阵对系统随机参数求偏导，并取随机参数等于 0 的偏导数，显然这些偏导数为确定性的量。

二、线性多自由度有阻尼随机结构的随机复特征值方程及其求解

线性多自由度有阻尼随机结构复特征值的求解问题，有关研究成果不是很多。本节将基于数论选点，把样本结构看作是对均值结构系统的修改，即样本结构的复特征值、复特征向量是均值结构系统复特征值、复特征向量基础上增加相应的摄动。这样，可先应用本章第 1 节中介绍的实模态摄动法获取均值系统的复模态，然后在均值系统复模态的基础上，再次应用直接模态摄动法得到样本结构对应的复特征值、复特征向量，从而获得随机系统复随机特征值、复随机特征向量的统计值。

1. 线性多自由度有阻尼随机结构系统的随机特征值方程

新增方程 $\boldsymbol{M}\dot{\boldsymbol{x}}(t)-\boldsymbol{M}\dot{\boldsymbol{x}}(t)=\boldsymbol{0}$，并联合式(8-69) 可得到随机状态方程：

$$\boldsymbol{A}\dot{\boldsymbol{u}}(t)+\boldsymbol{B}\boldsymbol{u}(t)=\boldsymbol{f}(t) \tag{8-72}$$

式中，$\boldsymbol{u}(t)$ 称为状态向量，其他矩阵和向量分别可表示为：

$$\boldsymbol{A}=\begin{bmatrix}\boldsymbol{C} & \boldsymbol{M}\\ \boldsymbol{M} & \boldsymbol{0}\end{bmatrix} \tag{8-73a}$$

$$\boldsymbol{B}=\begin{bmatrix}\boldsymbol{K} & \boldsymbol{0}\\ \boldsymbol{0} & -\boldsymbol{M}\end{bmatrix} \tag{8-73b}$$

$$\boldsymbol{u}(t)=\begin{Bmatrix}\boldsymbol{y}(t)\\ \dot{\boldsymbol{y}}(t)\end{Bmatrix} \tag{8-73c}$$

$$\boldsymbol{f}(t)=\begin{Bmatrix}\boldsymbol{p}(t)\\ \boldsymbol{0}\end{Bmatrix} \tag{8-73d}$$

当 $\boldsymbol{p}(t)=0$ 时，即 $\boldsymbol{f}(t)=0$，从式(8-72)可得随机系统的复特征值方程：

$$(\gamma_i\boldsymbol{A}+\boldsymbol{B})\boldsymbol{\psi}_i=0 \tag{8-74}$$

式中，γ_i 为随机系统的第 i 阶随机复特征值，$\boldsymbol{\psi}_i$ 为对应的第 i 阶随机复模态向量。

将 $\boldsymbol{A}$、$\boldsymbol{B}$ 进一步分解为对应于均值和随机摄动两部分：

$$\boldsymbol{A}=\overline{\boldsymbol{A}}+\sum_{l=1}^{s}\boldsymbol{A}_l\tilde{\xi}_l \tag{8-75a}$$

$$\boldsymbol{B}=\overline{\boldsymbol{B}}+\sum_{l=1}^{s}\boldsymbol{B}_l\tilde{\xi}_l \tag{8-75b}$$

式中：

$$\overline{\boldsymbol{A}}=\begin{bmatrix}\overline{\boldsymbol{C}} & \overline{\boldsymbol{M}}\\ \overline{\boldsymbol{M}} & \boldsymbol{0}\end{bmatrix} \tag{8-76a}$$

$$\overline{\boldsymbol{B}}=\begin{bmatrix}\overline{\boldsymbol{K}} & \boldsymbol{0}\\ \boldsymbol{0} & -\overline{\boldsymbol{M}}\end{bmatrix} \tag{8-76b}$$

$$\boldsymbol{A}_l=\begin{bmatrix}\boldsymbol{C}_l & \boldsymbol{M}_l\\ \boldsymbol{M}_l & \boldsymbol{0}\end{bmatrix} \tag{8-76c}$$

$$\boldsymbol{B}_l=\begin{bmatrix}\boldsymbol{K}_l & \boldsymbol{0}\\ \boldsymbol{0} & -\boldsymbol{M}_l\end{bmatrix} \tag{8-76d}$$

其中，$\boldsymbol{A}_l$、$\boldsymbol{B}_l$ 为对应于第 l 个随机变量的摄动矩阵分量。

2. 随机复特征值方程的求解

设：

$$\gamma_i=\bar{\gamma}_i+\tilde{\gamma}_i \tag{8-77a}$$

$$\boldsymbol{\psi}_i=\overline{\boldsymbol{\psi}}_i+\sum_{\substack{k=1\\k\neq i}}^{m}r_{ki}\overline{\boldsymbol{\psi}}_k \tag{8-77b}$$

式中，$\overline{\boldsymbol{\psi}}_i$ 为均值系统的第 i 个复模态向量，$\bar{\gamma}_i$ 为第 i 个复特征值，由下式确定：

$$(\bar{\gamma}_i\overline{\boldsymbol{A}}\overline{\boldsymbol{\psi}}_i+\overline{\boldsymbol{B}}\overline{\boldsymbol{\psi}}_i)=0 \tag{8-78}$$

对于大型复杂的随机结构系统，式(8-10)所表征的复特征值方程采用本章第1节中介绍的基于直接模态摄动法原理的实模态摄动法求解可以大幅提高计算效率。

对均值系统的复模态向量间的正交特性可表示为：

$$\overline{\boldsymbol{\psi}}^{\mathrm{T}}\overline{\boldsymbol{A}}\overline{\boldsymbol{\psi}}=\overline{\alpha}=\operatorname{diag}(\alpha_1 \quad \cdots \quad \alpha_m \quad \alpha_1^* \quad \cdots \quad \alpha_m^*) \tag{8-79a}$$

$$\overline{\boldsymbol{\psi}}^{\mathrm{T}}\overline{\boldsymbol{B}}\overline{\boldsymbol{\psi}}=\overline{\beta}=\operatorname{diag}(\beta_1 \quad \cdots \quad \beta_m \quad \beta_1^* \quad \cdots \quad \beta_m^*) \tag{8-79b}$$

式中，上角标“ * ”表示复数共轭，即 α_r^* 和 β_r^* $(r=1,\cdots,m)$ 分别为 α_r 和 β_r 的共轭复数。

若复模态向量已经正则化，则式(8-79)为：

$$\overline{\boldsymbol{\psi}}^{\mathrm{T}}\overline{\boldsymbol{A}}\overline{\boldsymbol{\psi}}=\overline{\alpha}=\operatorname{diag}(1 \quad \cdots \quad 1 \quad 1 \quad \cdots \quad 1) \tag{8-80a}$$

$$\overline{\boldsymbol{\psi}}^{\mathrm{T}}\overline{\boldsymbol{B}}\overline{\boldsymbol{\psi}}=\overline{\beta}=\operatorname{diag}(-\bar{\gamma}_1 \quad \cdots \quad -\bar{\gamma}_m \quad -\bar{\gamma}_1^* \quad \cdots \quad -\bar{\gamma}_m^*) \tag{8-80b}$$

和实数范畴内的直接模态摄动法相似，可在复数范畴内实施直接模态摄动法，计算原理和计算过程相同，只是涉及复数运算。把式(8-75)和式(8-77)代入式(8-74)可得：

$$\begin{aligned}&(\bar{\gamma}_i\overline{\boldsymbol{A}}\overline{\boldsymbol{\psi}}_i+\overline{\boldsymbol{B}}\overline{\boldsymbol{\psi}}_i)+\tilde{\gamma}_i\overline{\boldsymbol{A}}\overline{\boldsymbol{\psi}}_i+\bar{\gamma}_i\Big(\sum_{l=1}^{s}\boldsymbol{A}_l\tilde{\zeta}_l\Big)\overline{\boldsymbol{\psi}}_i+\tilde{\gamma}_i\Big(\sum_{l=1}^{s}\boldsymbol{A}_l\tilde{\zeta}_l\Big)\overline{\boldsymbol{\psi}}_i+\Big(\sum_{l=1}^{s}\boldsymbol{B}_l\tilde{\zeta}_l\Big)\overline{\boldsymbol{\psi}}_i\\&+\bar{\gamma}_i\overline{\boldsymbol{A}}\Big(\sum_{\substack{k=1\\k\neq i}}^{m}r_{ki}\overline{\boldsymbol{\psi}}_k\Big)+\tilde{\gamma}_i\overline{\boldsymbol{A}}\sum_{\substack{k=1\\k\neq i}}^{m}r_{ki}\overline{\boldsymbol{\psi}}_k+\bar{\gamma}_i\Big(\sum_{l=1}^{s}\boldsymbol{A}_l\tilde{\zeta}_l\Big)\Big(\sum_{\substack{k=1\\k\neq i}}^{m}r_{ki}\overline{\boldsymbol{\psi}}_k\Big)\\&+\tilde{\gamma}_i\Big(\sum_{l=1}^{s}\boldsymbol{A}_l\tilde{\zeta}_l\Big)\Big(\sum_{\substack{k=1\\k\neq i}}^{m}r_{ki}\overline{\boldsymbol{\psi}}_k\Big)+\overline{\boldsymbol{B}}\Big(\sum_{\substack{k=1\\k\neq i}}^{m}r_{ki}\overline{\boldsymbol{\psi}}_k\Big)+\Big(\sum_{l=1}^{s}\boldsymbol{B}_l\tilde{\zeta}_l\Big)\Big(\sum_{\substack{k=1\\k\neq i}}^{m}r_{ki}\overline{\boldsymbol{\psi}}_k\Big)=0\end{aligned} \tag{8-81}$$

利用式(8-78)，由式(8-81)可得：

$$\begin{aligned}&\tilde{\gamma}_i\overline{\boldsymbol{A}}\overline{\boldsymbol{\psi}}_i+\bar{\gamma}_i\Big(\sum_{l=1}^{s}\boldsymbol{A}_l\tilde{\zeta}_l\Big)\overline{\boldsymbol{\psi}}_i+\tilde{\gamma}_i\Big(\sum_{l=1}^{s}\boldsymbol{A}_l\tilde{\zeta}_l\Big)\overline{\boldsymbol{\psi}}_i+\Big(\sum_{l=1}^{s}\boldsymbol{A}_l\tilde{\zeta}_l\Big)\overline{\boldsymbol{\psi}}_i\\&+\bar{\gamma}_i\overline{\boldsymbol{A}}\Big(\sum_{\substack{k=1\\k\neq i}}^{m}r_{ki}\overline{\boldsymbol{\psi}}_k\Big)+\tilde{\gamma}_i\overline{\boldsymbol{A}}\sum_{\substack{k=1\\k\neq i}}^{m}r_{ki}\overline{\boldsymbol{\psi}}_k+\bar{\gamma}_i\Big(\sum_{l=1}^{s}\boldsymbol{A}_l\tilde{\zeta}_l\Big)\Big(\sum_{\substack{k=1\\k\neq i}}^{m}r_{k}\overline{\boldsymbol{\psi}}_k\Big)\\&+\tilde{\gamma}_i\Big(\sum_{l=1}^{s}\boldsymbol{A}_l\tilde{\zeta}_l\Big)\Big(\sum_{\substack{k=1\\k\neq i}}^{m}r_{ki}\overline{\boldsymbol{\psi}}_k\Big)+\overline{\boldsymbol{B}}\Big(\sum_{\substack{k=1\\k\neq i}}^{m}r_{ki}\overline{\boldsymbol{\psi}}_k\Big)+\Big(\sum_{l=1}^{s}\boldsymbol{B}_l\tilde{\zeta}_l\Big)\Big(\sum_{\substack{k=1\\k\neq i}}^{m}r_{ki}\overline{\boldsymbol{\psi}}_k\Big)=0\end{aligned} \tag{8-82}$$

在式(8-82)两端同时左乘 $\overline{\boldsymbol{\psi}}_p^{\mathrm{T}}$，经整理后得到：

$$\left[(\bar{\gamma}_i+\tilde{\gamma}_i)\sum_{\substack{k=1\\k\neq i}}^{m}r_{ki}\Delta\widetilde{A}_{pk}(\boldsymbol{\zeta})+\sum_{\substack{k=1\\k\neq i}}^{m}r_{ki}\Delta\widetilde{B}_{pk}(\boldsymbol{\zeta})\right]$$

$$+\left\{\sum_{\substack{k=1\\k\neq i}}^{m}r_{ki}\left[(\bar{\gamma}_i+\tilde{\gamma}_i)\alpha_k+\beta_k\right]\delta_{pk}+\tilde{\gamma}_i\alpha_i\delta_{pi}\right\}$$

$$+\tilde{\gamma}_i\Delta\widetilde{A}_{pi}(\boldsymbol{\zeta})=-\bar{\gamma}_i\Delta\widetilde{A}_{pi}(\boldsymbol{\zeta})-\Delta\widetilde{B}_{pi}(\boldsymbol{\zeta}) \tag{8-83}$$

式中：

$$\Delta\widetilde{A}_{pi}(\boldsymbol{\zeta})=\overline{\boldsymbol{\psi}}_p^{\mathrm{T}}\left(\sum_{l=1}^{s}\boldsymbol{A}_l\tilde{\zeta}_l\right)\overline{\boldsymbol{\psi}}_i \tag{8-84a}$$

$$\Delta\widetilde{B}_{pi}(\boldsymbol{\zeta})=\overline{\boldsymbol{\psi}}_p^{\mathrm{T}}\left(\sum_{l=1}^{s}\boldsymbol{B}_l\tilde{\zeta}_l\right)\overline{\boldsymbol{\psi}}_i \tag{8-84b}$$

令 $p=1,\cdots,m$，由式(8-83)可得如下随机矩阵方程：

$$\left[(\bar{\gamma}_i+\tilde{\gamma}_i)\widetilde{\boldsymbol{H}}_1(\boldsymbol{\zeta})+\widetilde{\boldsymbol{H}}_2(\boldsymbol{\zeta})+\widetilde{\boldsymbol{H}}_3(\tilde{\lambda}_i)+\widetilde{\boldsymbol{H}}_4(\boldsymbol{\zeta})\right]\tilde{q}=\tilde{\boldsymbol{e}}_1(\boldsymbol{\zeta})+\tilde{\boldsymbol{e}}_2(\boldsymbol{\zeta}) \tag{8-85}$$

式中：

$$\widetilde{\boldsymbol{H}}_1(\boldsymbol{\zeta})=\begin{bmatrix}\Delta\widetilde{A}_{11}(\boldsymbol{\zeta}) & \cdots & \Delta\widetilde{A}_{1,i-1}(\boldsymbol{\zeta}) & 0 & \Delta\widetilde{A}_{1,i+1}(\boldsymbol{\zeta}) & \cdots & \Delta\widetilde{A}_{1,m}(\boldsymbol{\zeta})\\ \cdots & \cdots & \cdots & \cdots & \cdots & \cdots & \cdots\\ \Delta\widetilde{A}_{k1}(\boldsymbol{\zeta}) & \cdots & \Delta\widetilde{A}_{k,i-1}(\boldsymbol{\zeta}) & 0 & \Delta\widetilde{A}_{k,i+1}(\boldsymbol{\zeta}) & \cdots & \Delta\widetilde{A}_{k,m}(\boldsymbol{\zeta})\\ \cdots & \cdots & \cdots & \cdots & \cdots & \cdots & \cdots\\ \Delta\widetilde{A}_{m1}(\boldsymbol{\zeta}) & \cdots & \Delta\widetilde{A}_{m,i-1}(\boldsymbol{\zeta}) & 0 & \Delta\widetilde{A}_{m,i+1}(\boldsymbol{\zeta}) & \cdots & \Delta\widetilde{A}_{m,m}(\boldsymbol{\zeta})\end{bmatrix}$$

$$\widetilde{\boldsymbol{H}}_2(\boldsymbol{\zeta})=\begin{bmatrix}\Delta\widetilde{B}_{11}(\boldsymbol{\zeta}) & \cdots & \Delta\widetilde{B}_{1,i-1}(\boldsymbol{\zeta}) & 0 & \Delta\widetilde{B}_{1,i+1}(\boldsymbol{\zeta}) & \cdots & \Delta\widetilde{B}_{1,m}(\boldsymbol{\zeta})\\ \cdots & \cdots & \cdots & \cdots & \cdots & \cdots & \cdots\\ \Delta\widetilde{B}_{k1}(\boldsymbol{\zeta}) & \cdots & \Delta\widetilde{B}_{k,i-1}(\boldsymbol{\zeta}) & 0 & \Delta\widetilde{B}_{k,i+1}(\boldsymbol{\zeta}) & \cdots & \Delta\widetilde{B}_{k,m}(\boldsymbol{\zeta})\\ \cdots & \cdots & \cdots & \cdots & \cdots & \cdots & \cdots\\ \Delta\widetilde{B}_{m1}(\boldsymbol{\zeta}) & \cdots & \Delta\widetilde{B}_{m,i-1}(\boldsymbol{\zeta}) & 0 & \Delta\widetilde{B}_{m,i+1}(\boldsymbol{\zeta}) & \cdots & \Delta\widetilde{B}_{m,m}(\boldsymbol{\zeta})\end{bmatrix}$$

$$\boldsymbol{H}_3(\tilde{\gamma}_i)=\mathrm{diag}\big((\bar{\gamma}_i+\tilde{\gamma}_i)\alpha_1+\beta_1\quad\cdots\quad(\bar{\gamma}_i+\tilde{\gamma}_i)\alpha_{i-1}+\beta_{i-1}$$

$$\alpha_i\quad(\bar{\gamma}_i+\tilde{\gamma}_i)\alpha_{i+1}+\beta_{i+1}\quad\cdots\quad(\bar{\gamma}_i+\tilde{\gamma}_i)\alpha_m+\beta_m\big)$$

$$\widetilde{\boldsymbol{H}}_4(\tilde{\boldsymbol{\zeta}})=\begin{bmatrix}0 & \cdots & 0 & \Delta\widetilde{A}_{1i}(\tilde{\boldsymbol{\zeta}}) & 0 & \cdots & 0\\ \cdots & \cdots & \cdots & \cdots & \cdots & \cdots & \cdots\\ 0 & \cdots & 0 & \Delta\widetilde{A}_{ki}(\tilde{\boldsymbol{\zeta}}) & 0 & \cdots & 0\\ \cdots & \cdots & \cdots & \cdots & \cdots & \cdots & \cdots\\ 0 & \cdots & 0 & \Delta\widetilde{A}_{mi}(\tilde{\boldsymbol{\zeta}}) & 0 & \cdots & 0\end{bmatrix}$$

$$\tilde{\boldsymbol{q}}=\left\{r_{1i}\quad\cdots\quad r_{i-1,i}\quad\tilde{\gamma}_i\quad r_{i+1,i}\quad\cdots\quad r_{mi}\right\}$$

$$\tilde{\boldsymbol{e}}_1(\tilde{\boldsymbol{\zeta}})=-\bar{\gamma}_i\left\{\Delta\widetilde{A}_{1i}(\tilde{\boldsymbol{\zeta}})\quad\cdots\quad\Delta\widetilde{A}_{i-1,i}(\tilde{\boldsymbol{\zeta}})\quad\Delta\widetilde{A}_{ii}(\tilde{\boldsymbol{\zeta}})\quad\Delta\widetilde{A}_{i+1,i}(\tilde{\boldsymbol{\zeta}})\quad\cdots\quad\Delta\widetilde{A}_{mi}(\tilde{\boldsymbol{\zeta}})\right\}^{\mathrm{T}}$$

$$\tilde{\boldsymbol{e}}_2(\tilde{\boldsymbol{\zeta}})=-\left\{\Delta\widetilde{B}_{1i}(\tilde{\boldsymbol{\zeta}})\quad\cdots\quad\Delta\widetilde{B}_{i-1,i}(\tilde{\boldsymbol{\zeta}})\quad\Delta\widetilde{B}_{ii}(\tilde{\boldsymbol{\zeta}})\quad\Delta\widetilde{B}_{i+1,i}(\tilde{\boldsymbol{\zeta}})\quad\cdots\quad\Delta\widetilde{B}_{mi}(\tilde{\boldsymbol{\zeta}})\right\}^{\mathrm{T}}$$

式(8-85)表明：随机特征值的随机摄动量、随机模态的随机摄动系数都是随机结构系统的随机变量的函数。

由式(8-85)可得：

$$\tilde{\boldsymbol{q}}=\left[(\bar{\gamma}_i+\tilde{\gamma}_i)\widetilde{\boldsymbol{H}}_1(\tilde{\boldsymbol{\zeta}})+\widetilde{\boldsymbol{H}}_2(\tilde{\boldsymbol{\zeta}})+\widetilde{\boldsymbol{H}}_3(\tilde{\lambda}_i)+\widetilde{\boldsymbol{H}}_4(\tilde{\boldsymbol{\zeta}})\right]^{-1}\left[\tilde{\boldsymbol{e}}_1(\tilde{\boldsymbol{\zeta}})+\tilde{\boldsymbol{e}}_2(\tilde{\boldsymbol{\zeta}})\right] \tag{8-86}$$

方程(8-85)的求解以及线性多自由度有阻尼随机结构系统的随机模态特性均值和方差的统计方法，都和线性多自由度无阻尼随机结构系统相同，不再重复介绍。

3. 算例

算例 8-7　随机结构系统同算例 8-4，各楼层质量和刚度系数不变，假定 1 ～ 4 层的阻尼比 ξ_1 为 0.05，5 ～ 8 层的阻尼比 ξ_2 为 0.02。求这个有阻尼随机结构系统的随机复特征值和随机复模态。

设有底部约束的 1 ～ 4 层为子结构 I，其质量和刚度随机矩阵分别为 $\boldsymbol{M}_{\mathrm{I}}$、$\boldsymbol{K}_{\mathrm{I}}$，对应瑞雷阻尼矩阵的阻尼比例系数分别为 α_1、β_1；上部 5 ～ 8 层为子结构 II，其质量和刚度随机矩阵分别为 $\boldsymbol{M}_{\mathrm{II}}$、$\boldsymbol{K}_{\mathrm{II}}$，对应瑞雷阻尼矩阵的阻尼比例系数分别为 α_2、β_2。

随机阻尼矩阵可以表示为：

$$\boldsymbol{C}=\overline{\boldsymbol{C}}+\boldsymbol{C}_1\zeta_1+\boldsymbol{C}_2\zeta_2 \tag{8-87}$$

式中：

$$\overline{\boldsymbol{C}}=\alpha_2\overline{\boldsymbol{M}}+\beta_2\overline{\boldsymbol{K}}+\begin{bmatrix}(\alpha_1-\alpha_2)\overline{\boldsymbol{M}}_{\mathrm{I}}+(\beta_1-\beta_2)\overline{\boldsymbol{K}}_{\mathrm{I}} & \boldsymbol{0}\\ \boldsymbol{0} & \boldsymbol{0}\end{bmatrix} \tag{8-88a}$$

$$\boldsymbol{C}_1=\alpha_2\boldsymbol{M}_1+(\alpha_1-\alpha_2)\begin{bmatrix}\boldsymbol{M}_{\mathrm{I1}} & \boldsymbol{0}\\ \boldsymbol{0} & \boldsymbol{0}\end{bmatrix} \tag{8-88b}$$

$$\boldsymbol{C}_2=\beta_2\boldsymbol{K}_2+(\beta_1-\beta_2)\begin{bmatrix}\boldsymbol{K}_{\mathrm{I2}} & \boldsymbol{0}\\ \boldsymbol{0} & \boldsymbol{0}\end{bmatrix} \tag{8-88c}$$

式中，$\boldsymbol{M}_{\mathrm{I1}}$、$\boldsymbol{K}_{\mathrm{I2}}$ 为结构I的随机质量、随机刚度分别对独立随机变量 ζ_1、ζ_2 求偏导数的结果。

由式(8-76) 可得：

$$\overline{\boldsymbol{A}}=\begin{bmatrix}\overline{\boldsymbol{C}} & \overline{\boldsymbol{M}}\\ \overline{\boldsymbol{M}} & \boldsymbol{0}\end{bmatrix} \tag{8-89a}$$

$$\overline{\boldsymbol{B}}=\begin{bmatrix}\overline{\boldsymbol{K}} & \boldsymbol{0}\\ \boldsymbol{0} & -\overline{\boldsymbol{M}}\end{bmatrix} \tag{8-89b}$$

$$\boldsymbol{A}_1=\begin{bmatrix}\boldsymbol{C}_1 & \boldsymbol{M}_1\\ \boldsymbol{M}_1 & \boldsymbol{0}\end{bmatrix} \tag{8-89c}$$

$$\boldsymbol{B}_1=\begin{bmatrix}\boldsymbol{0} & \boldsymbol{0}\\ \boldsymbol{0} & -\boldsymbol{M}_1\end{bmatrix} \tag{8-89d}$$

$$\boldsymbol{A}_2=\begin{bmatrix}\boldsymbol{C}_2 & \boldsymbol{0}\\ \boldsymbol{0} & \boldsymbol{0}\end{bmatrix} \tag{8-89e}$$

$$\boldsymbol{B}_2=\begin{bmatrix}\boldsymbol{K}_2 & \boldsymbol{0}\\ \boldsymbol{0} & \boldsymbol{0}\end{bmatrix} \tag{8-89f}$$

采用两种方法进行随机结构系统复模态特性的计算分析，一是基于数论选点的直接模态摄动法，另一方法是基于蒙特卡洛法，选用了 1000000 样本点，对每一个样本采用 FOSS 状态向量法求出全部复模态。在模态分析的基础上完成随机结构系统复模态随机特性的统计分析，并以蒙特卡洛法的计算结果作为“准确解”，来衡量直接模态摄动法计算结果的计算精度。由于复模态的共轭性，因此仅给出奇数阶模态复特征值，另一部分偶数阶模态复特征值可以共轭求出，不同步列出。

表 8-10、表 8-11 中列出了两种方法所得的复特征值的计算结果，其中在直接模态摄动法中选取了 233 组采样点(即 $n_e=233$)。

表 8-10　　随机结构系统各阶复模态特征值均值及其误差

模态阶序	直接模态摄动法		蒙特卡洛法		相对误差
	实部	虚部	实部	虚部	
1	－0.3433	10.6147	－0.3428	10.6001	0.14%
3	－0.7626	31.6967	－0.7590	31.6448	0.16%
5	－1.6418	54.5665	－1.6310	54.4871	0.15%
7	－2.5885	76.1589	－2.5675	76.0618	0.13%
9	－4.1943	92.8107	－4.1698	92.7377	0.08%
11	－5.3222	108.2828	－5.2629	108.2247	0.06%
13	－5.7232	118.9555	－5.7184	118.8932	0.05%
15	－4.3219	126.3755	4.3050	126.2045	0.14%

表 8-11　　随机结构系统各阶复模态特征值方差及其误差

模态阶序	直接模态摄动法		蒙特卡洛法		相对误差
	实部	虚部	实部	虚部	
1	0.0290	－0.6720	0.0081	－0.6848	－1.80%
3	0.0980	－2.0060	0.0491	－2.0003	0.37%
5	0.2659	－3.4474	0.1603	－3.4391	0.43%
7	0.4479	－4.8151	0.2806	4.8043	0.49%
9	0.7450	－5.830	0.4764	－5.8449	0.23%
11	0.9687	－6.8625	0.6181	－6.8529	0.72%
13	1.0408	－7.3986	0.6806	－7.4621	－0.29%
15	0.7726	－7.9368	0.5061	－7.9447	0.17%

表 8-11 中数据表明：采用基于数论选点的直接模态摄动法，只选用 233 组采样点，就可以得到误差不到 1% 的特征值均值和特征值方差，其计算时间仅用 0.281 s，而采用蒙特卡洛法计算时则计算时间长达 1390.6 s，计算时间之比为 0.00020207，计算效率得到极大的提高。有两个原因使蒙特卡洛法计算时间较长：第一，数论方法所选点的分布比蒙特卡洛法选点有规律，这从图 8-7 中样本选点的分布形态可以看出。在图 8-7 中，左图为数论方法选取的两个独立随机变量点分布图，右图为蒙特卡洛法得到的随机变量点分布图，也是 233 组样本点（横轴为均值为 0、方差为 1 的均匀分布的独立随机变量，纵轴为均值为 0、方差为 1 的正态分布的独立随机变量），因此为得到较为准确的解，蒙特卡洛法需要较多的采样点。第二，当获得样本后，采用 FOSS 法求复特征值，对每一样本需求出全部特征值，因此

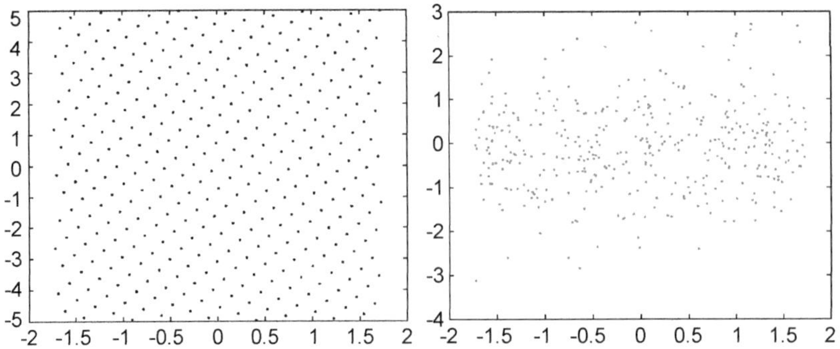

(a) 数论方法选点　　(b) 蒙特卡洛法选点

图 8-7　两个随机变量的采样点数分布图

求每一阶特征值的工作量是直接模态摄动法的两倍。当然,也可以采用基于蒙特卡洛选点的直接模态摄动法求解随机复模态,由于要获得高精度的计算结果同样需要大量的样本点,其计算时间比基于数论选点的直接模态摄动法大很多,但将比相同数目样本点数的蒙特卡洛选点的 FOSS 法计算时间短。本节主要讨论基于数论选点的直接模态摄动法的计算效率,因此不讨论基于蒙特卡洛选点的直接模态摄动法求复模态特性的计算结果。

从理论上分析,当增加采样点数目时,基于数论选点的直接模态摄动方法所得结果的精度会增加。表 8-12 比较了数论样本点分别选取为 $n_e=233,4181,75025$ 时所求得的各阶复模态特征值及其相对于基于蒙特卡洛模拟的 FOSS 法所得复模态特征值间的误差变化情况和两种不同计算方法所需计算时间之比(计算效率)。

表 8-12　不同数论选点数时各阶复特征值的计算误差及计算效率

n_e		233		4181		75025	
统计参数		均值	方差	均值	方差	均值	方差
模态阶序	1	0.14%	−1.80%	0.13%	−0.50%	0.13%	−2.54%
	3	0.16%	0.37%	0.16%	−0.34%	0.16%	−0.39%
	5	0.15%	0.43%	0.14%	−0.29%	0.14%	−0.33%
	7	0.13%	0.49%	0.12%	−0.23%	0.12%	−0.28%
	9	0.08%	0.23%	0.07%	−0.49%	0.07%	−0.53%
	11	0.06%	0.72%	0.05%	0.00%	0.05%	−0.04%
	13	0.05%	−0.29%	0.05%	−1.00%	0.05%	−1.05%
	15	0.14%	0.17%	0.13%	−0.55%	0.13%	−0.59%
计算效率		0.00020207		0.00326972		0.05789991	

从表 8-12 可以看出：增加数论点的数目，特征值的均值的精度会增加，均值的精度增加不到 0.01 个百分点，方差的精度反而降低，降低的幅度不到 1 个百分点，但计算时间增加为原来的 285 倍多。由此可知，基于数论选点的算法很稳定，尤其是相对于蒙特卡洛法，其计算效率是值得重视具有很大优势的。

算例 8-8　随机结构同算例 8-4，此处 1 ～ 4 层弹性模量的方差 $\sigma_E=1.2\times10^9$ Pa，变异系数为 0.04，5 ～ 8 层弹性模量方差 $\sigma_E=1.25\times10^9$ Pa，变异系数为 0.05，随机阻尼同算例 8-7。此时，随机结构系统有 4 个独立随机变量，采用基于数论选点的直接模态摄动法计算时选用了 n_e=1019，8191，147312 三种选点方式。同时以基于 1000000 样本点的蒙特卡洛选点的 FOSS 法求出全部复模态特征值和复模态向量作为比较基准。表 8-13 中列出了各阶复模态特征值均值和方差的计算误差。

表 8-13　　不同数论选点数时各阶复特征值的计算误差及计算效率

n_e		1019		8191		147312	
统计参数		均值	方差	均值	方差	均值	方差
模态阶序	1	−0.002%	−1.113%	0.000%	0.048%	0.000%	0.000%
	3	0.016%	−0.256%	0.016%	−0.014%	0.016%	−0.171%
	5	0.027%	−0.514%	0.028%	0.271%	0.028%	0.135%
	7	−0.008%	−0.129%	−0.008%	−0.103%	−0.008%	−0.239%
	9	0.033%	0.210%	0.034%	1.172%	0.034%	1.027%
	11	−0.056%	0.116%	−0.056%	0.042%	−0.056%	−0.079%
	13	0.474%	−0.733%	0.473%	−1.767%	0.473%	−1.797%
	15	−0.776%	−0.288%	−0.776%	1.225%	−0.776%	1.040%
计算效率		0.00153345		0.01915053		0.2651652	

表 8-13 中数据表明，即使随机变量增加，当数论样本点数增加到一定值时，计算精度趋于稳定，与算例 8-7 相同。当随机变量增多时，在同样计算精度下直接模态摄动法的计算时间有较大增长，但依然远低于基于蒙特卡洛 FOSS 法的计算时间，具有很高的计算效率。

三、线性多自由度有阻尼复合随机振动系统的随机反应

上一节介绍了根据实模态叠加原理采用基于数论选点的直接模态摄动法求解线性多自由度无阻尼随机结构系统随机反应的计算方法。在这一节中将根据复模态叠加法，采用基于数论选点的直接模态摄动法和基于蒙特卡洛法选点的直接模

态摄动法，求解线性多自由度有阻尼随机结构系统在随机荷载作用下随机反应。作为对这两种方法计算结果的验证，还将采用基于蒙特卡洛模拟的 FOSS 法求解各样本的所有复模态，然后利用复模态叠加法求解随机反应。

1. 随机地震作用下随机结构的随机反应

在随机地震作用下，随机结构系统随机反应的振动方程写：

$$\boldsymbol{M}\ddot{\boldsymbol{y}}(t)+\boldsymbol{C}\dot{\boldsymbol{y}}(t)+\boldsymbol{K}\boldsymbol{y}(t)=-\boldsymbol{M}\boldsymbol{e}\ddot{\boldsymbol{x}}_g(t) \tag{8-90}$$

式中，$\ddot{\boldsymbol{x}}_g(t)$ 表示随机地震波，假定已经通过数论方法将上式转变为在某一随机变量采样点$\boldsymbol{\xi}_k(\xi_{k1},\cdots,\xi_{ks},\xi_{k(s+1)},\cdots,\xi_{k(s+r)})$ 处的动力系统样本，其中 s 为随机结构的独立随机变量数目，r 为按 Karhunen-Loeve 分解法的随机地震波正交展开的独立随机变量数目。

考虑到随机结构与随机过程的独立性，当 $s=r$ 时，即随机结构（或随机场）的独立随机变量个数等于地震波正交展开的独立随机变量数目时，此时我们可以将 $\boldsymbol{X}_k(x_{k1},\cdots,x_{ks},x_{k(s+1)},\cdots,x_{k(s+r)})$ 分解为两部分，即 $\boldsymbol{X}_{ks}(x_{ks1},\cdots,x_{kss})$ 和 $\boldsymbol{X}_{kg}(x_{kg1},\cdots,x_{kgr})$，在第 k 组数论采样点处，$\boldsymbol{X}_{ks}(x_{ks1},\cdots,x_{kss})=\boldsymbol{X}_{kg}(x_{kg1},\cdots,x_{kgr})$，因此实际参与运算的独立随机变量数目为 s 个，这样可以减少积分运算的时间。当 $s\neq r$ 时，按 $s+r$ 个独立随机变量参与运算即可。

随机统计的计算公式为：

$$E[y_i(t)]=J\frac{1}{n_{\mathrm{e}}}\sum_{k=1}^{n_e}y_{ki}(t)P_{ks}P_{kg} \tag{8-91a}$$

$$E[y_i^2(t)]=J\frac{1}{n_{\mathrm{e}}}\sum_{k=1}^{n_e}y_{i,k}^2(t)P_{ks}P_{kg} \tag{8-91b}$$

$$Var[y_i(t)]=\{E[y_i^2(t)]-E^2[y_i(t)]\}^{1/2} \tag{8-91c}$$

式中，P_{ks}、P_{kg} 分别为结构随机变量联合概率密度函数、地震波随机参数的联合概率密度函数。

2. 复模态的模态叠加法

对于振动系统样本，令状态向量为样本复模态的线性组合：

$$\boldsymbol{u}(t)=\boldsymbol{\psi}\boldsymbol{\chi}(t) \tag{8-92}$$

式中，$\boldsymbol{\chi}(t)$ 为样本广义复位移向量，$\boldsymbol{\psi}$ 为样本广义复模态矩阵，利用复模态的正交性可得第 i 阶广义复模态的广义复位移：

$$\dot{\chi}_i(t)\text{-}\gamma_i\chi_i(t)=\boldsymbol{\psi}_i^{\mathrm{T}}\boldsymbol{f}(t) \tag{8-93}$$

式中，$i=1,\cdots,2m$（m 为参与计算的复模态数目），显然利用复模态的共轭性，只需求解一半的广义复模态(即 m 个复模态)。当按式(8-93)求出广义位移后,根据共轭特性即可得到对应共轭广义位移,代入式(8-92),即得到在样本选点处有阻尼结构系统的动力反应。

广义状态位移导数可以按下式求解,

$$\dot{\boldsymbol{u}}(t)=\boldsymbol{\psi}\dot{\boldsymbol{\chi}}(t) \tag{8-94}$$

显然,实施上述复模态叠加法的前提是已经获得结构系统的前 m 阶复模态。应用基于样本选点的直接模态摄动法求解线性多自由度有阻尼随机结构系统随机反应的过程如下:

(1) 首先按第1节中介绍的实模态摄动法求解线性多自由度有阻尼随机结构均值系统的确定性复特征值和复模态;

(2) 对每一随机变量采样点,应用直接模态摄动法得到样本结构的复特征值 $\boldsymbol{\gamma}=diag(\boldsymbol{\gamma}_j)$ 和复模态 ψ,并对得到的复模态进行正则化;

(3) 对于每一随机变量采样点,式(8-93)将成为确定的微分方程,可采用时程分析法(Newmark 法)或精细积分法,可以解得第 i 阶复模态的复广义位移反应 $\chi_i(t)(i=1,\cdots,m)$,对应的共轭复反应 $\chi_i^*(t)$ 可以令 $\chi_i(t)$ 的虚部为相反数即可得到;

(4) 利用式(8-92)即可求得样本选点处的随机结构系统的动力反应 $\boldsymbol{y}(t)$,由于共轭性,虚部抵消,得到的 $\boldsymbol{y}(t)$ 为实数向量;

(5) 历遍所选取的全部样本点($k=1,\cdots,n_e$)获得所有样本选点处随机系统的动力反应后,应用随机统计方法得到线性多自由度有阻尼随机结构系统反应的随机特征值:

$$E[y_l(t)]l=J\frac{1}{n_{\mathrm{e}}}\sum_{k=1}^{n_{\mathrm{e}}}y_{l,k}(t)P_k \tag{8-95a}$$

$$E[y_l^2(t)]=J\frac{1}{n_{\mathrm{e}}}\sum_{k=1}^{n_{\mathrm{e}}}y_{l,k}^2(t)P_k \tag{8-95b}$$

$$Var[y_l(t)]=\{E[y_l^2(t)]-E^2[y_l(t)]\}^{1/2} \tag{8-95c}$$

式中,J 为雅克比行列式,P_k 为第 k 个样本选点处的联合概率密度函数。$y_l(t)$ 表示为向量 $\boldsymbol{y}(t)$ 中的某一元素或随机结构系统中由 $\boldsymbol{y}(t)$ 计算所得的某一反应量。

算例 8-9　一个三自由度有阻尼弹簧—质量系统,如图 8-8 所示。随机质量和随机刚度为:质量 $M_i(\boldsymbol{\zeta})=\mu_i(1+\delta_1\zeta_1)$,刚度 $K_i(\boldsymbol{\zeta})=\mu_{i+3}(1+\delta_2\zeta_2)$,$\mu_k=1.0\mathrm{N/m}(k=1,\cdots,8)$,$\mu_9=3.0\mathrm{N/m}$,变异系数 $\delta_1=\delta_2=0.05$,ζ_1 和 ζ_2 是均值为 0、

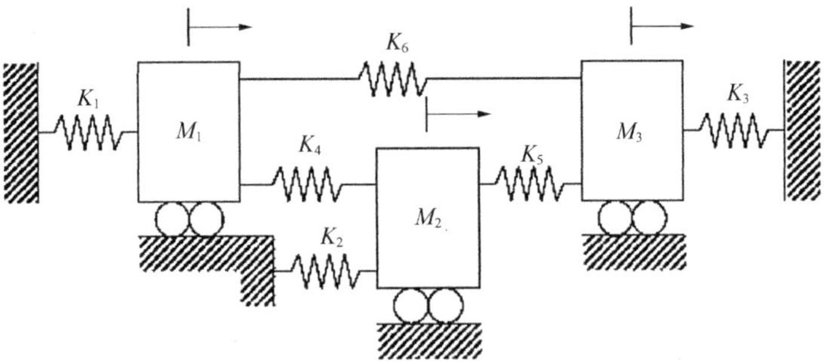

图 8-8　三自由度有阻尼弹簧质量系统

方差为 1 的正态分布的独立随机变量。

设系统所受基础激励为正弦波 $\ddot{x}_g(t)=-0.05\sin\omega t$，其中 $\omega=5\,\mathrm{rad/s}$，计算质点 1 的动力反应的均值和方差、质点 1 和质点 2 动力反应间的相关系数。

随机系统的随机刚度矩阵为：

$$\boldsymbol{K}(\boldsymbol{\zeta})=\begin{bmatrix} K_1(\boldsymbol{\zeta})+K_4(\boldsymbol{\zeta})+K_6(\boldsymbol{\zeta}) & -K_4(\boldsymbol{\zeta}) & -K_6(\boldsymbol{\zeta}) \\ -K_4(\boldsymbol{\zeta}) & K_2(\boldsymbol{\zeta})+K_4(\boldsymbol{\zeta})+K_5(\boldsymbol{\zeta}) & -K_5(\boldsymbol{\zeta}) \\ -K_6(\boldsymbol{\zeta}) & -K_5(\boldsymbol{\zeta}) & K_3(\boldsymbol{\zeta})+K_5(\boldsymbol{\zeta})+K_6(\boldsymbol{\zeta}) \end{bmatrix} \tag{8-96a}$$

随机质量矩阵为：

$$\boldsymbol{M}(\boldsymbol{\zeta})=\begin{bmatrix} M_1(\boldsymbol{\zeta}) & 0 & 0 \\ 0 & M_2(\boldsymbol{\zeta}) & 0 \\ 0 & 0 & M_3(\boldsymbol{\zeta}) \end{bmatrix} \tag{8-96b}$$

随机阻尼矩阵为：

$$\boldsymbol{C}(\boldsymbol{\zeta})=\alpha\boldsymbol{M}(\boldsymbol{\zeta})+\beta\boldsymbol{K}(\boldsymbol{\zeta}) \tag{8-96c}$$

式中的 α、β 由均值参数系统确定。

当基础运动加速度可用解析函数表示时，比如正弦波时，可以直接得到每个一阶微分方程的理论解。由式(8-93)得到：

$$\dot{\chi}(t)-\gamma\chi(t)=a\sin(\omega t) \tag{8-97}$$

式中 $\boldsymbol{a}=\boldsymbol{\psi}_i^{\mathrm{T}}\begin{Bmatrix}0.05\boldsymbol{Me}\\ \boldsymbol{0}\end{Bmatrix}\sin(\omega t)$，$\boldsymbol{e}$ 为地震作用指示向量。

式(8-97)的解析解为：

$$\chi(t)=a\mathrm{e}^{2\gamma t}\left[-\frac{\omega}{\omega^2+\gamma^2}\cos(\omega t)+\frac{\gamma}{\omega^2+\gamma^2}\sin(\omega t)+\frac{\omega}{\omega^2+\gamma^2}\mathrm{e}^{-\gamma t}\right] \tag{8-98}$$

不同方法所得的计算结果比较如下。

(1) 均值确定性系统的动力反应对比。

图 8-9 所示为直接模态摄动法和 FOSS 法计算所得的均值确定性系统的反应对比。

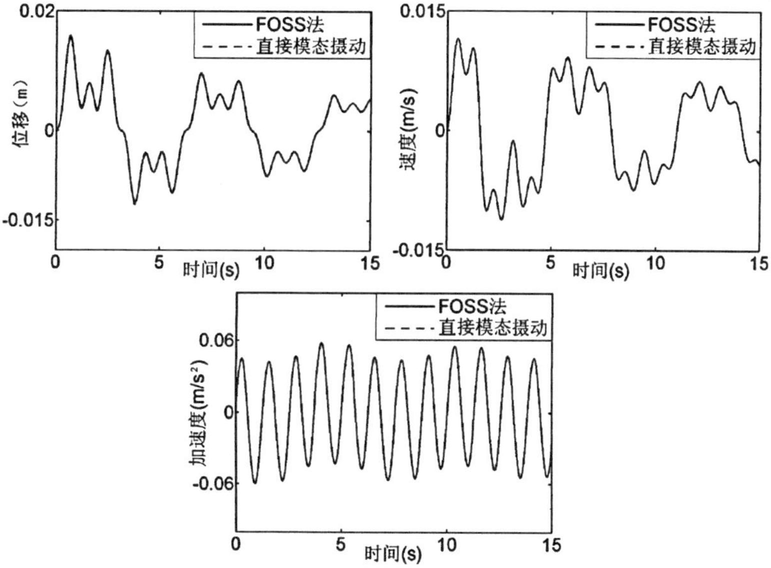

图 8-9　均值确定性系统反应对比

图 8-9 表明,采用直接模态摄动法和 FOSS 法求取复模态,然后采用复模态的振型分解法求解均值确定性系统的动力反应,二者所得计算结果相差很小。表 8-14 中列出了质点 1 的动力反应峰值,以 FOSS 法求得的反应为基准,由直接模态摄动法求得的位移、速度和加速度峰值的相对误差分别为 3%、−0.13% 和 −0.29%。FOSS 法的计算时间为 0.0589s,直接模态摄动法计算时间为 0.0161s,显然直接模态摄动法的计算效率要高于 FOSS 法。

表 8-14　　均值确定性系统动力反应峰值比较(质点 1)

计算方法	位移(m)	速度(m/s)	加速度(m/s^2)
FOSS 法	0.015495	0.011525	0.059874
DMPM	0.015960	0.011510	0.060200
相对误差	3.0010%	−0.1302%	−0.5445%

(2) 随机系统随机动力反应对比。

采用基于数论选点的直接模态摄动法(简称"基于 NIM 选点 DMP 法")、基于蒙特卡洛选点的 FOSS 法(简称"基于 MC 选点 FOSS 法")计算了随机系统反应的均值和反应的均方差，分别如图 8-10 和图 8-11 所示。表 8-15 中列出了两种方法计算得到的反应峰值，表 8-16 中列出了两种方法中的样本选点数和计算时间。

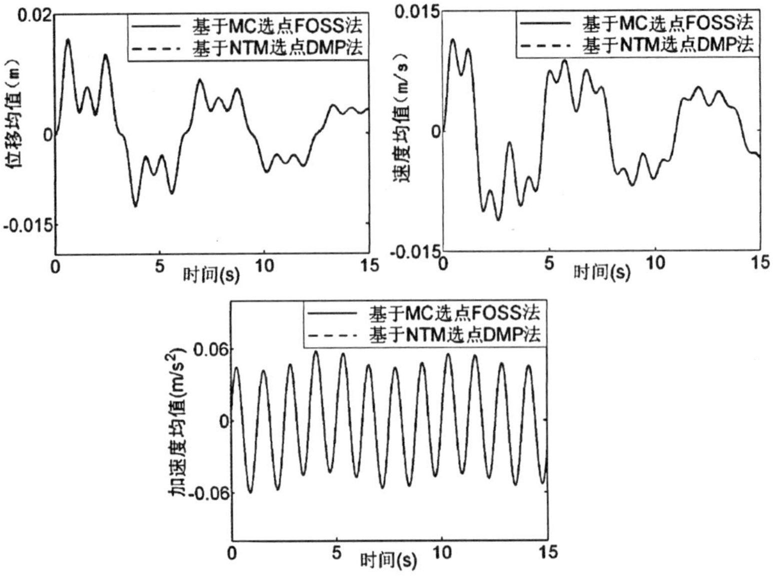

图 8-10　随机系统反应均值对比

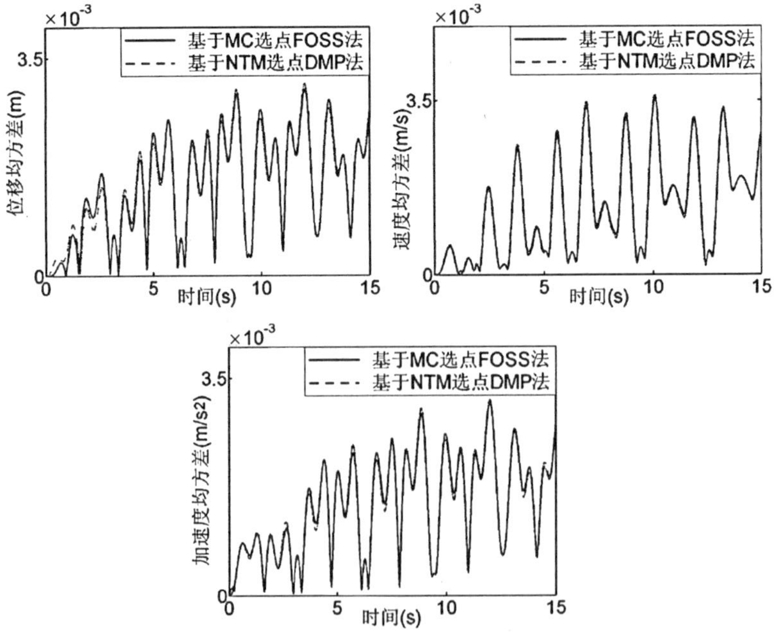

图 8-11　随机系统反应均方差对比

表 8-15　　　　解析解随机系统反应峰值比较(质点 1)

计算方法		位移(m)	速度(m/s)	加速度(m/s^2)
均值	基于 MC 选点 FOSS	0.01549	0.01151	0.05989
	基于 NTM 选点 DMP	0.01596	0.01149	0.05973
	相对误差	3.041%	−0.208%	−0.270%
方差	基于 MC 选点 FOSS	0.00300	0.00354	0.00310
	基于 NTM 选点 DMP	0.00309	0.00361	0.00315
	相对误差	3.138%	2.093%	1.515%

表 8-16　　　　两种方法计算时间的比较

计算方法	选点数	计算时间(s)
基于 MC 选点 FOSS	50000	2942.8
基于 NTM 选点 DMP	233	3.734

计算结果表明:基于数论选点的直接模态摄动法与基于 MC 选点的 FOSS 法的计算结果较为一致,峰值的相对误差不到 5%,由于基于数论选点的直接模态摄动法的选点数很少,因此能在花很少的计算时间的情况下取得较为满意的计算结果。

(3) 2 种基于样本选点的直接模态摄动法的比较

假定 ζ_1 是均值为 0、方差为 1 的均匀分布的独立随机变量、ζ_2 是均值为 0、方差为 1 的正态分布的独立随机变量,应用基于蒙特卡洛样本选点的直接模态摄动法(简称“基于 MC 选点的 DMP”) 和基于数论样本选点的直接模态摄动法(简称“基于 NIM 选点的 DMP”) 计算图 8-8 所示的三自由度有阻尼弹簧质量系统随机反应的均值和方差。同时把采用基于蒙特卡洛样本选点的 FOSS 法(简称“基于 MC 选点的 FOSS”) 所得到的计算结果作为比较的基准。

图 8-12、图 8-13 和表 8-17 所示为质点 1 处的动力反应,表 8-18 中列出了相应的计算时间。

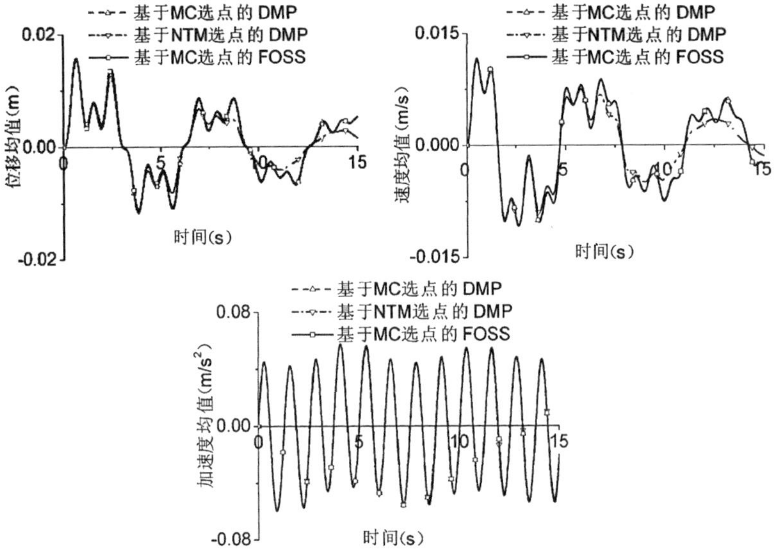

图 8-12　均值反应对比

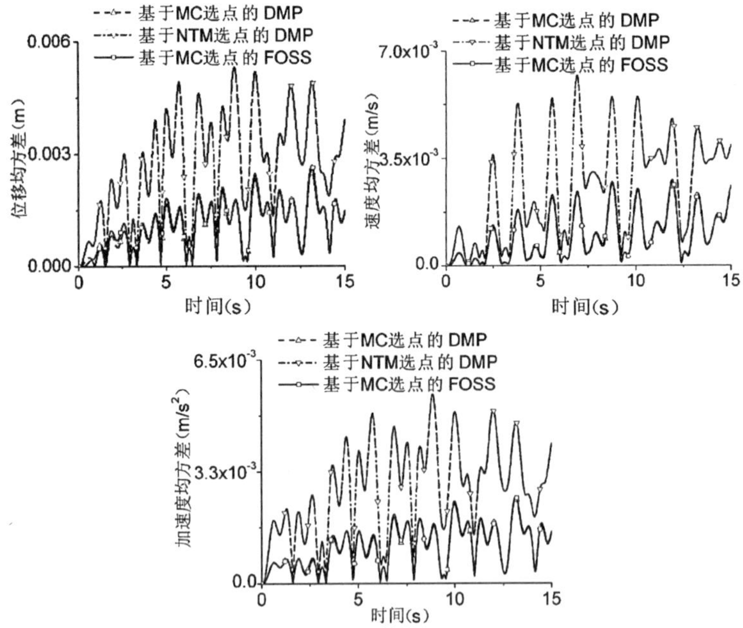

图 8-13　均方差反应对比

表 8-17　随机系统反应峰值比较(质点 1)

统计参数	计算方法	位移(m)	速度(m/s)	加速度(m/s^2)
均值	基于 MC 选点的 DMP 法	0.01585	0.01165	0.05747
	基于 NTM 选点的 DMP 法	0.01592	0.01147	0.05975
	基于 MC 选点的 FOSS 法	0.01557	0.01165	0.05948
相对误差	基于 MC 选点的 DMP 法	1.798%	0.000%	−3.379%
	基于 NTM 选点的 DMP 法	2.248%	−1.545%	0.454%
均方差	基于 MC 选点的 DMP 法	0.00255	0.00275	0.00249
	基于 NTM 选点的 DMP 法	0.00532	0.00620	0.00549
	基于 MC 选点的 FOSS 法	0.00268	0.00280	0.00253
相对误差	基于 MC 选点的 DMP 法	−4.815%	−1.469%	−1.659%
	基于 NTM 选点的 DMP 法	98.582%	122.143%	116.825%

表 8-18　三种方法计算时间的比较

计算方法	选点数	计算时间(s)
基于 NTM 选点的 DMP 法	233	2.4
基于 MC 选点的 DMP 法	50000	478.4
基于 MC 选点的 FOSS 法	50000	2942.8

计算结果表明,基于蒙特卡洛选点的直接模态摄动法可以达到与基于蒙特卡洛选点的 FOSS 法较为接近的计算结果。

与两个结构随机参数服从同一分布模型的情况相比,由于假定两个结构随机参数服从不同分布模型,其中一个结构随机参数变为均匀分布,因此基于数论选点的直接模态摄动法的样本结构系统较均值结构系统出现较大的摄动,超出直接模态摄动法的应用范围,导致基于数论选点的直接模态摄动法的方差计算结果偏大。

总体而言,基于数论选点的直接模态摄动法适宜于随机变量少、均为正态分布、变异性不大的复合随机振动系统,且计算效率极高;基于蒙特卡洛选点的直接模态摄动法适宜于随机变量较多、变异性不大的复合随机振动系统,计算效率次之。

此外,采用直接模态摄动法求有阻尼复合随机振动系统的随机反应的优点是不存在久期项的问题。

四、工程场地随机地震动场问题

工程场地土层地震反应计算是岩土工程和工程地震领域中的重要课题，也是工程场地地震动场研究中的最主要和最基础的工作之一。由于工程现场勘探的局限性，很难全面了解和掌握工程场地土层的各种信息，即便是事关工程建设安全性的主要场地参数也不可能完全了解清楚、彻底掌握全部信息。同时，地震发生和传播也是典型的随机事件和随机过程。因此，工程场地土层地震反应分析是一个颇为复杂的随机系统的随机反应分析问题，直接模态摄动法在工程场地地震动场分析方面具有应用前景，相关研究成果可参考相关论著[71]。

第九章　直接模态摄动法在其他方面的应用

第一节　复杂条件下弹性薄板弯曲自由振动分析

在工程结构中矩形薄板是最基本的构件之一，各种复杂矩形板的动力特性与动力反应的分析计算是常遇的问题。复杂薄板是指带有附加影响的变截面薄板，这种附加影响是指分布作用在变截面板上的各种附加质量和弹性约束等。复杂薄板弯曲振动的模态特性是由四阶变系数偏微分方程所描述，一般来说用经典的解析方法求解这类问题会遇到很大困难，常采用近似方法。近似方法基本上可以分为两大类：一类是基于连续函数的数值方法，如假设函数的 Rayleigh-Ritz 法；另一类是工程中应用广泛的有限单元法等方法，转换为多自由度离散系统。应用连续函数可使板的截面应力分析与一般材料力学方法相一致，概念清晰，便于工程中进行截面设计和强度校核。本节应用连续系统的直接模态摄动法求解复杂薄板的模态特性。

一、复杂薄板的弯曲振动方程

在外部动力作用下，复杂薄板的无阻尼弯曲振动方程为：

$$
\begin{aligned}
&\frac{\partial^2}{\partial x^2}\left\{D(x,y)\left(\frac{\partial^2 w(x,y,t)}{\partial x^2}+\mu\frac{\partial^2 w(x,y,t)}{\partial y^2}\right)\right\} \\
&+2\frac{\partial^2}{\partial x\partial y}\left[D(x,y)\frac{\partial^2 w(x,y,t)}{\partial x\partial y}\right](1-\mu) \\
&+\frac{\partial^2}{\partial y^2}\left\{D(x,y)\left[\frac{\partial^2 w(x,y,t)}{\partial y^2}+\mu\frac{\partial^2 w(x,y,t)}{\partial x^2}\right]\right\} \\
&+m(x,y)\frac{\partial^2 w(x,y,t)}{\partial t^2}+\sum_{r=1}^{n_r}k_r(x,y)w(x,y,t) \\
&+\sum_{s=1}^{n_s}m_s(x,y)\frac{\partial^2 w(x,y,t)}{\partial t^2}=p(x,y,t)
\end{aligned}
\tag{9-1}
$$

式中，$D(x,y)=Eh^3(x,y)/12[1-\mu^2]$ 和 $m(x,y)$ 为点 (x,y) 处薄板的截面抗弯刚度和单位面积质量，μ 为泊松比，$h(x,y)$ 为板的厚度，$w(x,y,t)$ 为板中面的

挠曲函数。$k_r(x,y)$为作用于板局部区域ΔA_r上的第r个附加弹性约束的弹性分布系数,$m_s(x,y)$为板局部区域ΔA_s上的第s个附加质量的质量分布系数,n_r和n_s为对应的组数。作用于某一点处的集中附加弹性约束和集中附加质量可分别表示为:

$$k_r(x,y)=\bar{k}_r\delta(x-x_r,y-y_r) \tag{9-2a}$$

$$m_s(x)=\bar{m}_s\delta(x-x_s,y-y_s) \tag{9-2b}$$

其中,$\bar{k}_r$、$\bar{m}_s$分别为集中附加弹性系数和附加质量,

$$\delta(x-x_b,y-y_b)=\begin{cases}1, & x=x_b \quad 和 \quad y=y_b \\ 0, & x\neq x_b \quad 或 \quad y\neq y_b\end{cases} \tag{9-3}$$

应用分离变量法可以从式(9-1)中得到复杂薄板自由振动的特征方程,其中第i阶模态函数$\tilde{\varphi}_i(x,y)$满足如下方程:

$$\begin{aligned}&\frac{\partial^2}{\partial x^2}\left\{D(x,y)\left[\frac{\partial^2\tilde{\varphi}_i(x,y)}{\partial x^2}+\mu\frac{\partial^2\tilde{\varphi}_i(x,y)}{\partial y^2}\right]\right\}\\&+2\frac{\partial^2}{\partial x\partial y}\left[D(x,y)\frac{\partial^2\tilde{\varphi}_i(x,y)}{\partial x\partial y}\right](1-\mu)\\&+\frac{\partial^2}{\partial y^2}\left\{D(x,y)\left[\frac{\partial^2\tilde{\varphi}_i(x,y)}{\partial y^2}+\mu\frac{\partial^2\tilde{\varphi}_i(x,y)}{\partial x^2}\right]\right\}\\&-\tilde{\lambda}_i m(x,y)\tilde{\varphi}_i(x,y)+\sum_{r=1}^{n_r}k_r(x,y)\tilde{\varphi}_i(x,y)\\&-\tilde{\lambda}_i\sum_{s=1}^{n_s}m_s(x,y)\tilde{\varphi}_i(x,y)=0\end{aligned} \tag{9-4}$$

式中,$\tilde{\lambda}_i$为复杂薄板弯曲振动第i阶特征值。

相应地,不受任何附加影响的均匀等厚截面薄板弯曲振动的第i阶模态函数$\varphi_i(x,y)$满足以下方程:

$$D_0\left[\frac{\partial^4\varphi_i(x,y)}{\partial x^4}+2\frac{\partial^4\varphi_i(x,y)}{\partial x^2\partial y^2}+\frac{\partial^4\varphi_i(x,y)}{\partial y^4}\right]-\lambda_i m_0\varphi_i(x,y)=0 \tag{9-5}$$

式中,$D_0=Eh^3/12(1-\mu^2)$和m_0为均匀等截面薄板的截面抗弯刚度和单位面积质量,h为板的厚度,λ_i为均匀等截面薄板弯曲振动第i阶特征值。模态函数$\varphi_i(x,y)$满足如下正交条件:

$$m_0\iint_S \varphi_k(x,y)\varphi_i(x,y)\,\mathrm{d}s = m_k^*\delta_{ki} \tag{9-6a}$$

$$D_0\iint_S\left[\frac{\partial^4\varphi_k(x,y)}{\partial x^4}+2\frac{\partial^4\varphi_k(x,y)}{\partial x^2\partial y^2}+\frac{\partial^4\varphi_k(x,y)}{\partial y^4}\right]\varphi_i(x,y)\,\mathrm{d}s=\lambda_k m_k^*\delta_{ki} \tag{9-6b}$$

式中，S 为薄板在 x-y 平面内所占有的面积。

一般情况下，式(9-4) 所表示的复杂薄板弯曲振动的特征值方程很难应用经典解析方法求解，多采用近似方法，本节中将介绍基于连续系统直接模态摄动法的半解析解法[72]。

二、变截面薄板的直接模态摄动法

当忽略式(9-4) 中的附加影响后，即为变截面矩形板的弯曲振动模态函数和模态频率的求解方程。

令：

$$D_0=\frac{1}{S}\iint_S D(x,y)\,\mathrm{d}s \tag{9-7a}$$

$$m_0=\frac{1}{S}\iint_S m(x,y)\,\mathrm{d}s \tag{9-7b}$$

则：

$$D(x,y)=D_0+\Delta D(x,y) \tag{9-8a}$$

$$m(x,y)=m_0+\Delta m(x,y) \tag{9-8b}$$

这样可将变截面薄板的模态分析问题转换为具有截面抗弯刚度修正和质量修正的等截面薄板的模态分析问题，应用直接模态摄动法可在等截面均匀薄板的前 m 阶模态函数形成的模态子空间中近似求解。设：

$$\tilde{\lambda}_i=\lambda_i+\Delta\lambda_i \tag{9-9a}$$

$$\tilde{\varphi}_i(x,y)=\varphi_i(x,y)+\Delta\varphi_i(x,y) \tag{9-9b}$$

其中 $\Delta\varphi_i(x,y)$ 为除 $\varphi_i(x,y)$ 外等截面均匀薄板的其他前$(m-1)$ 阶模态函数的线性组合，即：

$$\Delta\varphi_i(x,y)=\sum_{\substack{k=1\\k\neq i}}^{m}\varphi_k(x,y)c_{ki} \tag{9-9c}$$

把式(9-8) 和式(9-9) 代入式(9-4) 并利用式(9-5) 和等截面均匀薄板模态的正交性，按照连续系统的直接模态摄动法的求解过程，最终得到如下非线性代数方程：

$$\Delta\lambda_i \sum_{\substack{k=1\\k\neq i}}^{m}(m_k^*\delta_{jk}+\Delta m_{jk})c_{ki}+\sum_{\substack{k=1\\k\neq i}}^{m}[(\lambda_i-\lambda_j)\delta_{jk}+\lambda_i\Delta m_{jk}-\Delta k_{jk}]c_{ki}$$

$$+\Delta\lambda_i(m_k^*\delta_{jk}+\Delta m_{jk})-\Delta k_{ki}+\lambda_i\Delta m_{ki}=0 \tag{9-10}$$

式中，等截面薄板的模态质量 m_k^*、广义质量摄动项 Δm_{jk} 和广义刚度摄动项 Δk_{jk} 由下式计算：

$$m_k^*=m_0\iint_S \varphi_k(x,y)\varphi_k(x,y)\,\mathrm{d}s \tag{9-11a}$$

$$\Delta m_{jk}=\iint_S \Delta m(x,y)\varphi_j(x,y)\varphi_k(x,y)\,\mathrm{d}s \tag{9-11b}$$

$$\Delta k_{jk}=\iint_S \varphi_j(x,y)[A_1(x,y)+A_2(x,y)+A_3(x,y)]\mathrm{d}s \tag{9-11c}$$

其中：

$$A_1(x,y)=\frac{\partial^2}{\partial x^2}\left\{\Delta D(x,y)\left[\frac{\partial^2\varphi_k(x,y)}{\partial x^2}+\mu\frac{\partial^2\varphi_k(x,y)}{\partial y^2}\right]\right\} \tag{9-12a}$$

$$A_2(x,y)=2\frac{\partial^2}{\partial x\partial y}\left[\Delta D(x,y)\frac{\partial^2\varphi_k(x,y)}{\partial x\partial y}\right](1-\mu) \tag{9-12b}$$

$$A_3(x,y)=\frac{\partial^2}{\partial y^2}\left\{\Delta D(x,y)\left[\frac{\partial^2\varphi_k(x,y)}{\partial y^2}+\mu\frac{\partial^2\varphi_k(x,y)}{\partial x^2}\right]\right\} \tag{9-12c}$$

当 $j=1,2,\cdots,m$，由式(9-10)可形成 m 个方程，组成以 $\Delta\lambda_i$、$c_{ki}(k=1,2,\cdots,m;k\neq i)$ 为未知数的 m 阶非线性代数方程组，通过求解 m 次非线性代数方程组可依次求得变截面矩形薄板的前 m 阶特征值 $\tilde{\lambda}_i$ 和模态函数 $\tilde{\varphi}_i(x,y)$ $(i=1,2,\cdots,m)$，形成既简单又适用性广的半解析近似解法。

三、具有附加影响的等截面薄板的直接模态摄动法

当 $D(x,y)=D_0$ 和 $m(x,y)=m_0$ 且 $k_r(x,y)$ 和 $m_s(x,y)$ 不为0时，式(9-4)为具有附加影响的等截面薄板弯曲振动的特征值方程。应用连续系统的直接模态摄动法求解时，依然归结为式(9-10)所描述的非线性代数方程组的求解，所不同的是式中的广义质量摄动项 Δm_{kj} 和广义刚度摄动项 Δk_{kj} 分别由下式计算：

$$\Delta m_{kj}=\sum_{s=1}^{n_s}\iint_S m_s(x,y)\varphi_k(x,y)\varphi_j(x,y)\,\mathrm{d}s \tag{9-13a}$$

$$\Delta k_{kj} = \sum_{r=1}^{n_r} \iint_S k_r(x,y)\varphi_k(x,y)\varphi_j(x,y)\,\mathrm{d}s \tag{9-13b}$$

四、复杂变截面薄板的直接模态摄动法

显然，应用直接模态摄动法求解一般情况下的复杂薄板模态特性时，式(9-10)中的广义质量摄动项 Δm_{kj} 和广义刚度摄动项 Δk_{kj} 应分别由式(9-11)和式(9-13)相加而得：

$$\Delta m_{kj} = \iint_S \Delta m(x,y)\varphi_k(x,y)\varphi_j(x,y)\,\mathrm{d}s + \sum_{s=1}^{n_s} \iint_S m_s(x,y)\varphi_k(x,y)\varphi_j(x,y)\,\mathrm{d}s \tag{9-14a}$$

$$\Delta k_{kj} = \iint_S \varphi_k(x,y)\left[A_1(x,y)+A_2(x,y)+A_3(x,y)\right]\mathrm{d}s + \sum_{r=1}^{n_r} \iint_S k_r(x,y)\varphi_k(x,y)\varphi_j(x,y)\,\mathrm{d}s \tag{9-14b}$$

从上述介绍中可以看出：应用直接模态摄动法求解复杂薄板模态特性的前提条件是必须存在与复杂薄板相同边界条件的均匀等截面薄板模态特性的解析解。

五、算例

变厚度四边简支矩形薄板的一端厚为 h_0($x=0$ 处)，另一端厚为 h_1($x=a$ 处)，板内任意一定处的厚度为 $h(x,y)=h_0(1+cx/a)$，其中 $c=(h_1-h_0)/h_0$。由此得到：

$$D(x,y) = \frac{Eh_0^3(1+cx/a)^3}{12(1-\mu^2)} \tag{9-15a}$$

$$m(x,y) = m_0(1+cx/a) \tag{9-15b}$$

应用直接模态摄动法求解变厚度四边简支矩形薄板时，对应的等厚度四边简支矩形薄板的厚度为 h_0，这样 $D_0=\dfrac{Eh_0^3}{12(1-\mu^2)}$，$m_0=\rho h_0$。截取等厚度四边简支矩形薄板的前 9 阶模态张成求解子空间($m=9$)，通过迭代 3 次求解式(9-10)所表征的非线性代数方程组。计算中考虑了 6 种不同边长之比和 3 种截面厚度变化系数，表 9-1 中列出了各种计算工况下计算所得的变厚度四边形简支矩形薄板的第 1 阶模态频率，表中也列出了文献[73]中采用其他方法所得的计算结果，以作比较。表中数据表明两种方法的计算结果很接近，但该文献方法不能获得更高阶的薄板模

态频率，表 9-2 至表 9-4 中列出了由直接模态摄动法得到的变厚度四边简支矩形薄板的高阶频率。表中引入了模态频率系数 $\gamma_i^2=\omega_i a^2\Big/\sqrt{\dfrac{D_0}{\rho h_0}}$。

表 9-1　　变厚度四边形简支矩形薄板基频系数 γ_1

$\frac{a}{b}$	$c=0.2$		$c=0.4$		$c=0.6$	
	DMPM	其他方法	DMPM	其他方法	DMPM	其他方法
0.25	3.388	3.393	3.521	3.533	3.665	3.663
0.50	3.677	3.681	3.828	3.838	3.990	3.984
0.75	4.114	4.117	4.288	4.294	4.474	4.461
1.00	4.655	4.657	4.856	4.859	5.069	5.049
1.25	5.270	5.271	5.499	5.498	5.740	5.712
1.50	5.935	5.935	6.193	6.188	6.463	6.427

表 9-2　　变厚度四边形简支矩形薄板前 5 阶模态频率系数 γ_i
($c=0.2$)

$\frac{a}{b}$	模态频率系数 γ_i				
	γ_1	γ_2	γ_3	γ_4	γ_5
0.25	3.388	3.677	4.114	4.665	5.270
0.50	3.677	4.655	5.935	6.785	7.360
0.75	4.114	5.935	7.030	8.102	8.231
1.00	4.655	7.359	7.361	9.314	10.40
1.25	5.270	7.764	8.858	10.55	10.70
1.50	5.935	8.231	10.40	11.04	11.88

表 9-3　　变厚度四边形简支矩形薄板前 5 阶模态频频系数 γ_i
($c=0.4$)

$\frac{a}{b}$	模态频率系数 γ_i				
	γ_1	γ_2	γ_3	γ_4	γ_5
0.25	3.521	3.828	4.289	4.858	5.501
0.50	3.828	4.857	6.195	7.076	7.679
0.75	4.288	6.194	7.333	8.450	8.595
1.00	4.856	7.677	7.680	9.729	10.83
1.25	5.499	8.103	9.324	11.02	11.17
1.50	6.193	8.592	10.83	11.53	12.41

表 9-4 变厚度四边形简支矩形薄板前 5 阶模态频频系数 γ_i

$(c = 0.6)$

$\frac{a}{b}$	模态频率系数 γ_i				
	γ_1	γ_2	γ_3	γ_4	γ_5
0.25	3.665	3.991	4.476	5.072	5.743
0.50	3.990	5.071	6.466	7.379	8.010
0.75	4.474	6.646	7.649	8.811	8.972
1.00	5.069	8.006	8.013	10.16	11.29
1.25	5.740	8.455	9.626	11.51	11.66
1.50	6.463	8.968	11.29	12.04	12.96

第二节 弹性中厚板弯曲自由振动分析

在厚板振动分析中，因为考虑剪切变形和转动惯量的影响，即使在许多较为规则的边界条件下，一般很难求得解析解，多采用近似解。三维线弹性方法和 Mindlin 法可求解厚板固有频率，但计算复杂，而有的近似方法计算过程不够简单，得到的结果精度有时不高且计算不稳定。下面介绍应用连续系统的直接模态摄动方法来建立中厚板弯曲振动模态分析的近似方法。

一、板的横向振动微分方程

对于小挠度均匀薄板，等厚度薄板横向弯曲无阻尼自由振动的微分方程为：

$$D\,\nabla^2\nabla^2 w(x,y,t) + \rho h\,\frac{\partial^2 w(x,y,t)}{\partial t^2} = 0 \tag{9-16}$$

式中，$D = Eh^3/[12(1-\mu^2)]$ 为抗弯刚度，μ 为泊松比，h 是板的厚度，$w(x,y,t)$ 为板中面的挠曲函数。

考虑剪切变形和转动惯量的影响后，中厚板的振动方程为：

$$D\,\nabla^2\nabla^2 w(x,y,t) + \rho h\,\frac{\partial^2 w(x,y,t)}{\partial t^2} - \left(\frac{k_\tau \rho h D}{Gh} + \rho J\right)\frac{\partial^2}{\partial t^2}\nabla^2 w(x,y,t) + \frac{k_\tau \rho^2 h D J}{Gh}\,\frac{\partial^4 w(x,y,t)}{\partial t^4} = 0 \tag{9-17}$$

式中，ρh 是单位面积的质量，ρJ 是单位面积的转动惯量。对于均匀厚板，ρ 是材料的密度，J 是断面的惯性矩 $J = h^3/12$。k_τ 是剪切折合系数，通常取值为 1，或 6/5 或

$12/\pi^2$。下面的讨论主要针对均匀中厚板的无阻尼自由振动问题。

令 $A=\dfrac{k_\tau \rho h D}{Gh}$，$B=\rho J$，$C=\dfrac{k_\tau \rho^2 h D J}{Gh}$，则式(9-17) 可简写为：

$$D\,\nabla^2\nabla^2 w(x,y,t)+\rho h\frac{\partial^2 w(x,y,t)}{\partial t^2}-A\frac{\partial^2}{\partial t^2}\nabla^2 w(x,y,t)-B\frac{\partial^2}{\partial t^2}\nabla^2 w(x,y,t)+C\frac{\partial^4 w(x,y,t)}{\partial t^4}=0 \tag{9-18}$$

上式比式(9-16) 增加了 $-A\dfrac{\partial^2}{\partial t^2}\nabla^2 w(x,y,t)$、$-B\dfrac{\partial^2}{\partial t^2}\nabla^2 w(x,y,t)$ 和 $C\dfrac{\partial^4 w(x,y,t)}{\partial t^4}$ 三项，它们分别代表剪切变形、转动惯量以及它们之间的耦合作用对厚板振动的影响。当不考虑剪切变形而仅考虑转动惯量的影响时，式(9-18) 中的 $A=C=0$。同样，当不考虑转动惯量影响而仅考虑剪切变形影响时，式(9-18) 中的 $B=C=0$。可以把中厚板振动方程看成是薄板振动方程加上剪切变形、转动惯量所产生的三项附加影响而得到的方程。当板较薄时，这种附加影响很小，可以忽略，薄板理论成立。在一些特定边界条件下，式(9-16) 可以获得解析解。当板较厚时，这种附加影响较大，不可忽略。但计入这些附加影响之后，给求解式(9-18) 带来很大困难。应用直接模态摄动法则可以利用薄板模态特性的解析解，建立求解中厚板模态特性的一种近似方法[74]。

二、求解中厚板模态特性的直接模态摄动法

取一与待求解中厚板具有相同平面几何尺寸、材料常数和边界条件的薄板作为摄动分析的参考系统，截取参考薄板的前 m 阶模态函数及其相应的特征值用于摄动分析。设薄板的第 i 阶模态函数为 $\varphi_i(x,y)=w_{mn}(x,y)$，对应的特征值为 λ_i，则令厚板的第 i 阶模态函数和对应的特征值为：

$$\tilde{\varphi}_i(x,y)=\varphi_i(x,y)+\Delta\varphi_i(x,y) \tag{9-19a}$$

$$\tilde{\lambda}_i=\lambda_i+\Delta\lambda_i \tag{9-19b}$$

其中，$\Delta\varphi_i(x,y)$ 为除 $\varphi_i(x,y)$ 外薄板的其他前$(m-1)$ 阶模态函数的线性组合，即：

$$\Delta\varphi_i(x,y)=\sum_{\substack{k=1\\k\neq i}}^{m}\varphi_k(x,y)c_{ki} \tag{9-20}$$

把式(9-19)代入式(9-18)中,并利用式(9-16)可得:

$$
\begin{aligned}
& D\nabla^2\nabla^2\sum_{\substack{k=1\\k\neq i}}^{m}\varphi_k(x,y)c_{ki}-\rho h\lambda_i\sum_{\substack{k=1\\k\neq i}}^{m}\varphi_k(x,y)c_{ki} \\
& -\rho h\Delta\lambda_i\varphi_i(x,y)-\rho h\Delta\lambda_i\sum_{\substack{k=1\\k\neq i}}^{m}\varphi_k(x,y)c_{ki} \\
& +(A+B)(\lambda_i+\Delta\lambda_i)\left[\nabla^2\varphi_i(x,y)+\nabla^2\sum_{\substack{k=1\\k\neq i}}^{m}\varphi_k(x,y)c_{ki}\right] \\
& +C(\lambda_i^2+2\lambda_i\Delta\lambda_i+\Delta\lambda_i^2)\left[\varphi_i(x,y)+\sum_{\substack{k=1\\k\neq i}}^{m}\varphi_k(x,y)c_{ki}\right]=0 \qquad (9\text{-}21)
\end{aligned}
$$

在方程(9-21)两端同乘 $\varphi_j(x,y)(j=1,2,\cdots,m)$,并且对全板进行面积积分,在完成积分过程中要利用薄板振型正交条件。

当 $j=i$ 时,$\varphi_j(x,y)=\varphi_i(x,y)$,则得到:

$$
\begin{aligned}
& (A+B)(\lambda_i+\Delta\lambda_i)\left[\iint_S\varphi_i(x,y)\nabla^2\varphi_i(x,y)\,\mathrm{d}s+\sum_{\substack{k=1\\k\neq i}}^{m}\iint_S\varphi_i(x,y)\nabla^2\varphi_j(x,y)c_{ki}\,\mathrm{d}s\right] \\
& +C(\lambda_i^2+2\lambda_i\Delta\lambda_i+\Delta\lambda_i^2)\iint_S\varphi_i^2(x,y)\,\mathrm{d}s-\rho h\Delta\lambda_i\iint_S\varphi_i^2(x,y)\,\mathrm{d}s=0 \qquad (9\text{-}22)
\end{aligned}
$$

当 $j\neq i$ 时,$\varphi_j(x,y)\neq\varphi_i(x,y)$,可得到:

$$
\begin{aligned}
& c_{ki}\iint_S\varphi_j(x,y)D\nabla^2\nabla^2\varphi_k(x,y)\,\mathrm{d}s+(A+B)(\lambda_i+\Delta\lambda_i)\iint_S\varphi_j(x,y)\nabla^2\varphi_i(x,y)\,\mathrm{d}s \\
& +(A+B)\lambda_i\sum_{\substack{k=1\\k\neq i}}^{m}c_{ji}\iint_S\varphi_j(x,y)\nabla^2\varphi_i(x,y)\,\mathrm{d}s \\
& +(A+B)\Delta\lambda_i\sum_{\substack{k=1\\k\neq i}}^{m}c_{ki}\iint_S\varphi_j(x,y)\nabla^2\varphi_k(x,y)\,\mathrm{d}s \\
& +C\lambda_i^2c_{ji}\iint_S\varphi_j^2(x,y)\,\mathrm{d}s+2C\lambda_i\Delta\lambda_ic_{ji}\iint_S\varphi_i^2(x,y)\,\mathrm{d}s+C\Delta\lambda_i^2c_{ji}\iint_S\varphi_j^2(x,y)\,\mathrm{d}s \\
& -\rho hc_{ji}\iint_S\varphi_j^2(x,y)\,\mathrm{d}s-\rho h\Delta\lambda_ic_{ji}\iint_S\varphi_j^2(x,y)\,\mathrm{d}s=0 \qquad (9\text{-}23)
\end{aligned}
$$

令:

$$
M_{kj}^*=\iint_S\varphi_k(x,y)\nabla^2\varphi_j(x,y)\,\mathrm{d}s \qquad (9\text{-}24a)
$$

$$N_{kj}^{*}=\iint_{S}\varphi_{k}(x,y)\varphi_{j}(x,y)\,\mathrm{d}s \tag{9-24b}$$

$$T_{kj}^{*}=\iint_{S}\varphi_{k}(x,y)D\,\nabla^{2}\nabla^{2}\varphi_{j}(x,y)\,\mathrm{d}s \tag{9-24c}$$

$$F_{kj}^{*}=(A+B)M_{kj}^{*}+(2C\lambda_{i}-\rho h)N_{kj}^{*} \tag{9-24d}$$

$$H_{kj}^{*}=T_{kj}^{*}+(A+B)\lambda_{i}M_{kj}^{*}+(C\lambda_{i}^{2}-\rho h\lambda_{i})N_{kj}^{*} \tag{9-24e}$$

则式(9-22) 和式(9-23) 可分别简写为：

$$C\Delta\lambda_{i}^{2}N_{ii}^{*}+\Delta\lambda_{i}\left[(A+B)\sum_{\substack{k=1\\k\neq i}}^{m}M_{jk}^{*}c_{ki}\right]+\Delta\lambda_{i}F_{ii}^{*}+(A+B)\sum_{\substack{k=1\\k\neq i}}^{m}M_{jk}^{*}c_{ki}$$
$$+(A\lambda_{i}M_{ii}^{*}+B\lambda_{i}M_{ii}^{*}+C\lambda_{i}^{2}N_{ii}^{*})=0\quad(j=i) \tag{9-25}$$

$$C\Delta\lambda_{i}^{2}N_{jj}^{*}c_{ji}+\Delta\lambda_{i}\Big(\sum_{\substack{k=1\\k\neq i}}^{n}F_{jk}^{*}c_{ki}\Big)+(A+B)\Delta\lambda_{i}M_{ji}^{*}$$
$$+\sum_{\substack{k=1\\k\neq i}}^{m}H_{jk}^{*}c_{ki}+(A+B)\lambda_{i}M_{ii}^{*}=0\quad(j\neq i) \tag{9-26}$$

在式(9-25) 和式(9-26) 中共有 m 个未知数,$\Delta\lambda_i$,c_{1i},c_{2i},…,c_{mi},而 $c_{ii}=1$。由于式(9-26) 中包含 m-1 个方程,这样式(9-25) 和式(9-26) 组成了一个 m 维非线性代数方程组。合并式(9-25) 和式(9-26) 二式可以写成矩阵形式：

$$C[A_{1}]\Delta\lambda_{i}^{2}\{q_{i}\}+C[A_{2}]\Delta\lambda_{i}^{2}+([E]+\Delta\lambda_{i}[K])\{q_{i}\}+\{F\}=0 \tag{9-27}$$

式中：

$$[A_{1}]=\mathrm{diag}(N_{11}^{*},\cdots,N_{i-1,i-1}^{*},0,N_{i+1,i+1}^{*},\cdots,N_{mm}^{*}) \tag{9-28a}$$

$$[A_{2}]=\mathrm{diag}(0,\cdots,0,N_{ii}^{*},0,\cdots,0) \tag{9-28b}$$

$$[E]=\begin{bmatrix} H_{11}^{*} & \cdots & H_{1,i-1}^{*} & (A+B)M_{1i}^{*} & H_{1,i+1}^{*} & \cdots & H_{1m}^{*}\\ H_{21}^{*} & \cdots & H_{2,i-1}^{*} & (A+B)M_{2i}^{*} & H_{2,i+1}^{*} & \cdots & H_{2m}^{*}\\ \cdots & \cdots & \cdots & \cdots & \cdots & \cdots & \cdots\\ (A+B)M_{i1}^{*} & \cdots & (A+B)M_{i,i-1}^{*} & F_{ii}^{*} & (A+B)M_{i,i+1}^{*} & \cdots & (A+B)M_{im}^{*}\\ \cdots & \cdots & \cdots & \cdots & \cdots & \cdots & \cdots\\ H_{m1}^{*} & \cdots & H_{m,i-1}^{*} & (A+B)M_{mi}^{*} & H_{m,i+1}^{*} & \cdots & H_{mm}^{*} \end{bmatrix} \tag{9-29a}$$

$$[K]=\begin{bmatrix} F_{11}^{*} & \cdots & F_{1,i-1}^{*} & 0 & F_{1,i+1}^{*} & \cdots & F_{1m}^{*} \\ F_{21}^{*} & \cdots & F_{2,i-1}^{*} & 0 & F_{2,i+1}^{*} & \cdots & F_{2m}^{*} \\ \cdots & \cdots & \cdots & 0 & \cdots & \cdots & \cdots \\ (A+B)M_{i1}^{*} & \cdots & (A+B)M_{i,i-1}^{*} & 0 & (A+B)M_{i,i+1}^{*} & \cdots & (A+B)M_{im}^{*} \\ \cdots & \cdots & \cdots & 0 & \cdots & \cdots & \cdots \\ F_{m1}^{*} & \cdots & F_{m,i-1}^{*} & 0 & F_{m,i+1}^{*} & \cdots & F_{mm}^{*} \end{bmatrix} \tag{9-29b}$$

$$\{q_i\}=(c_{1i},c_{2i},\cdots,c_{i-1,i},\Delta\lambda_i,c_{i+1,i},\cdots,c_{mi})^{\mathrm{T}} \tag{9-30}$$

$$\{F\}=\begin{Bmatrix} (A+B)\lambda_i M_{1i}^{*} \\ (A+B)\lambda_i M_{2i}^{*} \\ \cdots \\ (A+B)\lambda_i M_{ii}^{*}+C\lambda_i N_{ii}^{*} \\ \cdots \\ (A+B)\lambda_i M_{mi}^{*} \end{Bmatrix} \tag{9-31}$$

显然,非线性方程式(9-27)可以采用迭代法求解。

三、四边简支厚板的模态特性

四边简支矩形薄板的振型函数为$\varphi_i(x,y)=w_{mn}(x,y)=\sin\dfrac{m\pi x}{a}\sin\dfrac{n\pi y}{b}$(式中$a$和$b$为板边长),利用正弦函数系$\left\{\sin\dfrac{n\pi x}{l}\right\}$在区间$[0,l]$上的正交性,可知当$j\neq k$时,$M_{jk}^{*}=0,N_{jk}^{*}=0,T_{jk}^{*}=0$。式(9-25)可进一步写为:

$$C\Delta\lambda_i^2 N_{ii}^{*}+\Delta\lambda_i F_{ii}^{*}+(A\lambda_i M_{ii}^{*}+B\lambda_i M_{ii}^{*}+C\lambda_i^2 N_{ii}^{*})=0 \tag{9-32a}$$

或

$$\Delta\lambda_i^2+\frac{F_{ii}^{*}}{CN_{ii}^{*}}\Delta\lambda_i+\frac{A\lambda_i M_{ii}^{*}+B\lambda_i M_{ii}^{*}+C\lambda_i^2 N_{ii}^{*}}{CN_{ii}^{*}}=0 \tag{9-32b}$$

式(9-26)可写为:

$$C\Delta\lambda_i^2 c_{ji}N_{jj}^{*}+\Delta\lambda_i F_{jj}^{*}c_{ji}+H_{jj}^{*}c_{ji}=0 \tag{9-33a}$$

即:

$$(C\Delta\lambda_i^2 N_{jj}^{*}+F_{jj}^{*}\Delta\lambda_i+H_{jj}^{*})c_{ji}=0 \tag{9-33b}$$

把 $H_{jj}^{*}=T_{jj}^{*}-\rho h\lambda_{i}N_{jj}^{*}+C\lambda_{i}^{2}N_{jj}^{*}+(A+B)\lambda_{i}M_{jj}^{*}$ 代入上式得：

$$[C\Delta\lambda_{i}^{2}N_{jj}^{*}+\Delta\lambda_{i}F_{jj}^{*}+(A+B)\lambda_{i}M_{jj}^{*}+C\lambda_{i}^{2}N_{jj}^{*}+(T_{jj}^{*}-\rho h\lambda_{i}N_{jj}^{*})]c_{ji}=0 \tag{9-34}$$

因为式(9-34)中，当 $j\neq i$ 时，$\lambda_{i}\neq\lambda_{j}$，括号内系数不等于0，所以 $c_{ji}=0$。即 $c_{1i},c_{2i},\cdots,c_{i-1,i},c_{i-1,i},\cdots,c_{mi}$ 都等于0，而仅 $c_{ii}=1$。把上述结果代入式(9-19a)中，得到 $\tilde{\varphi}_{i}(x,y)=\varphi_{i}(x,y)$，这表明简支中厚板和简支薄板具有相同的弯曲振型。

将 $\varphi_{i}(x,y)=w_{mn}(x,y)=\sin\dfrac{m\pi x}{a}\sin\dfrac{n\pi y}{b}$ 代入式(9-24)，由方程(9-32)可得：

$$\Delta\lambda_{i}^{2}+\left[-\frac{(A+B)}{C}\left(\frac{m^{2}}{a^{2}}+\frac{n^{2}}{b^{2}}\right)\pi^{2}+2\lambda_{i}-\frac{\rho h}{C}\right]\Delta\lambda_{i}+\left[-\frac{(A+B)}{C}\left(\frac{m^{2}}{a^{2}}+\frac{n^{2}}{b^{2}}\right)\lambda_{i}+\lambda_{i}^{2}\right]=0 \tag{9-35}$$

式(9-35)为一元二次方程，可直接求根得到特征值的摄动 $\Delta\lambda_{i}$，然后由式(9-19b)求得简支中厚板的特征值 $\tilde{\lambda}_{i}$。

若忽略转动惯量的影响，即 $B\to0$，$C\to0$ 时，由式(9-32a)得到：

$$\Delta\lambda_{i}=-\frac{A\lambda_{i}M_{ii}^{*}}{F_{ii}^{*}}=-\frac{A\left(\dfrac{m^{2}}{a^{2}}+\dfrac{n^{2}}{b^{2}}\right)\lambda_{i}}{A\left(\dfrac{m^{2}}{a^{2}}+\dfrac{n^{2}}{b^{2}}\right)\pi^{2}+\rho h} \tag{9-36}$$

从式(9-36)可以看出，$\Delta\lambda_{i}$ 为负值。考虑转动惯量的影响实质是在中厚板振动分析过程中考虑动能的影响，由此板的固有频率还会降低，因而在求解方程(9-35)时，$\Delta\lambda_{i}$ 应取两根中的负值。

四、四边简支中厚板算例验证

下面通过几个算例来说明这一近似方法的计算精度。在计算中，泊松比取0.3，截面剪切系数取6/5。

1. 四边简支矩形中厚板

矩形板的短边与长边之比为 $\dfrac{a}{b}=\dfrac{1}{\sqrt{2}}$，板厚 h 与短边之比 $\alpha=\dfrac{h}{a}=0.1$。表9-5中列出了前11阶无量纲自振频率参数。表中所列相对误差是以三维线弹性理论解为精确解时计算所得。

表 9-5　　四边简支矩形板模态频率参数 $\omega a^2\bigg/\sqrt{\dfrac{D}{\rho h}}$ 相对误差

模态阶序 (m,n)	精确解	直接模态摄动法		Mindlin 板解	
		计算值	误差	计算值	误差
1,1	0.704	0.704	0%	0.704	0%
1,2	1.376	1.373	−0.22%	1.375	−0.07%
2,1	2.018	2.012	−0.30%	2.016	−0.10%
1,3	2.431	2.424	−0.29%	2.428	−0.12%
2,2	2.634	2.625	−0.34%	2.631	−0.15%
2,3	3.612	3.597	−0.41%	3.605	−0.19%
1,4	3.800	3.782	−0.47%	3.793	−0.18%
3,1	3.987	3.967	−0.50%	3.979	−0.20%
3,2	4.535	4.509	−0.57%	4.524	−0.24%
3,3	5.411	5.375	−0.67%	5.396	−0.28%
1,5	5.411	5.375	−0.67%	5.396	−0.67%

2. 四边简支中厚方板

四边简支中厚方板的厚度与边长之比 $\alpha=0.1$，表 9-6 中列出了应用直接模态摄动法和 Mindlin 法所得该板的前 7 阶无量纲模态频率参数，相对误差计算以三维线弹性解为精确解。

表 9-6　　四边简支方板固有频率参数 $\omega a^2\bigg/\sqrt{\dfrac{D}{\rho h}}$ 及相对误差

模态阶序 (m,n)	精确解	直接模态摄动法		Mindlin 板解	
		计算值	误差	计算值	误差
1,1	0.0932	0.0930	−0.18%	0.0930	−0.18%
2,1	0.2226	0.2219	−0.30%	0.2218	−0.36%
2,2	0.3421	0.3406	−0.45%	0.3402	−0.56%
3,1	0.4171	0.4149	−0.52%	0.4144	0.65%
3,2	0.5239	0.5206	−0.64%	0.5197	−0.80%
3,3	0.6889	0.6834	−0.80%	0.6821	−0.99%
4,2	0.7511	0.7447	−0.85%	0.7431	−1.07%

3. 板厚对四边简支板模态频率的影响

表 9-7 中列出了当板厚与边长之比 α 取不同值时，应用模态直接摄动法计算所得的四边简支板第 1 阶模态频率参数的变化情况，并和已有的研究成果[75] 相比较。当按薄板问题求解时，四边简支薄板第 1 阶模态频率参数为 0.0963。

表 9-7　　四边简支方板第 1 阶模态频率参数 $\omega_1 a^2 \Big/ \sqrt{\dfrac{D}{\rho h}}$

α	0.5	0.40	0.30	0.20	0.10	0.05	0.01	0.005
DMPM	0.0598	0.0673	0.0759	0.0851	0.0930	0.0955	0.0963	0.0963
文献[75]	—	—	0.0881	0.0911	0.0931	0.0936	0.0938	0.0938

从表 9-5 和表 9-6 可以看出：直接模态摄动法的计算精度较高，相比之下计算方法较为简单。从表 9-7 中的数据可以看出：在相同的几何尺寸下，随着板厚增加，中厚板模态频率减小。在上述三表中，当 $\alpha = 0.1$ 时，各种方法计算所得的四边简支中厚板的第 1 阶模态频率都很相近。但当 $\alpha = 0.01$ 和 $\alpha = 0.005$ 时，四边简支板已是薄板，剪切变形和转动惯量的影响已经很小，这时近似方法所得结果应与薄板理论值一致。表 9-7 中的数据表明直接模态摄动法达到了这一要求。

算例中计算结果与问题真实解间的误差源于两个方面。一是模态摄动法本身的近似性。模态摄动法的本质是 Ritz 法，只是在选取形函数时，应用了特殊条件，即选取了与原系统有密切联系的参照系统的模态函数为 Ritz 形函数。参照系统与原系统越接近，则计算误差就越小。二是计算中所取剪切折合系数 k_τ 值所引进的误差。k_τ 是经验值，不同的 k_τ 值对应不同的误差。这种误差不是直接模态摄动法本身所引起的。下面将应用直接模态摄动法进一步讨论 k_τ 对中厚板固有频率的影响等问题。

五、几个问题的讨论

1. 剪切变形和转动惯量的影响

深入认识剪切变形与转动惯量分别对中厚板各阶模态频率的影响，有利于进一步了解中厚板的动力特性。为此，分别对只考虑剪切变形或转动惯量时的式(9-18) 进行求解，得到了简支方板的频率参数。表 9-8 和表 9-9 中，β、β_τ、β_J 分别为同时考虑剪切变形和转动惯量，或只考虑剪切变形的影响，或只考虑转动惯量影响时算得的模态频率参数与按薄板求得的模态频率参数的比值，此比值为 1 时，即为薄板的模态频率参数。下标“1” 和“7” 分别表示第 1 阶和第 7 阶模态。

表 9-8　　不同模态频率参数比值的 β 比较

α	β_1	$\beta_{\tau 1}$	β_{J1}	β_7	$\beta_{\tau 7}$	β_{J7}
0.05	0.9912	0.9934	0.9978	0.9217	0.9362	0.9801
0.1	0.9657	0.9730	0.9920	0.7732	0.7996	0.9267
0.2	0.8839	0.9032	0.9686	0.5355	0.5543	0.7765
0.3	0.7878	0.8146	0.9335	0.3960	0.4057	0.6350
0.4	0.6985	0.7251	0.8897	0.3106	0.3158	0.5247
0.5	0.6204	0.6443	0.8419	0.2542	0.2547	0.4423

中厚板的模态频率比对应的薄板的模态频率要低。从表 9-8 可以看出，剪切变形对降低板的模态频率起着主要作用，而转动惯量所起的作用则较小。表中数值表明不计转动惯量的影响所引起的误差较小，所带来的误差值在 5% 以内。在容许的误差范围内求模态频率时，可以不计转动惯量的影响，这时 m 阶含未知数三次项的非线性方程组式(9-27) 变为线性代数方程组，求解非常方便。

2. 剪切折合系数 k_τ 的影响

关于剪切折合系数 k_τ 的影响，一般应在实验结果的基础上进行分析和讨论。下文只是从数值结果的比较来认识不同剪切折合系数 k_τ 对中厚板各阶模态频率可能带来的误差程度，以对其有一个感性的认识。为此，在下面讨论中，假定 $k_\tau = 12/\pi^2$ 时求得的中厚板的模态频率参数是“精确”解，然后分别以 $k_\tau = 1.0$ 和 $k_\tau = 6/5$ 计算中厚板($a/b = 1/\sqrt{2}$) 各阶模态频率，由此可近似看到 k_τ 的不同取值给各阶模态频率带来的误差。相关结果列于表 9-9 中。

表 9-9　　不同厚度矩形厚板的前 5 阶模态频率误差比较

α	k_τ	模态阶序 $i(m,n)$				
		1(1,1)	2(1,2)	3(2,1)	4(1,3)	5(2,2)
0.1	1.0	0.3194%	0.6844%	0.9699%	1.1488%	1.2117%
	6/5	0.0308%	0.0526%	0.0754%	0.0875%	0.0771%
0.5	1.0	4.1075%	5.6147%	6.4298%	6.8446%	7.0097%
	6/5	0.2240%	0.3853%	0.4230%	0.4791%	0.4720%

从表 9-9 中的数值可以看出，$k_\tau = 1.0$ 时与 $k_\tau = 1.2$ 时所引起的误差相差一个数量级，尤其是板较厚时，k_τ 取值不正确所引起的计算误差明显增大。这就表明 k_τ 取值对所求的中厚板模态频率值影响很大。表中的数值也表明，k_τ 引起的高阶模态频率误差较低阶模态频率的计算误差大，但随着板的厚度增加，这种影响减

弱。这些简单情况表明，对于重要的中厚板结构振动问题，k_τ 的取值应引起足够的重视。对于厚板来说(例如算例中的 $\alpha = 0.5$ 时)，建议通过第1阶模态频率的实验值来推算 k_τ 的值，这是基于以下几点考虑：在一般动力荷载作用下，往往是第1阶模态频率起控制作用；第1阶模态频率的测试精度最高，也易于测试；根据文中数值结果，在厚板条件下，k_τ 对各阶模态频率的影响变化相对较小。

第三节　变截面压杆稳定问题的半解析解

受压杆柱是土木工程中应用最普遍的一类结构和构件型式。在杆的受压稳定分析中，对于等截面杆受压稳定问题来说，基于Euler临界力的理论相当成熟，并得到广泛应用[76]。但在工程实际中，常需分析截面或材料不同的受压杆柱的稳定问题，多采用近似解，求解形式比较复杂。应用直接模态摄动法原理，可以方便地建立求解变截面压杆临界力的半解析解方法[77]。

一、变截面压杆稳定方程

文中所指的变截面压杆是指压杆的截面抗弯刚度沿杆的轴线是变化的，既可以指压杆的截面是变化的，也可以是各段杆件由不同材料组成，或二者兼有。下文以变截面杆的受压稳定为例，介绍直接模态摄动法的求解过程，这一方法可类似地推广到杆截面材料变化的压杆稳定问题。

变截面压杆稳定方程为：

$$EI(x)\frac{\mathrm{d}^2\omega(x)}{\mathrm{d}x^2} + P\omega(x) = 0 \tag{9-37}$$

式中，$I(x)$ 为在杆的轴向坐标 x 处的截面惯性矩，$EI(x)$ 为梁的该截面的抗弯刚度，P 为压杆的轴向荷载，$\omega(x)$ 为压杆轴线的横向变形。

可以看出，描述变截面压杆稳定问题的数学方程为一个变系数的二阶齐次微分方程，它与变截面直杆的轴向无阻尼自由振动方程相类似。也就是说，压杆稳定问题中的轴向临界荷载和失稳屈曲模态分别与直杆轴向振动问题中的模态频率和模态函数相对应。第三章中已经表明，直接模态摄动法是求解变截面直杆轴向振动模态特性的有效方法，因此，采用直接模态摄动法能够有效地求解变截面压杆稳定问题。相比之下，压杆临界荷载的求解要比轴向振动模态频率的求解简单，仅需求解式(9-37)的第1阶特征值和对应的失稳屈曲模态函数。

二、基于Ritz展开的直接模态摄动法

设变截面压杆的临界荷载和对应的屈曲模态函数由下式确定：

$$EI(x)\frac{\mathrm{d}^2\tilde{\varphi}(x)}{\mathrm{d}x^2}+\tilde{P}\tilde{\varphi}(x)=0 \tag{9-38}$$

对应的等截面压杆稳定方程为：

$$EI_0\frac{\mathrm{d}^2\varphi(x)}{\mathrm{d}x^2}+P\varphi(x)=0 \tag{9-39}$$

式中，P 和 $\varphi(x)$ 分别为等截面压杆的临界荷载和屈曲模态函数，EI_0 为等截面杆的抗弯刚度，由下式计算：

$$EI_0=\frac{1}{l}\int_0^l EI(x)\,\mathrm{d}x \tag{9-40}$$

利用边界条件可求得式(9-39) 式各阶特征值 P_i 和对应的屈曲模态函数 $\varphi_i(x)(i=1,2,\cdots,m)$，而且屈曲模态函数满足正交性：$\int_0^l\varphi_i(x)\varphi_j(x)\mathrm{d}x=\delta_{ij}$。

对于变截面压杆来说，截面的抗弯刚度可表示为：

$$EI(x)=EI_0+\Delta EI(x) \tag{9-41}$$

依据模态摄动分析理论，可设：

$$\tilde{\varphi}_i(x)=\varphi_i(x)+\Delta\varphi_i(x) \tag{9-42a}$$

$$\tilde{P}_i=P_i+\Delta P_i \tag{9-42b}$$

式中，$i=1,2,\cdots,m$，屈曲模态函数的修正量 $\Delta\varphi_i(x)$ 可由原系统前若干个低阶屈曲模态函数的线性组合来表示：

$$\Delta\varphi_i(x)\approx\sum_{\substack{j=1\\j\neq i}}^{m}\varphi_j(x)c_{ji} \tag{9-43}$$

显然，只要求得 ΔP_i、$c_{ji}(j=1,2,\cdots,m,j\neq i)$ 这 m 个未知数，由式(9-42) 可求得变截面杆件的第 i 阶临界压力 $\tilde{P}_i$ 和对应的屈曲模态函数 $\tilde{\varphi}_i(x)$，对于实际问题只需求解第 1 阶特征值和对应的屈曲模态函数，即取 $i=1$。而参与计算的模态函数个数 m 可取 $4\sim6$。

把式(9-41) 和式(9-42) 代入式(9-38)，得：

$$[EI_0+\Delta EI(x)][\varphi''_i(x)+\Delta\varphi''_i(x)]+(P_i+\Delta P_i)[\varphi_i(x)+\Delta\varphi_i(x)]=0 \tag{9-44}$$

利用式(9-39)，由式(9-44) 经整理可得：

$$EI_0\Delta\varphi''_i(x)+\Delta EI(x)[\varphi''_i(x)+\Delta\varphi''_i(x)]$$

$$+P_i\Delta\varphi_i(x)+\Delta P_i[\varphi_i(x)+\Delta\varphi_i(x)]=0 \tag{9-45}$$

将上式两端同时乘以 $\varphi_k(x)(k=1,2,\cdots,m)$，并沿全杆积分。应用屈曲模态函数 $\varphi_i(x)$ 的正交性，则得到：

$$\Delta P_i\delta_{ki}+\sum_{\substack{j=1\\j\neq i}}^{m}[(P_i-P_j)\delta_{kj}+\Delta K_{kj}]+\Delta P_i\sum_{\substack{j=1\\j\neq i}}^{m}\delta_{kj}c_{ji}+\Delta K_{ki}=0 \tag{9-46}$$

式中：

$$\Delta K_{kj}=\int_0^l\varphi_k(x)\Delta EI(x)\varphi_j''(x)\mathrm{d}x \tag{9-47}$$

当分别取 $j=1,2,\cdots,m$，可由式(9-46)形成 m 个方程，组成一个非线性代数方程组，m 个未知数为 ΔP_i、$c_{ji}(j=1,2,\cdots,m,j\neq i)$。令 $c_{ii}=\Delta P_i/P_i$，则这 m 个方程可表示成矩阵方程的形式：

$$([A]+\Delta P_i[B])\{q_i\}+\{H\}=\{0\} \tag{9-48}$$

式中的各矩阵分别为：

$$[A]=\begin{bmatrix}\Delta K_{11}+(P_i-P_1) & \Delta K_{12} & \cdots & 0 & \cdots & \Delta K_{1n}\\ \Delta K_{21} & \Delta K_{22}+(P_i-P_2) & \cdots & 0 & \cdots & \Delta K_{2n}\\ \cdots & \cdots & \cdots & \cdots & \cdots & \cdots\\ \Delta K_{i1} & \Delta K_{i2} & \cdots & P_i & \cdots & \Delta K_{in}\\ \cdots & \cdots & \cdots & \cdots & \cdots & \cdots\\ \Delta K_{n1} & \Delta K_{n2} & \cdots & 0 & \cdots & \Delta K_{nn}+(P_i-P_m)\end{bmatrix} \tag{9-49a}$$

$$[B]=\mathrm{diag}\{1\}\ (\text{但 } j=i \text{ 时}, b_{ii}=0) \tag{9-49b}$$

$$\{H\}=\{\Delta K_{1i},\Delta K_{2i},\cdots,\Delta K_{ii},\cdots,\Delta K_{mi}\}^{\mathrm{T}} \tag{9-49c}$$

$$\{q_i\}=\{c_{i1},c_{i2},\cdots,c_{ii},\cdots,c_{im}\}^{\mathrm{T}} \tag{9-49d}$$

这样，利用直接模态摄动法能够将复杂的变截面压杆稳定问题的求解转化成一组非线性代数方程组的求解，从而使问题求解简化，且获得半解析解。

三、数值验证

1. 锥形压杆

直径呈线性变化的两端简支的圆截面压杆，如图 9-1 所示，始端和末端的截面惯性矩分别为 I_0 和 I，杆长为 L，弹性模量为 E。临界压力计算公式为 $P_{cr}=$

$m_{cr}EI_0/L^2$，由直接模态摄动法、有限单元法[78]和其他方法[76]计算所得的 m_{cr} 值列入表 9-10 中。

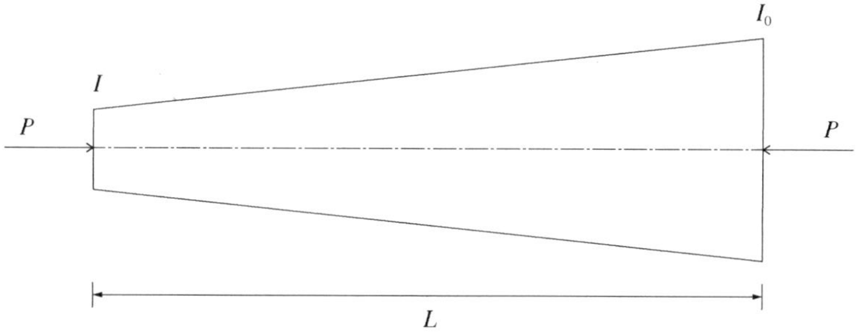

图 9-1　锥形压杆

表 9-10　锥形压杆的 m_{cr} 值

计算方法	I/I_0					
	0.1	0.2	0.4	0.6	0.8	1.0
文献[76]	3.12	4.41	6.24	7.64	8.83	9.86
FEM	3.08	4.36	6.19	7.54	8.77	9.76
DMPM	2.96	4.28	6.23	7.62	8.82	9.86

2. 变截面轴压杆

图 9-2 表示一左右对称的正方形截面压杆。杆件中段是等截面的，两头是变截面的，其截面边长沿杆轴向成线性变化，中间段和两端的截面惯性矩分别为 I_0 和 I，杆长为 L。取 $\frac{a}{L}=0.4$。临界压力计算公式为 $P_{cr}=m_{cr}EI_0/L^2$，由直接模态摄动法、有限单元法和其他方法[79]计算所得的 m_{cr} 值列入表 9-11 中。

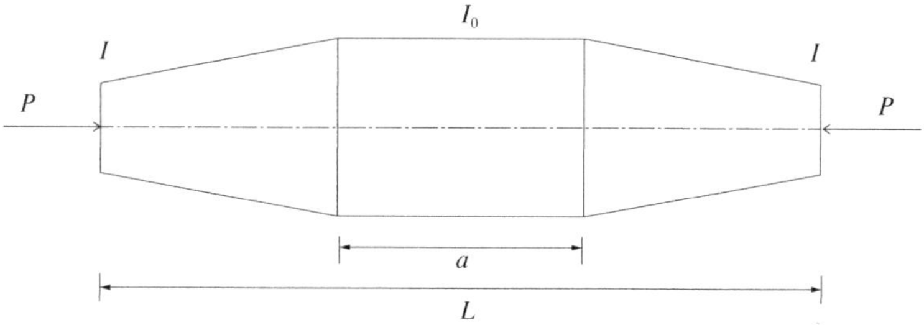

图 9-2　变截面轴压杆

表 9-11　　变截面轴压杆的 m_{cr} 值

计算方法	I/I_0				
	0.2	0.4	0.6	0.8	1.0
文献[79]	8.42	9.10	9.45	9.69	9.86
FEM	8.37	8.93	9.41	9.66	9.82
DMPM	8.40	9.08	9.44	9.67	9.86

3. 曲线边界压杆

图 9-3 所示两端简支的变截面压杆，杆长为 L，弹性模量为 E。两端的截面惯性矩为 I_0，任意 x 截面的惯性矩为 $I(x)$。相对于中间截面来说，杆截面的惯性矩 $I(x)$ 是对称分布。采用能量法[80]、有限单元法和直接模态摄动法等不同计算方法所得的临界压力 P_{cr} 的数值结果如表 9-12 所示。

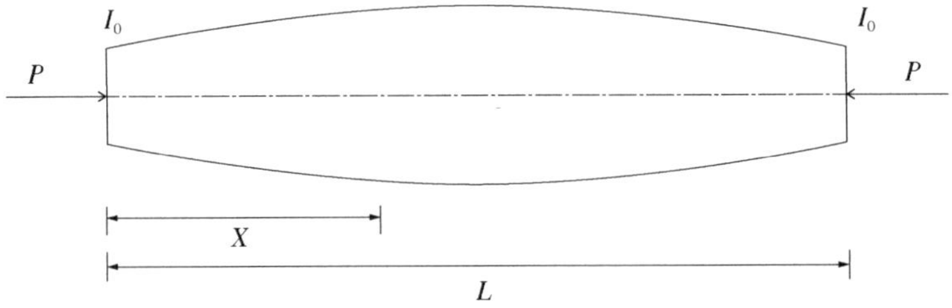

图 9-3　曲线边界压杆

表 9-12　　曲线边界压杆的 P_{cr} 值(EI_0/L^2)

计算方法	DMPM	FEM	能量法
临界压力 P_{cr}	1.842	1.873	1.85

参考文献

[1] ROY R C. 结构动力学[M]. 常岭,李振邦,译. 北京:人民交通出版社,1996.

[2] 克拉夫,彭津. 结构动力学[M]. 王光远,等译. 2 版. 北京:高等教育出版社,2006.

[3] 王文亮,杜作润. 结构振动与动态子结构方法[M]. 上海:复旦大学出版社,1985.

[4] TIMOSHENKO S, YOUNG D H, WEAVER W. Vibration Problems in Engineering[M]. 4th ed. New York: John Wiley & Sons, Inc., 1974.

[5] 王勖成,邵敏. 有限单元法基本原理和数值方法[M]. 2 版. 北京:清华大学出版社,1996.

[6] 陈塑寰. 结构振动分析的矩阵摄动理论[M]. 重庆:重庆出版社,1991.

[7] 楼梦麟. 线性广义特征值问题在模态子空间中的摄动解[J]. 同济大学学报(自然科学版),1994,22(3):268-273.

[8] 楼梦麟,牛伟星,石树中. 连续系统振动分析的模态摄动法及其应用[C]// 陈进,等. 2002 年全国振动工程及应用学术会议论文集(第 1 卷:故障诊断、模态分析与试验、振动与噪声控制、结构动力学联合专辑). 上海:上海高教电子音像出版社,2002:827-833.

[9] 罗远铨,刘悦. 非线性方程组的一个迭代解法[J]. 大连理工大学学报,1993,33(3):249-254.

[10] 陈厚群,侯顺载,杨大伟. 地震条件下拱坝库水相互作用的试验研究[J]. 水利学报,1989,(7):29-39

[11] 楼梦麟. 拱坝地震反应有限元分析中的若干问题[J]. 水利学报,1993,9(3):1-6.

[12] 楼梦麟. 重力拱坝的动力模型试验[J]. 混凝土坝技术,1991,(4):52-59.

[13] 中华人民共和国水利电力部. 水工建筑物抗震设计规范:SDJ 10-78[S]. 北京:水利电力出版社,1979.

[14] 楼梦麟,牛伟星. 复杂变截面梁的轴向自由振动分析的近似方法[J]. 振动与冲击,2002,21(4):27-30.

[15] 郑建军,周欣竹. 任意变截面杆件的轴向和弯曲自由振动[J]. 四川建筑科学研究,1993,(2):23-25.

[16] 李桂青. 抗震结构计算理论和方法[M]. 北京:地震出版社,1985.

[17] 楼梦麟,严国香,李建元. 求解复杂轴扭振动力特性的一种近似分析方法[J]. 机械工程学报,2005,41(1):226-229.

[18] 任传波,云大真,王利民,等. 求解非均质变截面轴扭转振动固有频率的一种新方法[J]. 机械科学与技术,1996,15(4):539-542.

[19] 张煜. 求解非均质变截面轴扭振固有频率的序列迭代法[J]. 机械设计,2002,(4):35-37.

[20] 楼梦麟,李守继. 低矮小开口剪力墙自由振动问题的半解析解[J]. 建筑科学与工程学报,2006,23(3):50-53.

[21] 楼梦麟,吴京宁. 复杂梁动力问题的近似分析方法[J]. 上海力学,1997,18(3):234-240.

[22] 许明田,王锡平,程德林. 研究带有附加质量和弹性支承的弹性体动态特性的新方法[J]. 应用力学学报,1993,10(1):115-118.

[23] LIU W H, WU J R, HUANG C C. Free Vibration of Beams with Elastically Restrained Edges and Intermediate Concentrated Masses[J]. Journal of Sound and Vibration, 1988, 122(2): 193-207.

[24] KIM C S, DICKINSON S M. On the Analysis of Laterally Vibrating Slender Beams Subject to Various Complicating Effects[J]. Journal of Sound and Vibration, 1988, 122(3): 441-455.

[25] 楼梦麟,辛宇翔. 纵向钢筋对钢筋混凝土梁振动特性的影响[J]. 振动工程学报,2002,15(2):220-223.

[26] 楼梦麟,沈霞. 弹性地基梁振动特性的近似分析方法[J].应用力学学报,2004,21(3):149-152.

[27] 楼梦麟,白建方. FRP加固梁模态分析的摄动解法[J]. 建筑科学与工程学报,2005,22(2):21-24.

[28] 曹征,唐寿高,曹志远. 复合梁结构的刚度分析及模态计算[J]. 同济大学学报(自然科学版),2003,31(7):843-847.

[29] 张艳娟,楼梦麟. 风力发电塔的自振特性分析[J]. 应用力学学报,2010,27(3):626-629.

[30] 中国建筑科学研究院. 钢筋混凝土高层建筑结构设计与施工规程:JGJ 3-91[S]. 北京:中国建筑工业出版社,1991.

[31] 楼梦麟,黄明开. 弯曲型剪力墙动力分析的模态摄动法[J]. 力学季刊,2006,27(4):615-620.

[32] 楼梦麟,洪婷婷. 体外预应力梁动力特性的分析方法[J].同济大学学报(自然科

学版),2006,34(10):1284-1288.

[33] 楼梦麟,洪婷婷. 预应力梁横向振动分析的模态摄动方法[J]. 工程力学,2006,23(1):107-111.

[34] 刘宏伟,张伟,庄惠平. 预加力对梁的动力影响分析[J]. 黑龙江科技学院学报,2002,12(3):37-39.

[35] 楼梦麟,洪婷婷,李强. 预应力桥梁竖向振动特性和地震反应分析[J]. 同济大学学报(自然科学版),2013,41(2):173-178.

[36] 中国科学技术咨询服务中心预应力技术专家组,中国科学技术咨询服务中心预应力技术联络网. 预应力工程实例应用手册(桥梁结构篇)[M]. 北京:中国建筑工业出版社,1996.

[37] 楼梦麟,洪婷婷,朱玉星. 预应力渡槽的竖向振动特性和地震反应[J]. 水利学报,2006,37(4):436-442+450.

[38] LI Y C, LOU M L, PAN D G. Evaluation of Vertical Seismic Response for a Large-Scale Beam-Supported Aqueduct[J]. Earthquake Engineering and Structural Dynamics, 2003, 32(1): 1-14.

[39] ANDERSON R A. Flexural Vibration in Uniform Beams According to the Timoshenko Theory[J]. Journal of Applied Mechanics, 1953, (75): 504-510.

[40] BAZOUNE A, KHULIEF Y A, STEPHEN N G. Further Results for Modal Characteristics of Rotating Tapered Timoshenko Beams[J]. Journal of Sound and Vibration, 1999, 219(1): 157-174.

[41] MAURIZI M J, ROSSI R E, BELLES P M. Free Vibrations of Uniform Timoshenko Beams with Ends Elastically Retrained Against Rotation and Translation[J]. Journal of Sound and Vibration, 1990, 141(2): 359-362.

[42] Posiadala B. Free Vibrations of Uniform Timoshenko Beams with Attachments[J]. Journal of Sound and Vibration, 1997, 204(2): 359-369.

[43] VAN RENSBURG N F J, VAN DER MERWE A J. Natural Frequencies and Modes of a Timoshenko Beam[J]. Wave Motion, 2006, (44): 58-69.

[44] 楼梦麟,任志刚. Timoshenko简支梁的振动模态特性精确解[J]. 同济大学学报(自然科学版),2002,30(8):911-915.

[45] 楼梦麟,石树中. Timoshenko固端梁特征值问题近似计算方法[J]. 应用力学学报,2003,20(1):140-143.

[46] 段秋华,楼梦麟. Timoshenko悬臂梁自由振动特性的近似分析方法[J]. 结构工程师,2004,21(5):20-23.

[47] 潘旦光,楼梦麟. 变截面Timoshenko简支梁动力特性的半解析解[J]. 工程力

学,2009,26(8):6-9+25.
[48] 韩博宇,楼梦麟. 变截面 Timoshenko 固端梁和简支梁的模态特性[J]. 2010,31(4):610-617.
[49] 潘旦光,吴顺川,张维. 变截面 Timoshenko 悬臂梁自由振动分析[J]. 土木建筑与环境工程,2009,31(4):25-28.
[50] ROSSI R E, LAURA P A A, GUTIERREZ R H. A Note on Transverse Vibrations of a Timoshenko Beam of Non-Uniform Thickness Clamped at One End and Carrying a Concentrated Mass at the Other[J]. Journal of Sound and Vibration, 1990, (143): 491-502.
[51] TONG X, TABARROK B, YEH K Y. Vibration Analysis of Timoshenko Beams with Non-Homogeneity and Varying Cross-Section[J]. Journal of Sound and Vibration, 1995, 186(5): 821-835.
[52] AUCIELLO N M, ERCOLANO A. A General Solution for Dynamic Response of Axially Loaded Non-Uniform Timoshenko Beams[J]. International Journal of Solids and Structures, 2004, (41): 4861-4874.
[53] AUCIELLO N M. Free Vibration of a Restrained Shear-Deformable Tapered Beam with a Tip Mass at Its Free End[J]. Journal of Sound and Vibration, 2000, (237): 542-549.
[54] 楼梦麟,张月香. 钢筋混凝土深梁频率特性的近似计算方法[J]. 计算力学学报,2005,22(2):141-144.
[55] 楼梦麟. 变参数土层的动力特性和地震反应分析[J]. 同济大学学报(自然科学版),1997,25(2):155-160.
[56] IDRISS I M, SEED H B. Seismic Response of Horizontal Soil Layers[J]. Journal of the Soil Mechanics and Foundations Division, 1968, 94(1): 1003-1031.
[57] 熊建国,许贻燕. 分层土自振特性分析[J]. 地震工程与工程振动,1986,6(4):21-35.
[58] 中华人民共和国住房和城乡建设部. 建筑抗震设计规范:GB 50011-2001[S]. 北京:中国建筑工业出版社,2001.
[59] 谢定义. 土动力学[M]. 西安:西安交通大学出版社,1988.
[60] 楼梦麟,白建方. 基于摄动原理的复杂土层地震反应分析的子结构法[J]. 计算力学学报,2009,26(2):221-225.
[61] 楼梦麟,潘旦光,范立础. 土层地震反应分析中侧向人工边界的影响[J]. 同济大学学报(自然科学版),2003,31(7):757-761.

[62] 楼梦麟. 结构动力分析的子结构方法[M]. 上海:同济大学出版社,1997.
[63] 潘旦光,楼梦麟. 变参数土层一维固结的半解析解[J]. 工程力学,2009,26(1):58-63.
[64] 李广信. 高等土力学[M]. 北京:清华大学出版社,2004.
[65] LEE P K K, XIE K H, CHEUNG Y K. A Study on One-Dimensional Consolidation of Layered Systems[J]. International Journal for Numerical and Analytical Methods in Geomechanics, 1992, (16): 815-831.
[66] 谢康和. 双层地基-维固结理论与应用[J]. 岩土工程学报,1994,16(5):24-35.
[67] 谢康和,潘秋元. 变荷载下任意层地基一维固结理论[J]. 岩土工程学报,1995,17(5):80-85.
[68] 江雯,谢康和,夏建中. 压缩模量随深度线性变化的软粘土地基一维固结解析解[J]. 科技通报,2003,19(6):452-456+460.
[69] 楼梦麟,范么清. 求解非比例阻尼体系复模态的实模态摄动法[J]. 力学学报,2007,39(1):112-118.
[70] 陈建兵,李杰. 结构随机响应概率密度演化分析的数论选点法[J]. 力学学报,2006,38(1):134-140.
[71] 范么清,楼梦麟. 非线性复合随机振动方法研究及其工程应用[M]. 上海:同济大学出版社,2020.
[72] 陈群丽,楼梦麟. 复杂条件下薄板动力问题的一种近似解法[J]. 同济大学学报(自然科学版),1998,26(6):627-630.
[73] 曹志远. 板壳振动理论[M]. 北京:中国铁道出版社,1989.
[74] 楼梦麟,王文剑. 弹性中厚板模态特性的近似计算方法[J]. 工程力学,1999,16(5):138-144.
[75] 蒋明. 矩形弹性中厚板的自由振动计算[J]. 苏州城建环保学院学报,1997,10(4):35-41.
[76] 皮萨连科,亚科符列夫,马特维也夫. 材料力学手册[M]. 范钦珊,朱祖成,译. 北京:中国建筑工业出版社,1981.
[77] 楼梦麟,李建元. 变截面压杆稳定问题的半解析解[J]. 同济大学学报(自然科学版),2004,32(7):857-860.
[78] 赵毅强. 楔形杆件结构的弹性稳定分析[J]. 建筑结构学报,1990,11(6):58-68.
[79] 卞敬玲,王小岗. 变截面压杆稳定计算的有限单元法[J]. 武汉大学学报(工学版),2002(4):102-104.
[80] 龙驭球,包世华. 结构力学(下)[M]. 北京:高等教育出版社,1981.